作者简介

　　薛俊峰，1941年出生于辽宁省法库县。1965年毕业于北京科技大学(原北京钢铁学院)冶金物理化学专业，先后在东北轻合金加工厂、吉林化学工业公司研究院、深圳瑞鹏防腐蚀工程公司等单位任职，2000年创办哈尔滨鑫科纳米科技发展有限公司，任董事长兼总工程师至今。

　　毕业后从事铝和镁合金腐蚀研究工作10年，化工防腐蚀研究17年，在27年的科研工作中先后完成20多项科研项目，均在工业上获得实际应用，取得显著的经济效益和社会效益。

　　获得发明专利5项，均实现了产业化生产，尤其是20世纪80年代初，自筹资金独立发明的钛纳米聚合物涂料填补了国家空白，为解决我国石油工业重大装备防腐蚀问题做出重要贡献。

　　发表学术论文20多篇，编写出版《钛的腐蚀、防护及工程应用》《材料的耐蚀性和适用性手册》《镁合金防腐蚀技术》等著作。

中国工程院咨询研究项目资助出版

金属聚合物复合材料制备和应用

JINSHU JUHEWU FUHE CAILIAO
ZHIBEI HE YINGYONG

薛俊峰　编著

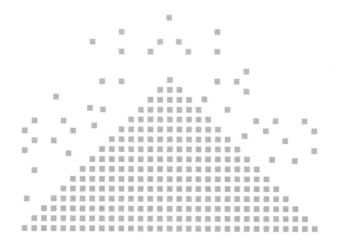

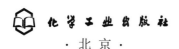

化学工业出版社

·北京·

本书主要介绍微纳米金属粉、各种金属聚合物以及金属聚合物复合材料的制备原理和方法、性能和应用。原理方面介绍了聚合物的物理化学性能、有机聚合物和金属粒子表面的相互作用，在此基础上阐述了自分散微纳米金属粉、溶胶型微纳米金属粉、微纳米金属聚合物的各种制备方法，分析了微纳米金属粒子表面和聚合物的相互作用、微纳米金属溶胶的稳定性、微纳米金属聚合物材料的物理化学性能，总结了钛纳米聚合物涂料、微纳米金属聚合物耐磨材料和微纳米金属聚合物粉体材料的应用。在应用部分，重点阐述了作者发明的钛纳米聚合物涂料的制备方法和大规模工业应用的示例。

本书适合从事先进高分子材料、纳米材料应用和新型纳米产品开发的研究人员阅读，同时也可供石油、化工、冶金、食品、海洋、舰船、军事、国防等领域的防腐蚀工程师以及从事耐磨材料、防辐射材料、隐形材料、抗干扰材料、导电材料、粉末冶金材料研究的技术人员参考。

图书在版编目（CIP）数据

金属聚合物复合材料制备和应用/薛俊峰编著. —北京：化学工业出版社，2018.5
ISBN 978-7-122-31759-9

Ⅰ.①金… Ⅱ.①薛… Ⅲ.①金属复合材料-材料制备-研究 Ⅳ.①TG147

中国版本图书馆 CIP 数据核字（2018）第 047703 号

责任编辑：傅聪智　　　　　　　　　　　装帧设计：王晓宇
责任校对：边　涛

出版发行：化学工业出版社（北京市东城区青年湖南街 13 号　邮政编码 100011）
印　　装：中煤（北京）印务有限公司
710mm×1000mm　1/16　印张 22　彩插 1　字数 346 千字
2018 年 6 月北京第 1 版第 1 次印刷

购书咨询：010-64518888（传真：010-64519686）　　售后服务：010-64518899
网　　址：http://www.cip.com.cn
凡购买本书，如有缺损质量问题，本社销售中心负责调换。

定　　价：98.00 元　　　　　　　　　　　　　　　版权所有　违者必究

序

随着科技的进步，纳米材料将发挥越来越重要的作用。微纳米金属是纳米材料的重要组成部分，同时因其可与聚合物形成纳米金属聚合物材料，又在先进高分子材料中占有重要的地位。在高分子材料中金属纳米材料取代金属短纤维、金属薄片和金属粗粉填料已显示出巨大的应用前景。金属纳米材料的应用较粗金属粉显著地提高了高分子材料的力学性能，由其制备的金属聚合物复合材料既具有金属的某些特性，又具有聚合物的特性，同时还可根据应用需求，使材料具有耐磨、导电、耐腐蚀、抗干扰、防辐射、隐形等特殊性能，具有很大的发展潜力。因此，近年来金属纳米材料在电子、通讯、军事、国防等领域发展很快，金属聚合物复合材料也在不同的工业部门获得广泛应用。

金属纳米材料和其他纳米材料一样，分散技术依然是其应用的一大障碍，分散方法有许多种，其中具有自分散性能的微纳米金属材料制备技术可以大大简化应用中的困难，对推广微纳米金属聚合物复合材料的工业应用具有重大意义。

《金属聚合物复合材料制备和应用》一书系统介绍了具有自分散功能的微纳米金属粉的制备技术、基于此技术制备的多种微纳米金属聚合物的性能和应用，以及金属聚合物对多种聚合物及其混合物性能的改性作用。对于研究和应用金属聚合物的科技人员，该书是一部很有指导意义的参考书。

需要特别指出的是，书中总结了作者在此领域三十余年的研究经验，尤其是对具有自主知识产权的钛纳米聚合物涂料的制备技术和大规模工业应用成功案例的阐述，可以给读者提供非常有价值的参考。

徐滨士

中国工程院院士

2018.1.28

前　言

复合高分子材料的制备和加工技术的进步，与新技术和新工艺的开发密切相关。反之，不采用新型复合材料，许多的技术和工艺问题也难以解决。

随着复合材料改性的基础科学，即高分子填料科学研究的开展，有关金属聚合物合成及其物理化学性能的研究取得重大突破。所谓金属聚合物是指具有某些特殊功能的多相聚合物体系，其制备方法与传统填料聚合物制备有着本质的区别。

金属聚合物复合材料一方面具有金属的某些特性，另一方面具有聚合物的特性。其不仅综合性能有了很大提高，而且又具有一些特殊的性能，因此，在不同工业部门获得广泛应用。

种类繁多的聚合物及其混合物，加入大量性质各异的弥散的金属，可以制备出减摩、耐磨蚀、导电、耐腐蚀等性能绚丽纷呈的各种复合金属聚合物，可用于制备耐腐蚀、耐高温、耐磨、防辐射、隐形、导热、抗干扰、导电的材料，涂层和黏合剂，薄膜，防结垢材料及医用高分子材料。

20 世纪 70 年代末，笔者设想采用一种方法把金属超微粒子表面和低聚物分子有机地相互作用，形成一种性质既不同于金属粒子也不同于聚合物的物质，但它兼具二者的双重性质，用于涂料体系，赋予涂料一些全新的性能，来满足大工业的特殊需求。为此目的，金属选择了钛，钛耐蚀性高，但无氧条件下的超微钛粒子表面具有非常强的还原性，在空气中会强烈自燃；高分子聚合物在机械力作用下会发生断链，具有很强的氧化性，那么，两者相遇必将相互作用。根据这个构想设计出高效能粉碎机，把钛粉和低分子聚合物在一起粉碎，使钛的超细化过程和大分子断链同步进行，"奇迹"般地生成了一种黑色的胶状物，命名为钛纳米聚合物。经检测，

75％以上的钛超微粒子粒径低于100nm，其粒径中值为40～50nm。实验证明：利用沸腾二甲苯萃取24h，也不能把钛粒子表面上吸附的有机物除掉。后来利用它开发出了系列产品，这就是本书详细介绍的主要内容。

在本书中，汇集了笔者在金属纳米材料制备、纳米材料自分散理论和技术方面37年的研究成果，总结了具有自主知识产权的钛纳米聚合物制备方法和工业应用实践经验，希望能给读者以启发。

本书第1章作为基础，简单介绍了工业上常用树脂的基本性能。第2章阐述了金属纳米聚合物制造的基本理论，详细地说明了纳米金属表面和有机聚合物相互作用的实质。第3章叙述了各种自分散微纳米金属粉的制造方法的原理。第4章具体说明凝胶溶胶法制备镍、铁等11种金属和合金纳米聚合物的方法。第5章详细讲解了铅、钯、镉、铁、铜等金属在单和双聚合物存在下纳米金属聚合物的制备方法。第6章详尽地介绍了笔者首创的钛纳米聚合物的制备原理、方法、设备。第7章讲述了采用热分解法制备8种金属纳米聚合物的方法。第8章更深层次地论述了微纳米金属粒子表面和树脂发生化学相互作用的X射线、红外光谱、能谱的表征。第9章介绍了纳米粒子的稳定性处理方法。第10章综述了微纳米金属聚合物的各种物理化学性能。第11章介绍了利用纳米金属聚合物制备防辐射材料的方法。第12章是本书最重要的一章，集中论述了钛纳米聚合物系列产品的性能及其在石油工业的15年成功应用，就注水管防腐蚀防结垢讲述了腐蚀和结垢产生的原因、解决方法，实施防护的整套自动化涂敷设备；就换热器的节能防腐蚀防结垢介绍了换热管束报废原因分析、解决措施和涂装工艺；共计介绍了12种大型装置的防腐蚀措施，可供借鉴。第13章简述了纳米金属聚合物在耐磨材料方面的应用；第14章主要展示了纳米金属聚合物在医学等方面的应用前景。

本书写作过程中，由衷感谢笔者的夫人朱淑华给予的鼎力支持。在此特别感谢徐滨士院士为本书作序，祝徐院士及夫人健康长寿。

本书的出版得到宝泰隆新材料股份有限公司焦云董事长、马庆总裁的热情关照，得到陆军装甲兵工程学院装备再制造技术国防科技重点实验室魏世丞教授、王玉江博士和梁义研究员的重要支持，在此一并深表谢意。对朱兰芬女士协助文字和图片整理表示谢意。

本书特别推荐给研究高分子复合材料、纳米材料应用和开发新型纳米产品的同行、防腐蚀工程师以及从事耐磨材料、防辐射材料、隐形材料、抗干扰材料、导电材料、粉末冶金材料、医药产品等领域的技术人员参考。

本书对于1990年前的文献没有全部列出，对这些文献的作者在此一并致以谢意。

七台河鑫科纳米新材料科技发展有限公司是在七台河市政府和宝泰隆新材料股份有限公司共同关心和支持下成立起来的，笔者除了表示感谢之外，谨将此书作为鑫科纳米公司成立的献礼。

由于笔者知识面的局限，书中疏漏之处在所难免，敬请读者朋友示教，不胜感谢。

薛俊峰
2017 年 10 月于深圳

目　　录

0

绪论

0.1 微纳米金属聚合物的基本特性

金属微纳米粒子具有很好的导电、催化、抗磁、防腐蚀、防辐射、耐磨、隐形和抗干扰等功能，但是金属微纳米粒子通常都具有很高的表面能，易于团聚，导致其性能减弱或消失。微纳米金属聚合物是不同于非金属填料、也不同于普通微纳米金属粉的一种全新的金属聚合物填料，它具有自分散功能，可以直接分散到高分子材料中，不需要进行二次分散，不像其他的纳米粉，应用前必须采用特有方法进行表面前处理。金属聚合物材料是将微纳米金属粒子与聚合物进行杂化包覆形成的金属/聚合物复合纳米材料，可以有效避免金属纳米粒子的团聚，并且能大大提高聚合物材料的性能，拓宽其应用范围，因此，金属/聚合物纳米复合材料的制备和应用引起众多科技人员的广泛关注，形成一个新的研究领域。

随着电子技术迅速发展和电子设备的广泛应用，尤其是电子通信设施的日益普及，人类今天已进入了电子时代，与此同时电磁污染已经成为影响人类生活的一个重要污染源，如果没有合适的抗干扰设备，电磁辐射将明显影响敏感电子元件的性能和稳定性，因而开发廉价、高效抗电磁污染材料是必然需求。金属/聚合物复合材料是开发抗干扰材料的重要选择。

添加了微纳米金属聚合物的聚合物材料，除了具备添加了无机填料聚合物材料的优点外，还具备一系列独特的性能（导电、导磁、催化）。另外，添加微纳米金属聚合物和添加普通非金属填料得到的聚合物材料的不同在于：填料-聚合物界面处相互作用的性质及机理是有根本区别的。

一般填料聚合物通常采用粗粉料，机械地和聚合物混合，并且填料在聚合物中分布不均匀，会形成聚结。

本书叙述的这些方法的本质是：填料不是以金属粉原始状态加入到高分子材料中，而是在聚合物介质中先制成超微金属粉胶体。

在金属粉制备过程中，金属粉表面形成活化中心的瞬间，金属粉与在介质中形成的聚合物大分子发生化学吸附作用，形成双相聚集的稳定状态，使超细金属粉在聚合物中呈现最佳均匀分布，这种体系被称为金属聚合物。

大家都知道，微纳米粒子尤其是纳米粒子，由于其表面活性高，表面能大，单个粒子存在时处于不稳定状态，易于失稳形成团聚状态而失去其原有的活性，使原有的量子尺寸效应丧失。微纳米粒子的这个问题必须解决，否则研究和制备金属微纳米粉体将失去实际意义。

0.2 微纳米金属聚合物粉体在国民经济和国防领域的作用

微纳米金属聚合物是一种特种功能材料，它为开发金属高分子材料提供了可能，在国民经济及军事国防领域具有广阔的应用前景。

微纳米铅和微纳米锡复合可以显著提高防辐射性能，这会为我国原子反应堆的防辐射起到极大的作用，为人类自身防射线提供了一种可能。利用钛纳米聚合物开发的涂层用于防结垢已获得广泛的工业应用，解决了换热器的结垢难题。纳米羰基铁可以应用于隐形涂层的制备，纳米金可以用于制备妊娠试剂，纳米铁可以用于制备人体补血剂，纳米铋软膏可以用于治疗妇科疾病，总之纳米金属聚合物粉体具有许多人们意想不到的功能，有待研究人员去进一步开发。

由上述可见，微纳米金属聚合物在国民经济和国防建设方面都具有巨大的应用前景。

1

涂层用树脂及其混合物的物理化学性能

1.1 纯树脂和聚合物的特性

1.1.1 树脂的特性

多年以来聚合物涂层已在不同工业部门获得广泛应用。它不仅能防止金属的腐蚀和长期的化学作用，又能赋予制品绝缘性、装饰性、抗静电性和许多其他性能。利用两种或几种聚合物的混合物，再填充不同类型的填料，可以制成具备不同性能的聚合物涂层。应用最广的聚合物之一是不同分子量的环氧树脂。

环氧树脂是用双酚 A 和含有环氧基 $\overset{-C-C-}{\underset{O}{\diagdown\diagup}}$ 的化合物（例如二酚基丙烷或环氧氯丙烷）缩合而成的。它属于热塑性树脂，随原料配比和缩合工艺不同，产品软化温度也不同。环氧树脂含有两种官能团（环氧基和羟基），可以采用不同化合物与环氧基和羟基反应使环氧树脂固化。环氧树脂固化后的强度、热稳定性、耐蚀性、耐溶剂性除了取决于自身外，还和固化剂种类及固化方式有关。

我国已生产出多种不同牌号的环氧树脂，分子量 400~4000，环氧基含量 3%~22%（质量分数），羟基含量 5%~15%（质量分数），具有不同状态（黏性液体、固体和粉末）。环氧树脂的众多牌号中，应用范围最广、尤其是作涂层用的主要是双酚 A 型 E-44 和 E-20，其有关性能见表 1-1 和图 1-1。

表 1-1　涂料基料的物理化学性能

聚合物	官能团	官能团含量/%	黏度(25℃)/Pa·s	分子量	ε	T_s/℃	$\sqrt{\dfrac{E}{\gamma}}$ /(cal/cm³)$^{1/2}$
双酚环氧树脂	—CH—CH—						
E-44	＼O／	21.6	黏稠液体	460	3.5~4	液体	9.8~10.9
E-20		9~11	固体	1000	—	70~80	—
E-12	—OH	4	固体	2800	—	95~100	—
E-06		1.5~2.5	固体	9500	—	115~125	—
聚硫橡胶	—SH	38	液体	900	6.5~7	液体	9.4
乙基聚铝硅氧烷	—OH	8	液体	2900	—	$>T_{分解}$	9.53
聚乙酸乙烯酯	—COOCH₃	—	固体	3800	3.2	28	9.4~11.5
聚氯乙烯	—Cl	—	固体	43000	4	81	9.5~10.1
聚丁二烯橡胶							
含乙酸基的	—COOH	2.96	21.5	—	—	液体	8.3~8.6
含羟基的	—OH	1~1.3	15.0	3000	—	液体	—

注：1cal＝4.1868J，下同。

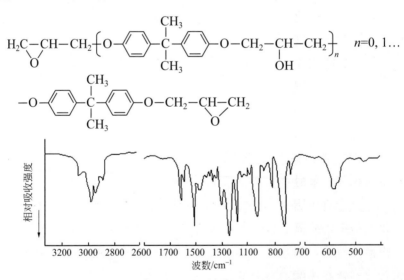

图 1-1　双酚 A 型环氧树脂红外光谱

通常，E-44 环氧树脂的固化剂为多亚乙基多胺，用伯胺使环氧树脂固化的基本过程分为两步：

$$\text{R—NH}_2 + \underset{\underset{O}{\diagdown\diagup}}{\text{—CH—CH}_2} \longrightarrow \underset{OH}{\text{—CH}}\text{—CH}_2\text{—NHR}$$

$$-CH-CH_2-NHR \ + \ -CH-CH_2 \longrightarrow -CH-CH_2 \underset{-CH-CH_2}{\overset{OH}{|}} NR$$

（图中化学式：左侧 $-CH-CH_2-NHR$，下标 OH；中间 $-CH-CH_2$，下为 O；右侧产物含 OH、NR 及 OH）

若固化剂官能团和环氧树脂官能团能发生反应，这样伯胺就成为环氧树脂的有效固化剂。因为固化剂能和两个环氧基反应，形成横向搭接结构，所以 1mol 环氧树脂只需大于 1mol 的伯胺就能完全固化。除了伯胺之外，仲胺、叔胺、有机酸、醑剂、酸酐和其他含有能和环氧基及羟基反应官能团的化合物，均可作为环氧树脂固化剂。

与其他液体树脂（如酚醛树脂、聚乙烯树脂、聚丙烯树脂）不同，环氧树脂具有独一无二的综合性能：

① 液体环氧树脂和其固化剂黏度低，容易进行再加工（或成型）；

② 在 5～150℃ 之间任何温度下，环氧树脂均能快速固化（固化速度和选用的固化剂有关）；

③ 环氧树脂的最大优点是固化后收缩小。这是因为树脂固化后基本不发生再配位，而且固化过程又不析出气体或液体产物。

环氧树脂粘接强度大、机械性能好、化学稳定性高。因此，环氧树脂及其复合物广泛用来作底漆，以及用来作耐蚀的、保护性的、装饰性的和装修性的工程防护涂层，在汽车、航天、造船、石油化工、食品及其他工业领域均获得广泛的应用。

为了改善环氧树脂涂层的性能和制备具有新的特殊性能的涂层，一方面需要向环氧树脂中添加不同性质的填料，另一方面，可以向环氧树脂中加入乙烯基树脂、聚醚、聚氨基甲酸乙酯、有机硅树脂及氟化橡胶。

为了改进环氧树脂涂层性能，可向环氧树脂中引入聚硫橡胶、有机硅树脂（如乙基聚铝硅氧烷）和聚乙酸乙烯酯。这些聚合物都具有成膜性和其他一些辅助性能，如乙基聚铝硅氧烷热稳定性好又能固化环氧树脂，聚硫橡胶和聚乙酸乙烯酯等可降低环氧树脂涂层脆性。

1.1.2 聚合物的特性

聚硫橡胶在涂料中获得广泛应用（见表 1-1，图 1-2），其主要优点是耐大气腐蚀，而且在 −57～121℃ 下不渗透气体和湿气。

此外，用聚硫橡胶可以调节室温和高温条件下环氧树脂固化物的韧

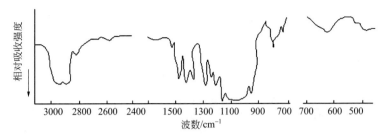

图 1-2　聚硫橡胶红外光谱

性，其结构式如下：

H—S$\left(\text{C}_2\text{H}_4\text{—O—CH}_2\text{—O—C}_2\text{H}_4\right)$S—S$\left(\text{C}_2\text{H}_4\text{—O—CH}_2\text{—O—C}_2\text{H}_4\right)_n$S—H

乙基聚铝硅氧烷是环线型结构的有机硅低聚物（分子量为 3000～4000），链式结构式如下：

$$\left\{\left[\text{Si}\left(\text{C}_2\text{H}_5\right)\text{O}\right]_3\left[\text{Si}\left(\text{C}_2\text{H}_5\right)\text{O}\right]_2\text{Al—O—}\right\}_n$$
$$\quad\quad\overset{|}{\text{O}}\quad\quad\quad\quad\overset{|}{\text{OH}}$$

其红外光谱见图 1-3。乙基聚铝硅氧烷易溶于多种溶剂（醇类、脂肪族和芳香族碳氢化合物），但直至其分解温度 400℃ 既不软化也不熔化。它的环线型大分子结构显现出韧性高的特点，尽管其分子量低，但软化温度比分解温度还高。它在耐热漆和釉质制备方面已获得了应用。

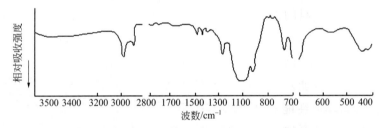

图 1-3　乙基聚铝硅氧烷红外光谱

聚乙酸乙烯酯透明、无色、无毒，其性能介于树脂和高分子热塑性塑料之间（图 1-4）。聚乙酸乙烯酯存在极性羰基（偶极距为 2.3×10^{-18}），通过氧桥（醚键）进行聚合；

$$\left\{\begin{array}{c}\text{—CH}_2\text{—CH—}\\ \quad\quad\overset{|}{\text{OCOCH}_3}\end{array}\right\}_n$$

聚乙酸乙烯酯的极性决定着介电渗透率的大小，随电流频率提高，介电渗透率从 6.1 降为 2.7。

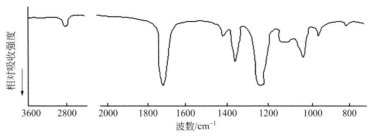

图 1-4 聚乙酸乙烯酯红外光谱

1.2 树脂和聚合物的互溶性

在实际应用中，很少用纯树脂或成膜性聚合物直接制备涂层，因此，研究不同分子量和不同化学结构聚合物的互溶性，以及填料对互溶性的影响就具有重大的理论和实际意义。

下面介绍树脂（低聚物）和聚合物的互溶性，主要是环氧树脂、聚硫橡胶和低聚丁苯橡胶、乙基聚铝硅氧烷和聚乙酸乙烯酯之间互溶性的一些理论和经验规则。

1.2.1 互溶性基本理论

改进聚合物材料的物理化学性能有两种途径，一种是寻找新的聚合方法合成新的单体，另一种是把已有的工业化生产的聚合物进行合金化复合。通过后一种方法已生产出许多新型材料，这些材料具有纯聚合物本身并不具备的特殊性能。

聚合物混合物性能的研究对不同聚合物各自性能的充分利用非常重要。工业上，对具有特定性能材料的需求，引导人们多方努力以求采用混合聚合物将单组分的性能组合起来。这些研究进一步推动了聚合物混合物的结构与其力学、热力学和物理化学性能相互关系研究的发展。因此，需要详细研究聚合物混合物的性能和以其为基质的金属聚合物的生产方法，这样在解决实际问题时能合理地制定出混合物配方，提供理论依据。

制备以低聚物或聚合物混合物为基质的填料聚合物材料时，组分间的互溶性至关重要，因为，在很多情况下互溶性决定了这些树脂和聚合物在实际中应用的可能性。所谓低聚物，旧称齐聚物、低聚反应物，是分子量在 1500 以下、分子长度不超过 5nm 的聚合。分子量和分子长度超出上述范围的聚合物是高聚物。聚合物也称加聚物，分为均聚物和共聚物。本书提到的聚合物是属于高聚物范畴的高分子化合物。

国内外许多人详细研究了互溶聚合物的性能，已证明向聚合物里加入橡胶可以提高混合物的强度，改善热老化性能，提高耐油性和耐寒性。为了提高聚合物的冲击强度，改善工艺性能，添加橡胶是最合适的。反过来树脂对橡胶也有补强的作用。向橡胶里加入树脂可提高橡胶的耐磨性、黏着性及其他性能。加入树脂的根本作用是使混合聚合物具有高度结晶性。例如，乙丙橡胶里加入少量结晶型聚丙烯后，其弹性模量和硫化后橡胶的硬度都明显提高，究其原因就是结晶相起的强化作用。

不同树脂的混合材料已获得广泛应用，例如，以环氧树脂、酚醛树脂为基质的混合材料具有非常好的力学性能、介电性能和耐腐蚀性能。在制备两种和两种以上高分子聚合物的混合物时，聚合物间必须具备互溶性，因为聚合物互溶性决定了聚合物的实用可能性。

按照聚合物互溶性的概念，可将互溶划分为微观互溶（热力学互溶）和宏观互溶（可满足实用要求的互溶）。现在讲的互溶性概念不单指微观互溶性（热力学的），更重要的是研究宏观的（实用性）互溶性情况。

聚合物热力学互溶性是指聚合物在微观上是互溶的，也就是聚合物间能互相溶解。热力学互溶的聚合物在一起经过粗略地搅拌就能形成分子混合物，逐渐转变为真溶液。通常，液态聚合物间都应存在互溶性，只不过因为聚合物黏度大，均一化过程很缓慢，从开始配制到获得均一化溶液期间互溶过程一直进行着，我们把这一过程称为实用互溶。由于黏度大，达到完全互溶所需时间较长，因此说实用互溶性与使用条件有关。热力学稳定聚合物的互溶性还和配比有关，在任何配比下都能形成稳定互溶的体系叫作绝对互溶体系。

研究互溶性影响因素的方法有三种：热力学法、分子动力学法和胶体化学或结构学法。

几种聚合物互溶的可能性、特征和稳定性全由组分分子间的相互作用力和分子热运动所决定。归根结底，聚合物互溶性由组分的能量差所决定，能量差通常用组分间相互作用参数 χ 表示。

聚合物分子结构相当复杂，尤其是聚合物还存在着不同性质的侧链取代基，因此，在聚合物-聚合物的混合物中存在多种类型的键，还可能存在着某些特殊的键（如氢键、配位键等）。

从热力学角度来看，聚合物互溶或形成热力学稳定体系（在恒压条件下）都伴随热力学自由能 ΔG 的降低。互溶过程中热力学自由能的变化取决于热焓 ΔH 和熵 ΔS 的变化，焓的变化 ΔH 是聚合物混合物中分子亲和势的量度，它和混合熵 ΔS 及热力学自由能 ΔG 的关系满足下式：

$$\Delta G = \Delta H - T\Delta S \tag{1-1}$$

式中，T 为热力学温度。如果 $\Delta G < 0$，聚合物就互溶；如果 $\Delta G > 0$，聚合物就不互溶。$\Delta G < 0$ 的条件是 $\Delta H < 0$，$T\Delta S > 0$ 或者 $\Delta H > 0$，但是必须 $|\Delta H| < |T\Delta S|$。$-\Delta H$ 值表示聚合物混合后总能量降低：

$$E_{1.2} \geqslant E_{1.1} \text{ 和 } E_{2.2} \tag{1-2}$$

式中，$E_{1.2}$ 为 1、2 组分混合物的自由能，$E_{1.1}$ 和 $E_{2.2}$ 各代表组分 1 和组分 2 的自由能。即使聚合物混合物中不同大分子间存在着特殊作用，也基本能满足上式。

但是，至今还没有直接测定 ΔG 值的方法，对聚合物互溶性的判断只能做些简单的评价。实验证明，低分子液体中聚合物溶解过程会引起熵的变化，其熵的变化 ΔS 比理想溶解过程的熵变大许多倍。随着互混组分分子量增大，式 (1-1) 中 $T\Delta S$ 项就变小，若互混聚合物分子量足够大，混合熵就非常小，这时互溶性就取决于互溶体系热焓或混合热的变化，即 $\Delta G \approx \Delta H$。这就是二元体系聚合物互溶性热力学评价的理论依据。

根据最新概念，两种不规则聚合物的混合可按两种液体的混合看待。

聚合物混合后热焓变化与组分偏摩尔热焓变化存在如下关系：

$$\Delta H = n_1 \Delta H_1 + n_2 \Delta H_2 \tag{1-3}$$

若分子间作用性质相同的两种溶液混合时吸热，则其偏摩尔热焓变化可用下式计算（混合后体积不变）：

$$\Delta H_1 = v_1 (\sqrt{E_1/v_1} + \sqrt{E_2/v_2})^2 \phi_2^2 \tag{1-4}$$

$$\Delta H_2 = v_2 (\sqrt{E_1/v_1} + \sqrt{E_2/v_2})^2 \phi_1^2 \tag{1-5}$$

式中，v_1 和 v_2 分别为 1、2 组分的摩尔体积；$\sqrt{E_1/v_1}$、$\sqrt{E_2/v_2}$ 是组分溶解度参数 δ，也是 1、2 组分的内聚能。式 (1-4)、式 (1-5) 对两个非规则聚合物混合是适用的，因为已证明许多线性不规则聚合物（橡胶、聚苯乙烯、聚乙烯醇、纤维素及其衍生物）具有液相结构的特征。尽管不规则聚合物的性质和普通低分子聚合物液体的性质有非常大的区别，但仍然可以将不规则聚合物混合物看作是双组分的液体。

把互溶参数定义为 $\beta = (\sqrt{E_1/v_1} + \sqrt{E_2/v_2})^2$，代入式（1-3）得：

$$\Delta H = \beta(n_1 v_1 \phi_2 + n_2 v_2 \phi_1) = \beta(V_1' \phi_2^2 + V_2' \phi_1^2) \tag{1-6}$$

式中，V_1'、V_2' 是 1、2 组分的体积；ϕ_1、ϕ_2 是组分 1 和组分 2 的体积分数。从该式可见，两种聚合物混合时，热熔变化取决于互溶参数 β，即取决于混合组分的内聚能。两组分的内聚能相近，表示两组分产生互溶的倾向大。β 值越小，双组分聚合物混合后形成单一均相体系的可能性就越大。

已经知道，利用溶解度参数 δ（$\delta = \sqrt{E/v}$，其中 E 为组分的摩尔蒸发热），可以定量估算聚合物的互溶性。对于两个非极性液体可用下式表示混合时蒸发热（cal/cm³）变化。

$$\Delta E = \phi_1 \phi_2 (\delta_1 - \delta_2)^2 \tag{1-7}$$

在允许范围内，可认为不规则聚合物和普通液体混合时体积变化忽略不计，ΔE 可用液体里热熔的变化来表示，即在等容等压条件下

$$\Delta E = \Delta H = \phi_1 \phi_2 (\delta_1 - \delta_2)^2 \tag{1-8}$$

通常，组分互溶参数 β 可借助溶解度参数 δ 按下式计算：

$$\beta = (\sqrt{E_1/v_1} - \sqrt{E_2/v_2})^2 = (\delta_1 - \delta_2)^2 \tag{1-9}$$

按混合体积为 1cm³ 计算，将两种聚合物混合，因为互溶体系必须满足 $|\Delta H| < |T\Delta S|$，即 $|0.5\beta/2\text{cm}^3| < |T\Delta S|$，也就是说 $|0.5\beta| < |T\Delta S|$ 是成立的。根据聚合物混合熵计算方程可以求出，要使分子量为 100000 和 1000 的聚合物互溶，就必须满足 $\beta < 1$。对于分子量为 100000 和 500 的聚合物互溶，需 $\beta < 2$。分子量为 1000 和 500 的聚合物互溶，需 $\beta < 3$。根据内能密度计算的 β 值列于表 1-2。因此，从热力学分析证明：聚乙酸乙烯酯 (PVA)-E-44 和聚硫橡胶 (PSR)-E-44 是互溶的，而 PVA-PSR 在热力学上是不互溶的。

表 1-2　聚合物混合物的热力学特性

聚合物混合物	$\beta/(\text{cal/cm}^3)$	$T\Delta S/(\text{cal/cm}^3)$
E-44∶PSR(50∶50)	0.16	1.51
PVA∶PSR(50∶50)	2.72	0.50
PVA∶E-44(50∶50)	1.56	1.01

热力学自由能变化（及熵变化）和组分相互作用参数 χ_{AB} 间的关系符合下式：

$$\Delta G_{CM} = RTV/V_C[\phi_A/(\chi_A \ln\phi_A) + \phi_B/(\chi_B \ln\phi_B) + \chi_{AB}\phi_A\phi_B] \tag{1-10}$$

式中，V 为混合物总体积；V_C 为偏摩尔体积；ϕ_A、ϕ_B 为组分 A、B 的体积分数；χ_A、χ_B 为聚合物混合物中 A、B 组分的偏摩尔质量，$\chi_i = V_i/V_C$，V_i 为组分 i 的摩尔体积。

从式（1-10）看出，组分相互作用参数 χ_{AB} 对互溶性的影响是函数关系。已知两个组分间的 χ_{AB} 值，从理论上就可以预测三元体系的性质。因此，对两种组分从理论上估计 χ 值是很重要的。非极性组分大分子的相互作用参数和溶解度参数之间的关系满足下式：

$$\chi_{AB} = V_C/RT(\delta_A - \delta_B)^2 \tag{1-11}$$

式中，δ_A 和 δ_B 是组分 A、B 的溶解度参数；R 为热力学常数；T 为热力学温度，K。

非极性液体的溶液内能变化可用类似的方程式来表示：

$$\Delta E = \phi_1 \phi_2 (\delta_1 - \delta_2)^2 \tag{1-12}$$

式中，ϕ_1、ϕ_2 为组分 1、2 的体积分数；δ_1、δ_2 为组分 1、2 的溶解度参数。因为 $\beta = (\delta_1 - \delta_2)^2$，这样根据 β 值就可以原则上评估某对聚合物能否互溶。依此类推，对于不规则型聚合物的混合，因为体积变化不大（P 为常数，V 为常数），式（1-12）就可以用混合液焓的变化来表示，即 $\Delta H = \Delta E$。如果 ΔH 是正值，那么，非极性聚合物的 $T \Delta S$ 会很小，据此可以肯定它们不会形成互溶体系，但是，$\delta_1 = \delta_2$ 情况除外。

这个互溶理论只适用于非极性聚合物，也就是仅适用于理想的无热效应的聚合物混合。由于极性聚合物之间存在静电作用，它们混合时发生的现象和非极性聚合物有很大的区别，尤其存在氢键时，会对溶解度有很大影响。这证明，热效应对聚合物的互溶性起着决定性的作用。

两种聚合物混合时的热效应可用来判断两聚合物的互溶性。有研究者对 58 种等浓度的双组分的不同聚合物的互溶性研究表明：只有 9 种混合物不分层，即只有 9/58 的混合溶液是完全互溶的。多种橡胶混合研究也表明：总共只有几种混合物不分层而成为均一化互溶的稳定体系，这些聚合物混合时放热；其余聚合物混合时则吸热，等浓度混合后都分成两相。所以混合后放热的结果使两个聚合物分子间构成非常稳定的键合，成为一个新体系。聚合物混合热效应反映出混合组分大分子间存在着相互作用。热效应的正负和大小不仅取决于混合时聚合物分子间的相互作用，还与混合组分的官能团性质、大分子的形态有关。聚合物互溶性还和聚合物的极性有关。极性聚合物和极性聚合物互溶；非极性聚合物和非极性聚合物互溶；极性聚合物和弱极性聚合物混合时，只有三分之一强极性的组分才能互溶。但是极性官能团的性质对互溶性没有决定性影响。

已有研究表明，两种极性不同的极性橡胶（如氰基橡胶和氯丁橡胶）不互溶。在很宽的温度范围内，通过研究这些橡胶混合物的松弛性能，可明显看出，橡胶混合物的性质和互溶的及不互溶的橡胶本身性质都不同，极性橡胶因为极性氰基基团和氯丁橡胶基团的性质差异，混合后呈所谓的假互溶状态。

另外，极性基团极性的大小决定互混聚合物大分子间相互作用强度的高低，这一点可作为选择最佳互溶组分的依据，也是改善橡胶物理力学性能的理论依据。介电常数可近似地作为聚合物极性的量度，在许多情况下也可以作为不同聚合物是否互溶的判据。在第 5 章表 5-1 中列出一些聚合物混合物的互溶性参数，如内能和溶解度参数。

所以说极性聚合物互溶理论的依据是热力学，而互溶过程的机制则是基于静电作用，靠聚合物的基团相互作用实现聚合物互溶只是一种特殊情况。非极性聚合物混合时，则依靠大分子离散力实现互溶，并且可观察到大分子间的交互穿插。

有研究者对 31 种不同合成工艺制得的丙烯酸酯和其他聚合物在以下情况时的互溶性进行了研究：①两种聚合物分子是相似的；②一种聚合物分子含有羧基，易于产生氢键；③共聚物分子含有公共的单体组分。结果表明，①、③类体系内没有互溶性，因为分子量大，分子间内聚力就大，如果不同分子间没有特殊的作用，只靠分子结构相似是不能互溶的。

有人研究了 35 种聚合物的混合物在溶液里的互溶性，结果大多数混合物随时间延长而分层，并且随分子量减小分层倾向显著下降。分层的聚合物溶液不是混合熵很低，就是混合自由能为正值。也可以说只有当 $\Delta H < 0$ 时，聚合物才能完全互溶。不规则聚合物在溶液里溶解生成的聚合物溶液的稳定性也服从这一热力学原理。

另外还看到，有些聚合物混合时并不满足上述原则，而是：纯聚合物混合时，混合热为正值；等浓度聚合物混合却形成均相体系；混合热为负值，混合液却分成两相。这些混合物与上述互溶原理的偏差，说明互溶原理具有近似性。

互溶原理只适用于热力学稳定体系，即热力学位和热效应符号相同，也就是聚合物混合时体积和能量变化可以忽略不计的体系。但是，事实上很多聚合物混合时体积变化是不能忽略的。例如，疏松填充聚合物互混时，分子填充密度会发生变化，产生正的热效应，使体系比容减小。

聚合物分子的填充系数可按下式计算：

$$K = (V_1 + V_2)_{实测} / (V_1 + V_2)_{加和} \qquad (1\text{-}13)$$

试验指出，$K < 1$ 表明聚合物混合后比容变小，这时聚合物是互溶性的；$K > 1$，则聚合物混合是不互溶的。因此第一类不完全填充聚合物溶液混合时，如果忽略体积收缩这一现象，就会呈现出反常的行为。第二类聚合物混合物的反常行为则表明焓的变化并不总是聚合物互溶性的判断准则。在许多情况下，大分子形态所决定的混合熵变却起着主导作用。聚合物混合时吸热越多，其混合物微观不均匀性越大，则固化物的强度和疲劳性能就越低。举个例子，把聚氯乙烯和硝化纤维与强度大致一样但内能密度不同的橡胶进行混合，当硝化纤维和聚氯乙烯混合物加入不同的橡胶后，其强度随 β 值即随混合物微观不均匀性的增大而急剧下降。实践证明，开发聚合物混合物的实际配方时，无须做大量的试验，直接对比组分的内聚能密度就可以判断该混合物的互溶性，并且，从一种混合物换成另一种混合物时，如果 β 值变小，表明对提高混合物的物理力学性能有利。但是，在部分互溶条件下，大多数聚合物中的大分子是不互溶的。热力学上不互溶的聚合物之间仍然存在着互相扩散的倾向，扩散的结果是形成具有一定厚度的过渡层，过渡层的均一化状态和聚合物性质、溶剂以及两种聚合物间的互溶性有关。过渡层厚度是聚合物实用互溶性的量度。具有这种过渡层的聚合物混合物的自由能比较低，它介于聚合物溶液和高内能分散体之间，而真正溶解的聚合物只占分散体总量的百分之几到百分之十几，过渡层中的假溶解聚合物可占到百分之几十。所以，热力学上不互溶的两个聚合物彼此进行扩散时，分散体可存在三种状态：单相、真溶液和假溶解过渡层。

弹性体混合物的电镜研究指出，即使在热力学互溶聚合物中也存在单个组分的微区。综上所述可得出结论：生产条件下制备的混合物尽管它们处于互溶状态，仍然是由每个互溶弹性聚合物微小个体均匀分布组成的。并发现互溶弹性体混合物中存在微观的不均匀性，因此，绝对组织均一性不是我们所讲的互溶性的必要条件。

差热分析、红外光谱、核磁共振、力学性能和介电损耗的测量，可以用来判断聚合物互混过程中聚合物间相互作用的特征。例如，丁腈橡胶和硝化纤维混合物的红外光谱表明，羟基吸收峰向低频方向移动至 $85cm^{-1}$，证明 OH 和 CN 基团间产生了相互作用，形成了氢键型的结合键。根据混合聚合物差热分析可求出混合聚合物每个组分的熔点，并能看到第三相生成时产生的热效应，还能判断混合物呈单相还是双相。核磁共振可以确定双组分混合物核磁共振谱的形状、混合物组成及单个组分谱线宽度的关系。

根据性能-组成曲线来研究聚合物互溶性的方法获得了广泛应用。该方法对不同应力下的断裂强度、应变和热力学性能与组分关系的测量最方便。

通常，使混合物的物理力学性能获得改善的互溶体系，其性能-组成曲线都有极值特征。实测性能-组成曲线离开加成曲线向性能指标提高方向的偏离程度可作为聚合物互溶性的量度，偏离越大表明聚合物混合物互溶性越好。也有人认为，聚合物混合物性能随组分比单调地改变，如果出现物理力学性能异常变化，则表明该体系存在微观不均匀性和未完全互溶。

采用放射热致发光法研究聚合物互溶性时发现，性能-组分曲线和加成曲线的差异程度不能作为判断聚合物互溶性的准则。从 β 参数和物理力学性能的数据来看，聚合物混合时吸热越大，其混合物微观不均匀性越高，强度和疲劳性能越低。例如，向聚氯乙烯和硝化纤维里加入不同的橡胶（橡胶强度大致相同，只是内聚能密度不一样），它们的拉伸强度随 β 参数变小而增大，也就是随体系微观不均匀性增大，反而急剧下降。因此，在研制生产配方之前，应该预先做内聚能密度比较，这样可以少做很多聚合物互溶性的测定实验。并且，一种混合物换成另一种混合物时，如果 β 值变小，就表明其物理力学性能有了提高。

然而，大量聚合物间表现为不互溶，还有一些聚合物只是部分互溶。热力学上不互溶聚合物之间易产生相互扩散，这样彼此之间就产生一定厚度的过渡层。过渡层厚度取决于聚合物性质以及使这两种聚合物都溶解的溶剂。笔者认为可以把过渡层作为衡量聚合物工艺互溶性的标准。具有过渡层的聚合物混合物自由能低，它介于聚合物的真溶液和内能很大的分散液之间。因此，热力学上不互溶的两个聚合物混合时，由于互相扩散的结果可同时存在三种状态——独立相、真溶液和过渡层的假溶解部分，而且真溶液仅占聚合物总量的百分之几，过渡层却占百分之几十。根据实验数据和局部扩散的理论，就可以理解为什么许多热力学上不互溶的体系却具有相同的玻璃化温度，其值介于两聚合物玻璃化温度之间；也可以理解热力学上不互溶的橡胶为什么彼此有相互补强的作用。如果恰当地选择好聚合物，采用固体聚合物原料直接混合后再熔融混合，或在共同溶剂中混合都能制备出互溶聚合物体系。而在共同溶剂中制成的互溶聚合物的均匀性非常好，所以测定溶液中的聚合物互溶性具有重大实际意义。

溶液中聚合物的互溶性，可根据混合物的热效应、光散射、渗透压、黏度的测定来进行研究。黏度对于混合物溶液中大分子状态及其变化非常敏感。至今尽管研究人员做了大量研究工作，但是关于聚合物混合物互溶性和不互溶性还没有一个统一理论指导下的测量方法，只能把聚合物互溶性的热力学评价和不同试验方法测定的结果相结合才能得出满意的结论。

1.2.2　混合物黏度测定在聚合物互溶性判定中的应用

必须指出，单通过黏度测定不能判断聚合物的互溶性，必须和其他方法相配合，才能测定出聚合物组分的互溶范围。下面简单介绍一下黏度数据的分析方法。聚合物溶液黏度对溶液中大分子状态及其变化非常敏感，因此黏度法是较早用来研究溶液中聚合物互溶性的，常用的黏度数据分析方法有：①黏度-组成实验方程；②根据黏度测量数据计算热力学特性和相互作用参数；③把实验黏度-组成曲线和理想加成曲线进行对比。

许多研究人员都试图从理论上描述聚合物混合物溶液黏度-组成曲线，结果只有极稀溶液组成对黏度影响具有简单的加成性，黏度和浓度成正比；对于聚合物浓溶液，比黏度随浓度变化不成正比关系，尤其是黏度-组成曲线的开头和终了部分的形状很复杂。

至今，还没有一种通式能描述很宽浓度范围内混合液黏度和组分浓度的关系。提出的所有公式都是经验性和半经验性的，只适用于不存在或很少存在表观黏度的稀溶液。

利用黏度测量数据可以求聚合物热力学特性和组分间相互作用参数。已知，混合物中聚合物的互溶性由组分大分子间的相互作用特性和单个组分转入混合液时其热力学特性变化两个方面所决定。聚合物混合液热力学特性和混合组分间相互作用参数完全可以由 η-组成曲线斜率来估算。$\eta_{比} = f(c)$ 曲线斜率可用来估计溶剂和聚合物间的相互作用。如果混合的聚合物间存在相互作用，η-组成曲线的斜率就随温度提高而减小；没有作用时，随温度提高斜率增大。

混合液黏度-温度的关系表明：$T-T_0$ 和 $(T-T_0)\lg a_T$ 间呈直线关系（T_0 为温度读数，a_T 为经验函数，代表高于玻璃化温度时，不规则聚合物的力学和电学性能的温度关系式）。

热力学自由能与密度、组分相互作用参数有关，经第一近似处理后密度的影响可以忽略不计，这样聚合物混合物的性质一般仅由相互作用参数 χ 所决定，χ 和组分关系对大多数互溶体系都适用。从黏度数据的热力学处理，可以获得有关混合液中聚合物间相互作用和它们对互溶性机理影响方面有价值的资料。也可以把热力学特性-组分关系曲线特征作为判定混合液中聚合物互溶性的准则。但是，至今这个问题还没有被很好地研究。

根据黏度-组成关系的实测曲线和加成曲线对比可估计聚合物的互溶性，从中可获得很多有用的信息。当带有活性官能团的聚合物混合时，只有在混合液极稀的情况下，实测黏度曲线才和理想加成曲线相接近，实际上，这时聚合物组分间已无相互作用。当浓度增大后，实测黏度曲线和理想加成曲线之间就产生了偏差。如果相对理想加成曲线产生正偏差，则表明聚合物具有相同的极性；产生负偏差则表明聚合物具有不同的极性。若分子极性基团间相互作用并产生缔合，就会使黏度提高，导致呈现反 S 形曲线。有人认为当出现正偏差时，组分为互溶的，当出现负偏差时，组分为不互溶的。混合物从互溶状态转为不互溶状态，偏差符号也改变。归根结底，对于充分混合后还不互溶的体系，黏度与加成值间就产生负偏差。

下面列举一些二元聚合物互溶的例子：环氧树脂 E-44 与聚乙酸乙烯酯（polyvinylacetate，PVA）、聚硫橡胶（polysulfide rubber，PSR）、聚铝硅氧烷（polyaluminoethylsiloxane，PAES）的互溶性。图 1-5 提供了 25℃不同混合液的比黏度与组成比的关系。四种混合液的黏度曲线均存在极值，即使组分间无作用时，实测曲线与理想加成曲线也是有区别的。

E-44-PSR 混合液黏度-组成曲线的极值特征最明显（图 1-5，曲线 1）。用滴定法测定发现，极值对应的组成比的混合液 E-44 和 PSR 间确实存在着特殊作用。这种作用不仅决定了它们间的互溶性，而且还使该组成比混合物制作的金属聚合物的物化性能提高了。E-44-PVA 混合液（图 1-5，曲线 2）尽管也存在实测曲线的偏差，但是两个组分间作用为偶极子型作用，比较微弱，因此这种作用未表现出极值特征。

图 1-6 的实测曲线证明混合组分的官能团间发生了相互作用。当 PAES 和 E-06 混合液二者总浓度为 2.5%和 5%时，黏度-组分比曲线为直

线（曲线 1、2）；当总浓度提高到 15％～30％时，则出现负偏差（曲线 3、4）。随环氧树脂里活性官能团含量提高（E-06 和 E-44），曲线的极值特征就显现出来了（图 1-7，曲线 1、2）。从环氧基含量为 21.6％的 E-44 转为环氧基含量为 1.5％～2.5％的 E-06 后，溶液黏度-组成比曲线变化特征表明，环氧树脂和聚铝硅氧烷间官能团的相互作用对互溶性起着决定性作用，聚铝硅氧烷的羟基与环氧树脂的环氧基、铝原子核的配位键形成牢固的氢键，这就会使溶液黏度增大，但是出现的黏度偏差范围比较窄，而且随着环氧树脂的环氧基含量降低，偏差区间向混合液中环氧树脂含量高的方向移动（图 1-7，曲线 1、2）。这证明互溶过程组分的官能团间发生了相互作用，并呈现最佳配比。若两种不同低聚物分子间官能团的强烈作用超过单独组分的分子间的作用，那么不同低聚物分子间就产生缔合，在适当的条件下还可能发生化学反应。不同组分分子间的这些作用（以及在浓溶液里的缔合作用）有效阻碍混合物里析出单相，且表现为混合液的密度与其加成值很接近。

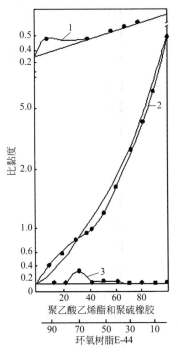

图 1-5　E-44（1）、PVA（2）、
PSR（3）混合液的比黏度和
组成比的关系〔溶液总浓度
为 3％（质量分数）〕

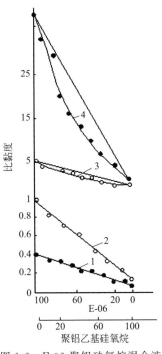

图 1-6　E-06-聚铝硅氧烷混合液
在不同总浓度（质量分数）
下比黏度和组成比的关系
1—2.5％；2—5％；3—15％；4—30％

当加入羟基含量高的高分子环氧树脂（E-12、E-06）时，环氧树脂和乙基聚铝硅氧烷混合液的总浓度比较小时（质量分数为5%），分子间作用就很小或没有，因此，该混合液黏度与加成值相吻合（图1-7）。

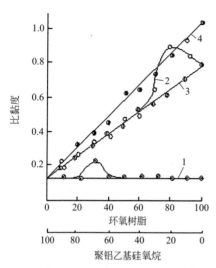

图1-7　PAES和不同环氧树脂混合液的比黏度-组成比的关系

1—E-44；2—E-20；3—E-12；4—E-06

随着混合液的总浓度提高，组分分子本身间的作用增强，产生微观不均匀性，以致分层出现单相。若混合液中低聚物彼此间作用很微弱，且溶解度又小，那么就会出现胶体粒子，使上层或下层溶液发生浑浊。在大多情况下，上下两层都是浑浊的。低聚物分散体又使混合液黏度降低。这些聚合物从易溶变为难溶，和溶液黏度下降的现象相似。这就是聚铝硅氧烷和高分子量环氧树脂的混合液实测黏度和加成值出现负偏差的原因。因此，可以把黏度负偏差作为混合液中存在低聚物不互溶的定性指标。很明显，正是由于相界面处的分子间作用减弱和聚合物胶体粒子间的分子充填不紧密，导致混合液密度发生显著负偏差。所以，随着组分间作用性质、溶剂性质、温度、混合液的总浓度及其组成比不同，低聚物在一般溶剂中混合时可形成三种类型溶液：①组分间完全互溶形成分子热力学上的均匀单相；②能长时间处于动力学稳定状态的乳浊液型胶体溶液；③不均匀的双相，很快分层。

多相，尤其是两相胶体混合液的行为主要由分散相的粒子大小、单位体积内粒子数目和其胶体化学因素所决定。实际上，应该求出两种或几种聚合物混合液有限互溶时分层极限浓度 c_p 值。用目测法直接观察不同浓度混合液的状态随时间的变化来求 c_p 值的做法既费时又不准确。而采用黏度法绘制 $\eta_{比}/c = f(c)$ 曲线，其拐点所对应的浓度就是 c_p 值。

遗憾的是，至今尚未找出表达多种组分聚合物混合液的黏度与它们组成比和总浓度关系的可靠方程。不管是聚合物的真溶液，还是乳浊液，即使是低聚物，也都相当复杂。可以肯定低聚物和聚合物混合液既有真溶液也有乳浊液，组分间的作用条件和缔合条件不同，当真溶液转化为胶体溶液时，$\eta_{比}/c = f(c)$ 曲线斜率必然产生明显的改变。图1-8是黏度测量结果，从图中看出，$\eta_{比}/c = f(c)$ 曲线反映出 PAES 和环氧树脂 E-20 及 E-06 混合液既呈现单相状态，又存在两相状态。

从单相变为两相，曲线出现明显拐折，拐点浓度即是混合液分层极限浓度。分层时溶液发生浑浊，透光率骤然下降，在透光率-浓度曲线上该拐点对应浓度就是分层极限浓度。如图 1-8 所示，从单相转为两相，$\eta_{比}/c = f(c)$ 曲线上就出现拐点；而且在整个浓度范围内，PAES-E-44 混合液均为单相，曲线呈现平滑而稍有凹曲，没有拐点（曲线 3），这表明低聚物混合液浓度较高时，$\eta_{比}/c = f(c)$ 已不服从线性关系了。环氧树脂 E-20 和其他低聚物，如含乙酸基聚丁二烯及含羟基聚丁二烯混合液的黏度测量结果示于图 1-9，从图可见，在相应分层浓度处曲线斜率都出现剧变，这证明混合液已从真溶液变为胶体溶液。

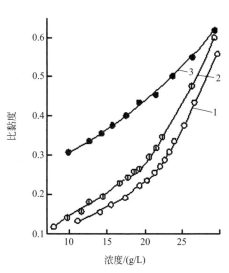

图 1-8　PAES+不同环氧树脂混合
液比黏度和总浓度的关系
1—E-20；2—E-06；3—E-44

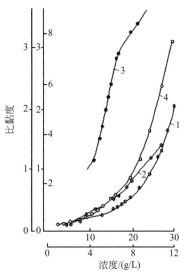

图 1-9　E-20 和不同组成混合液比
黏度-总浓度的关系
1—含乙酸基聚丁二烯橡胶；2—含羟基聚
丁二烯橡胶；3—PVA；4—PVA+PVC

低聚物和高分子组分的混合液也有类似的情况。图 1-9 曲线 3 是 E-20-PVA 混合液的黏度曲线，可见也存在拐点。与上述不同的是高分子组分对 $\eta_{比}/c = f(c)$ 曲线特征有不同的影响。为了说明从单相转为两相引起 $\eta_{比}/c = f(c)$ 曲线变化这一共同特点，对双聚合物-溶剂体系黏度也进行了测量，图 1-9 曲线 4 就是 PVC-PVA-环己烷体系黏度曲线（总浓度 2～

11g/L），该曲线在分层处无明显的拐点，呈明显的抛物线规律。目测看到，在3.5～5g/L浓度范围内，溶液处于介稳状态，呈浅乳白色（溶液内均匀分布着微小的第二相），经过几个星期后才分层，但分界面既不稳定，又不清澈。PVC-PVA-环己酮混合液存在介稳状态（稳定的均匀分散的乳浊液），单相混合液转变为两相状态的过程必然是个渐进的过程，这样在 $\eta_{比}/c = f(c)$ 曲线上就看不到明显的拐点。

低聚物混合液从单相变为两相的过程特征，主要由每个组分的官能团性质、含量及分子量所决定。低聚物极性和分子量对互溶性的影响是一样的（见图1-9）。分子量高于 10^3 的聚合物，分子量太高成为不互溶的根本原因。低聚物混合物的互溶极限值是不一样的，例如，E-20和含羟基聚丁二烯橡胶混合液的分层浓度 $c_p = 16.8\text{g/L}$，而含乙酸基聚丁二烯橡胶为17.5g/L，PAES为21.8g/L。把环氧树脂-含羟基聚丁二烯橡胶混合液和环氧树脂-聚铝硅氧烷混合液进行对比，可见，两个组分都具有羟基官能团，但它们性能却不同。在含羟基聚丁二烯橡胶分子中，C—OH键基本是共价键，在聚铝硅氧烷里羟基（—OH）和Si原子的结合键，其中一半是离子键，因此，前者分子中的羟基远不如后者的活泼，所以，PAES-E-20-环己酮混合液只有总浓度较高（21.8g/L）时才产生分层，而含羟基聚丁二烯橡胶-E-20-环己酮混合液分层浓度就较低（$c_p = 16.8\text{g/L}$）。

下面以PVA分别与E-44和E-20的混合液为例，详细研究官能团数量对互溶性极值的影响。PVA-E-44-环己酮混合液，只要总浓度<40g/L，在任意组成比时都互溶。因为环氧基和乙酸基之间具有亲和力，溶解于环己酮中的低分子量环氧树脂变成了PVA的良好溶剂。随环氧基含量降低，PVA在E-20树脂中溶解度显著减小，互溶极限浓度仅为16.5g/L（见图1-9，曲线4）。PVA和E-20分子量差别很大，即使把环氧树脂分子量从500增大到1000，也不会使二者的互溶性发生显著降低。因此，从真溶液转变为胶体溶液时，在以下情况下 $\eta_{比}/c = f(c)$ 曲线斜率将发生突变：①分子量为 5×10^2～5×10^3 的不同性质低聚物和聚合物混合；②分子量差别很大的聚合物混合。随着第二组分的分子量增大，黏度曲线上由原来存在的急剧拐折逐渐变为平缓的曲线，表明混合液在从单相转变为两相的过程中存在着介稳状态。

把浊度光谱法（测定粒子大小）与黏度法相配合，可用于求取分层极限浓度，研究胶体溶液分层过程动力学和形态学与组分浓度的关系。图1-

10（曲线 3）是溶液完全分层时平均粒径 r_x 随时间的变化。根据粒径测定和目测结果可以推想，低聚物和聚合物混合液的分层过程如下：对于两相体系，先是细颗粒新相析出，而后逐渐长大，最后下沉形成两相。

溶液在相分离之前，先是相同大分子间产生缔合，缔合到一定程度才开始析出新相。图 1-10 表明在单相浓度区缔合的粒子从 $0.0066\mu m$ 逐渐长大到 $0.062\mu m$（曲线 1，浓度范围为 $18\sim21g/L$）。粒径和浓度的关系曲线可分为三段，低聚物混合液在互溶极限浓度以下形成的乳浊液也存在三种形态。在分层极限浓度附近（曲线 1、2）粒径增大不明显，这时的溶液是粒径为 $0.03\sim0.15\mu m$ 的稳定乳浊液。高于分层极限浓度的溶液则是不稳定的乳浊液，这时粒径会随溶液总浓度增大而急剧增大，溶液很快就分层了。因此，总浓度为 $27g/L$ 时，溶液内粒子数会显著减少（从 3×10^{10} 降为 2.8×10^{7}）。曲线的第三段是粒径较大的不稳定乳浊液，粒子进一步成长，最后达到聚结-解聚的平衡状态。从上述得出结论：①根据 $\eta_{比}/c = f(c)$ 曲线拐点可以求出低聚物、低聚物和聚合物混合液的互溶极限浓度；②低聚物混合物的胶体溶液具有不同的稳定状态，它与组分性质和溶液总浓度有关。

根据聚合物和低聚物混合液的实测黏度-组成曲线与加成曲线的偏差判断它们的互溶性所用实验仪器并不复杂，同时还可以用来讨论溶液中组分间的相互作用。

在若想把聚合物混合物做成涂层，就必须研究它们的流变性能，而聚合物及其混合物的黏度稳定性是选用的混合物能否作为涂料使用的重要指标。因此对聚硫橡胶-环氧树脂及其混合溶液流变性能与温度、时间关系进行了研究。

在原始溶液的组分配比和其流变速度变化范围都很宽的条件下，仍然可以把它看作是牛顿流体，即 $\tau = f(\eta)$ 为线性关系。其中 τ 为剪切应力，即平行流动方向的单位面积上的内摩擦力；η 为流变速度。若牛顿流动定律曲线通过坐标原点，此溶液就是假弹性液体。组分配比不同的溶液在不同温度下放置不同时间后，实际上只有曲线斜率改变，这说明只是黏度增大，而溶液仍然是假弹性状态。把原始溶液 $\tau = f(\eta)$ 曲线转变为 $\lg\eta$ 与组成比的关系曲线，其呈现 S 形（图 1-11，曲线 1），这是典型聚合物混合物的曲线特征。若把溶液在 $80℃$ 加热 8h，则 $\lg\eta = f(m)$ 曲线就显示出极值特征（曲线 2）。组成比 $m = 5:5$ 的溶液经加热处理后黏度达到最大，比其他组成比溶液黏度高一个数量级。若把该溶液加热后再在室温放置三个月，其流变性能变化更大，但 $\lg\eta = f(m)$ 曲线极值特征仍保留，只是峰位向 PSR 含量高的方向移动（曲线3）。$m = 3:7$ 的溶液黏度最大，在室温长期放置（3个月）对流变性能的影响和加热处理很相似（曲线4）。

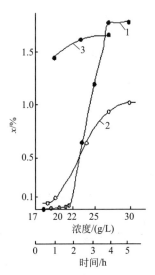

图1-10　E20-PAES（1）、E-20-含乙酸基聚丁二烯橡胶（2、3）混合液平均粒径含量与浓度（1、2）和时间（3）的关系

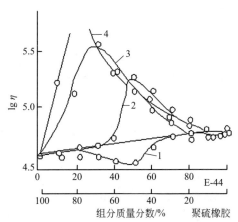

图1-11　E-44-聚硫橡胶混合液黏度对数与组成的关系

1—原始的；2—80℃/8h；3—室温放置3个月；
4—80℃/8h＋室温放置3个月

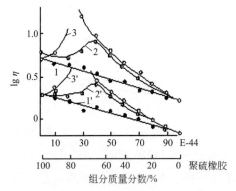

图1-12　E-44-聚硫橡胶环己酮混合液比黏度对数与组成的关系

1，3—总浓度18；1′，3′—30g/L；
1，1′—原始溶液的黏度曲线；
2，2′—混合溶液经室温放置一个月的黏度曲线；3，3′—混合溶液先经80℃加热8h而后在室温放置一个月的黏度曲线

总浓度为 18g/L 和 30g/L 的环氧树脂-聚硫橡胶混合液黏度测量证明，具有反应活性的低聚物长期存放或加热处理都会使其混合物黏度明显提高（图1-12）。

从图1-12中曲线1、1′看出，新制备的混合溶液黏度只与组成比有关，这时实测曲线1、1′和按组分间无作用所绘制的加成曲线相重合。曲线2、2′和曲线3、3′都存在鲜明极值特征，证明延长存放时间，溶液内发生了化学变化。然而，E-44和聚硫橡胶环己酮组成比 $m = 3:7$

和 2∶8 的混合液延长存放时间产生了有益效应，也证明了这一点。尽管甲苯是原始两组分的良好溶剂，但是，$m=3∶7$ 和 2∶8 混合液在甲苯中却是微溶的，其生成的乳浊液明显分为两层。在甲苯中 $m=3∶7$ 混合物总浓度大于 23.26g/L 后，就不是真溶液了。而 $m=2∶8$ 混合物无论用甲苯怎么稀释也不会形成真溶液，在溶液下层析出的是 $m=3∶7$ 和 $m=2∶8$ 的混合物，剩下的大量甲苯里不含混合物。红外光谱分析证实，混合物里组分官能团相互作用生成了高分子嵌段共聚物。由于低聚物间的化学作用而生成大量羟基，羟基 3520cm^{-1} 吸收峰发生移位，就证明低聚物之间出现了氢键，随着低聚物相互作用使产物的分子量提高，同时，氢键和羟基相结合，使混合液黏度急剧增大。在 $\lg\eta=f(m)$ 曲线上（见图 1-11）峰强和峰位的差别就反映出该条件下组分间相互作用机制的差异。从最大黏度值及其与温度、时间和组分比的关系可以推测，$m=(2∶8)\sim(3∶7)$（E-44∶PSR）的混合物在室温下长期静置存放，这有助于形成超分子结构，确保组分的官能团间相互反应充分而生成嵌段共聚物。当然，把原始混合物进行加热，低聚物间也会发生化学作用，生成具有另一种结构和组成比的嵌段共聚物，可是黏度仍然较低。混合物加热处理后原组成比被破坏了，再在室温长时间放置可能也不会像未加热前那样会生成大量的共聚物。

黏度测量证明，在具有官能团的低聚物的混合物里发生了化学反应。由此生成的嵌段共聚物对混合物的物理化学性能、流变性能以及组分间互溶性均有显著的影响。

1.2.3 高聚物、低聚物及其混合物的热性能

采用综合热分析技术（差热分析、热失重、微分热失重）可以研究混合物里低聚物官能团的作用及对互溶性的影响。图 1-13 示出环氧树脂 E-44、聚乙酸乙烯酯（PVA）、聚硫橡胶（PSR）和聚铝（乙基）硅氧烷（PAES）的差热分析曲线。曲线 3 是 PSR 的差热分析曲线，只有一个吸热峰，它是 PSR 的分解温度（300～310℃）。PVA 的差热分析曲线（曲线 2）上，在 250℃放热峰表示 PVA 聚合时析出乙酸，320℃吸热峰表示 PVA 发生热分解。环氧树脂差热分析曲线（曲线 1）的强放热峰代表环氧基异构化生成羰基、环氧基热聚合和环氧树脂部分热氧化分解共同作用的结果。

PVA 和环氧树脂的混合物的差热分析曲线（图 1-14，曲线 1～4）上，PVA 放热峰没有了，而环氧树脂放热峰的温度降低，这表明混合物组分

的官能团之间发生了相互作用。随着 PVA 浓度增加，放热峰温度并不是单调地变化，这也表明混合物组分的官能团间发生了相互作用，尤其当 PVA 含量为 20%～30% 时，这种作用更明显。在这个温度范围内聚合物间的反应历程如下：

$$-CH_2-\underset{OCOCH_3}{CH}-CH_2-\underset{OCOCH_3}{CH}- \;+\; CH_2-\underset{\diagdown O \diagup}{CH-R-CH}-CH_2 \longrightarrow \begin{array}{c} -CH_2-\underset{O}{CH}-CH_2-\underset{OCOCH_3}{CH}- \\ \big| \\ -CH_2-CH-R-\underset{\diagdown O \diagup}{CH}-CH_2- \end{array}$$

特别要注意：150～160℃ 处的吸热效应，它是由于聚合物混合物受热，聚合物大分子发生重排和互溶所致。因为互溶聚合物的分子量差异较大，混合熵变化也大，所以互溶时就吸热。互溶混合物熵增大，混合物的差热分析曲线表现出正的热效应（混合时吸热）。不同配比的 PSR-环氧树脂混合物具有相似的差热分析结果（图 1-14，曲线 5～8），该混合物组分性质没有加成性，这时差热曲线的特点是出现很强的放热峰。然而，PVA-PSR 混合物组分的性质却有加成性（图 1-14，曲线 9），305～320℃ 的吸热峰表示聚合物发生了热分解。

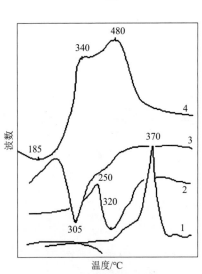

图 1-13　差热分析曲线
1—E-44；2—PVA；3—PSR；4—PAES

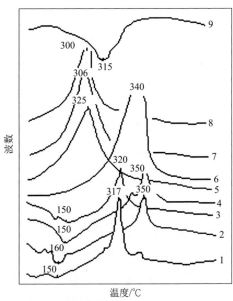

图 1-14　不同组成比 E-44-PVA（1～4）和
E-44-PSR（5～8）混合物的差热分析曲线
1—5：1；2—4：1；3—3：1；4—1：1；
5—9.5：0.5；6—9：1；7—7.5：2.5；
8—6：4；9—PVA：聚硫橡胶＝1：1

PAES差热分析曲线存在两个主要热效应：200℃处的吸热峰是聚合物羟基相互作用的结果，410℃处的放热峰是聚合物热氧化分解的结果。随着环氧树脂中PAES加入量提高（一直到50%），吸热峰出现温度随之下降，峰强也相应减弱；再提高PAES含量吸热峰出现的温度平滑上升（图1-13，曲线4）。环氧树脂-PAES混合物在室温、90℃和190℃的红外光谱证明，90℃时组分之间就发生了化学反应，但是，室温下的氢键和配位键在较低温度条件下可能发生化学反应，形成Si—O—C键。红外光谱上的$3500cm^{-1}$（γ_{OH}）和$575cm^{-1}$（δ_{Al-O}）吸收带就证明存在氢键和配位键。组分间的反应式如下：

①
$$-Si-O-Si-O-Si-O-Si-O-Al-O- + 2H_2C-CH-R-CH-CH_2$$

（结构式：硅链上带 C_2H_5、OH 取代基，环氧基 $H_2C{-}CH{-}R{-}CH{-}CH_2$ ）

$$\longrightarrow -Si-O-Si-O-Si-O-Si-O-Al-O-$$

（生成物：羟基与环氧基形成氢键配位，$H_2C-CH-R-CH-CH_2$）

②
$$(O-Si)_n OH + CH_2-CH-R-CH-CH_2 \xrightarrow{\triangle} (O-Si)_n O-CH_2-CH-R-CH-CH_2$$

（生成含 OH 的 Si—O—C 连接结构）

为了制备聚合物材料，除了需要研究低聚物的互溶性之外，研究聚合物的热稳定性也很重要。图1-15中曲线2～5环氧树脂的热失重证明：在第一热分解阶段（<300℃），质量损失（%，质量分数）和环氧树脂羟基含量呈线性关系，环氧树脂羟基含量却随环氧树脂分子量增大而增加。第一阶段失重很明显，是如下反应的脱水过程：

$$R-O-CH_2-\underset{OH}{CH}-CH_2-O-R \xrightarrow{-H_2O} R-O-CH=CH-CH_2-O-R$$

环氧树脂E-44羟基含量低，脱水过程只能在树脂酯化和热聚合反应以后的更高温度（大约350℃）下才能发生，环氧树脂脱水过程是吸热过程（图1-15，曲线2～5）。在该温度区，乙基聚铝硅氧烷的羟基发生相互反应析出水，是个吸热过程（图1-15，曲线1），加热处理后的乙基聚铝硅氧烷红外光谱上已见不到$3500cm^{-1}$处羟基吸热峰了。

环氧树脂红外光谱最重要的特征是波数 $1670\sim1640\mathrm{cm}^{-1}$ 处存在—C=C—键吸收峰和 $3700\sim3200\mathrm{cm}^{-1}$ 处存在羟基吸收峰。实际上碳-碳双键吸收峰相对强度增强了，而羟基强度则减弱了。这些特征在含大量羟基的环氧树脂 E-06 红外光谱上表现更为突出；另外还观察到 $1260\mathrm{cm}^{-1}$（$\gamma_{吸}$ C—O—C）处吸收强度增大，说明还发生了酯化过程。进一步升温到 $370\sim400\degree\mathrm{C}$，环氧树脂失重速率显著加大，而高分子量环氧树脂（E-12、E-06）失重较小。这时环氧树脂化学结构已发生根本改变，环氧基异构化生成了羰基，使环氧树脂 E-44 差热分析曲线（图 1-15，曲线 2）出现很强的放热峰。失重剧增则说明发生异构化的同时，还发生了树脂热氧化分解。高分子量环氧树脂（E-20、E-12、E-06）热氧化分解温度移向高温区（$420\sim435\degree\mathrm{C}$），也存在环氧基异构化的放热峰（曲线 3~5），而高分子量环氧树脂异构化放热强度较低，说明树脂中环氧基含量低。$450\sim600\degree\mathrm{C}$ 发生烷基氧化和聚合物链裂解，形成类似石墨的结构，碳氧化速度缓慢，所以这时树脂失重并不大。但是氧化过程是强放热反应，$550\sim570\degree\mathrm{C}$ 和 $640\sim670\degree\mathrm{C}$ 放热最大。

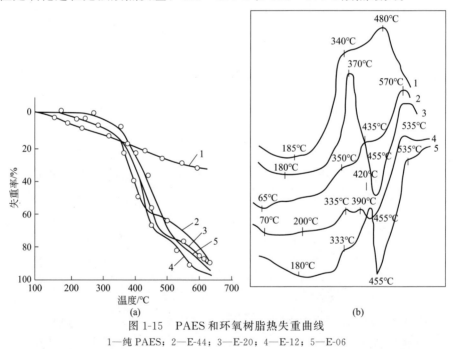

图 1-15　PAES 和环氧树脂热失重曲线
1—纯 PAES；2—E-44；3—E-20；4—E-12；5—E-06

乙基聚铝硅氧烷在 $250\degree\mathrm{C}$ 开始氧化分解，在 $340\degree\mathrm{C}$ 达到最大（图 1-15，曲线 1）。在差热分析曲线上 $480\sim500\degree\mathrm{C}$ 出现的强放热峰是因为聚合物分子间发生作用形成密排立方结构所致。乙基聚铝硅氧烷里加入 10% 的任何一种环氧树脂对其热稳定性均没有影响，氧化速度、热失重和失重曲线特征与纯的乙基聚铝硅氧烷一样。差热分析曲线形状也相似，只是高温区吸热峰的位置移到了环氧树脂和乙基聚铝硅氧烷之间（500～550℃）。环氧树脂加入量提高到30%（质量分数）对热稳定性产生明显影响，热失重比纯的乙基聚铝硅氧烷大，尤其温度高于350℃热失重就更大，热失重曲线（图1-16，曲线2～5）还是不连续的：300～320℃失重缓慢（20%），320～340℃失重加快（约40%），400～700℃失重又减缓。第一阶段显然是环氧树脂和乙基聚铝硅氧烷发生脱羟基反应和部分热氧化分解，这时环氧树脂环氧基和乙基聚铝硅氧烷的羟基发生反应，在E-44-PAES混合物的差热分析曲线上，150℃处出现放热峰（图1-16，曲线2）。因为环氧基含量少，热效应就小，所以乙基聚铝硅氧烷和高分子量环氧树脂的混合物的差热分析曲线上放热峰不明显。乙基聚铝硅氧烷主链上铝原子对环氧树脂和乙基聚铝硅氧烷间的反应有促进作用。其反应产物是分子连接成配位键的嵌段共聚物。加10%～30%环氧树脂时，PAES过剩，混合物由嵌段共聚物和PEAS组成，这时，过剩PAES羟基及铝原子和嵌段共聚物分子的羟基及氧原子之间形成氢键和配位键。当温度升高时（320～400℃），这些辅助键使混合物的热氧化分解加快；混合物里羟基含量越高，热分解越强烈。PAES∶E-44=7∶3时热氧化分解最严重（图1-16，曲线2），然而也只有在此配比下，在200～400℃内才能观测到热失重出现最大值。E-44浓度更高或更低，热稳定性都较高，说明在此配比下两者发生了酯化反应，生成了大量水，造成失重较大。

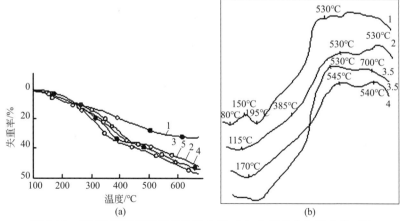

图1-16　PAES和环氧树脂热失重曲线（a）和微分热失重曲线（b）
1—纯PAES；2—E-44；3—E-20；4—E-12；5—E-06

第三阶段是热氧化分解，碳被全部氧化，固体残余物全部分解，致使在530~575℃和570~700℃温度区间产生强烈的放热效应。纯环氧树脂防热峰都劈为两个，与纯PAES及加10%环氧树脂的混合物相比（见图1-16），放热峰温度提高了。进一步提高环氧树脂含量（达到50%~70%），

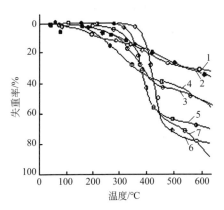

图1-17 不同组成比 PAES-E-44
混合物热失重曲线
1—纯PAES；2—9∶1；3—7∶3；4—5∶5；
5—3∶7；6—1∶9；7—E-44

羟基含量高的树脂（E-20、E-12、E-06）和环氧基含量高的（E-44）树脂热稳定性差别很大。加入高分子量环氧树脂的混合物低温分解严重（300℃失重达30%）；如果热失重曲线呈阶梯形，则表明混合物是化学不均匀的，存在第二相；加入50%~70% E-44的混合物则热稳定性提高，300℃热失重<2%~8%（图1-17）。

乙基聚铝硅氧烷加入了含羟基（高分子量）环氧树脂的混合物致使其热稳定性降低，表明铝原子和羟基中的氧形成了配位键，促进混合物的热氧化分解。羟基含量越高，150~400℃热失重越大。含90%高分子量环氧树脂的混合物表现最明显（图1-18，曲线2~5）。但是90% E-44＋10% PAES混合物热稳定性却提高了（400℃热失重<10%），显然，加10% PAES正是形成单一嵌段共聚物所需乙基聚铝硅氧烷的最佳浓度。利用PAES中的羟基作为环氧树脂的热固化

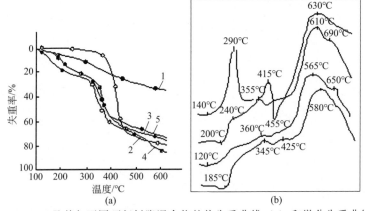

图1-18 PAES及其与不同环氧树脂混合物的热失重曲线（a）和微分失重曲线（b）
1—纯PAES；2—E-44；3—E-20；4—E-12；5—E-06
（混合物中PAES与环氧树脂的质量比均为1∶9）

剂，向环氧树脂中加入 10％PAES 就足够了。固化后可形成完整的网状结构，其产物在溶剂中溶胀很轻，热稳定性还高。E-44 和 PAES 的羟基反应是放热反应，放热峰强度随着环氧树脂含量提高而增大，放热温度也从 150℃（7：3）提高到 290℃（1：9）（图 1-16、图 1-18）。聚合物单位体积内环氧基浓度若高，就会发生大量交互反应，使放热峰强度提高。

$$\sim(OSi)_nOH + CH_2-CH-R\sim \longrightarrow (OSi)_nO-CH_2-CH-R\sim$$

$$\sim(OSi)_nO-CH_2-CH-R\sim + CH_2-CH-R' \longrightarrow (OSi)_nO-CH_2-CH-R\sim$$

由于混合物中羟基和铝原子的浓度低，它们和环氧基形成的氢键及配位键在较低温度下就能断裂，因此其耐热温度也较低。

含 10％PAES 的不同环氧树脂混合物热氧化分解速度在放热温度分别为 415℃（E-44）、350℃（E-20）、360℃（E-12）、345℃（E-06）时最大（见图 1-18，曲线 2～5）。580～640℃处的强放热峰和混合物固体残余物在 450～650℃的缓慢热氧化分解过程是一致的。PAES：E-44＝7：3 和 PAES：E-06＝1：9 混合物（图 1-19，曲线 1、2、5、6）在 150～350℃热失重非常大，在红外

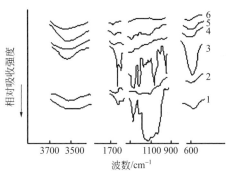

图 1-19　PAES 和 E-44（1～4），
E-06（5，6）混合物的红外光谱
1，3，5—原始的混合物；
2，4，6—加热到 350℃的混合物
组成比 7：3（1，2），1：9（3～6）

光谱上表现出 916cm^{-1} 环氧基吸收峰消失，3600～3200cm^{-1} 羟基吸收峰强度大大降低。与此同时，C—O—C 和 C＝C 键（相应峰位为 1640cm^{-1} 和 1280cm^{-1}）的吸收峰强度增强，这些都证明混合物发生了化学反应。在较低温度（约 150℃），会发生环氧基断开和树脂酯化生成羟基的反应，再提高温度将发生脱水和部分混合物分解。

研究低聚物及其混合物的物化行为以及含官能团低聚物的互溶性问题，对研究开发钛纳米聚合物复合材料相界面的交互作用具有重要的理论和实际意义。

2

有机聚合物和金属粒子表面的相互作用

2.1 填充金属聚合物材料的制备方法

2.1.1 填充金属聚合物材料的制备

填充复合聚合物材料是多相体系，填料粒子分散在聚合物的连续相中，形成一个宏观均一的分散体系。在填充复合聚合物材料里，填料加入量通常为百分之几至 40%，有时高达 60%～80%，在笔者研制的钛合金修补剂和涂料里填料量甚至达到 95% 以上。目前，填充复合聚合物材料已成为高分子材料研究和生产的重要领域。

填充复合聚合物材料所采用的金属填料有镍、铝、铬、钼、锌、锡合金、镉、铅、铜、金、银、钛、锰、铁和镓等。填充金属聚合物材料所用的有机聚合物有酚醛树脂、环氧树脂、聚酰胺、聚苯乙烯、聚甲基丙烯酸甲酯、橡胶及其他聚合物。

制备聚合物/无机纳米复合材料的直接分散法，适用于各种形态的纳米粒子。纳米粒子的使用一般采用直接分散法。但是由于纳米粒子存在很大的界面自由能，粒子极易自发团聚，利用常规的共混方法不能消除无机纳米粒子与聚合物基体之间的高界面能差。因此，要将无机纳米粒子直接分散于有机基质中制备聚合物纳米复合材料，必须通过必要的化学预分散和物理机械分散打开纳米粒子的团聚体，将其均匀分散到聚合物基体材料中，与基体材料有良好的亲和性。直接分散法可通过以下途径完成分散和

复合过程:

① 高分子溶液(或乳液)共混　首先将聚合物基体溶解于适当的溶剂中制成溶液(或乳液),然后加入无机纳米粒子,利用超声波分散或其他方法将纳米粒子均匀分散在溶液(或乳液)中。有人将环氧树脂溶于丙酮后加入经偶联剂处理过的纳米 TiO_2,搅拌均匀,再加入 40%(质量分数)的聚酰胺后固化制得了环氧树脂/TiO_2纳米复合材料。还有人用硅烷偶联剂处理纳米 SiO_2 粒子,然后用其改性不饱和聚酯。

② 熔融共混　将纳米无机粒子与聚合物基体在密炼机、双螺杆挤出机等混炼机械上熔融共混。如将 PMMA 和纳米 SiO_2 粒子熔融共混后,用双螺杆挤出机造粒制得纳米复合材料。又如利用偶联剂,在超声作用下处理纳米银无机抗菌剂粒子,分散制得 PP/抗菌剂、PET/抗菌剂、PA/抗菌剂等复合树脂,然后经熔融纺丝工艺加工成抗菌纤维。研究表明,将经过表面处理的纳米抗菌剂粒子通过双螺杆挤出机熔融混炼,在聚合物中可以达到纳米尺度分散,获得了具有良好综合性能的纳米抗菌纤维,对大肠杆菌、金黄色葡萄球菌的抗菌效率达到 95% 以上(美国 AATCC-100 标准)。

③ 机械共混　将偶联剂稀释后与碳纳米管混合,再与超高分子量聚乙烯(UHMWPE)混合放入三头研磨机中研磨两小时以上。将研磨混合物放入模具,热压,制得功能型纳米复合材料。

④ 聚合法　利用纳米 SiO_2 粒子填充料[Poly(HEMA)]制备了纳米复合材料。首先,纳米 SiO_2 粒子用羟乙基甲基丙烯酸(HEMA)包覆,然后与 HEMA 单体在悬浮体系中聚合。还有利用 SiO_2 胶体表面呈酸性,加入碱性单体 4-乙烯基吡咯进行自由基聚合制得包覆型纳米复合材料。

填充金属聚合物材料的制备方法主要有四种,最简单的是固-固机械混合法,把现成的金属粉和有机聚合物粉按比例混合,然后利用加热和机械设备进行塑炼,但其动力消耗和劳动强度都很大,混炼后的复合材料组分分布不均匀,金属粉和聚合物间为物理混合,这种方法仅适用于高填料复合材料的生产(这类似于粉末冶金)。例如,橡胶、氟塑料制品都采用这种方法。铁、镍、铜粉和耐纶或其他弹性聚合物混合也采用这种方法。第二种方法液-固混合法应用最广,例如,把金属粉体直接添加到液体树脂里。而金属粉加入量受树脂黏度制约,低黏度树脂添加金属粉,比较容易,高黏度树脂添加金属粉就必须使用封闭式混炼机,依靠强力的剪切力作用实现金属粉的分散和解集。该种做法容易导致树脂过热降解,而且又不容易控制。例如，把未完全聚合的聚丙烯酸甲酯和银、铜粉混合后，经过塑炼，可以制成导电塑料。第三种方法是液-液混合法，把金属粉体直接添加到聚合物溶液中进行混合，这样聚合物溶液很容易把金属粉润湿，但仍然会产生金属粉的凝聚甚至沉淀，使金属粉在聚合物里分布不均匀。如果把混合液先进行蒸发，进行共沉积处理，共沉积的膏状物再进行仔细研磨，就能消除金属粉的凝聚和在聚合物中分布不均的问题。采用真空干燥法或分子筛干燥法都能把残留在共沉积物里的溶剂脱除，首先把金属粉制成乳液，再加入到热塑性树脂溶液里，经机械搅拌混合后，脱除溶剂，再进行挤塑。这个方法的优点是金属粉加入量不受限制，金属粒子很容易被润湿，分散比较容易。但是金属粉很容易产生凝聚和沉淀，造成填料在聚合物里分布不均匀，并且溶剂消耗量很大。如果把金属粉体先做成水性软膏，再和经表面活性剂乳化的有机聚合物浓溶液机械混合，靠油相的选择性润湿作用，金属粉就从水相转入油相里，这样金属粉原有的高度分散性没有被破坏，随后把析出的水排掉并进行真空干燥处理。例如，制造填充金属橡胶时，可以先把橡胶制成水性胶乳，再和水悬浮金属粉填料混合、凝聚、压滤脱水、干燥。如果产品里不允许残留乳化剂等表面活性剂，那么这种方法则不宜采用。其实这种方法是制备填充金属橡胶的一种好方法。它不消耗溶剂，环保，方法简单，复合物均匀性好。不足之处是复合物里会残留较多表面活性剂。在金属粉体存在下，单体聚合法也很有意义。对于具有反应活性的树脂通常都是把金属填料直接加到树脂里，在树脂未固化前，采用打浆机、研磨机或高速搅拌机进行混合，用这种方法已制出了含金属粉高达80%的环氧基混合物，并固化得到制品。例如，青铜粉、二硫化钼粉和环氧树脂混合物在180℃成型。橡胶填充石墨的硫化制品，还可以填充低熔点（150～170℃）合金粉，诸如 Hg-Zn、Sn 及 Pb 合金、共熔合金（50%Sn＋32%Pb＋18%Cd），可压延加工成板材，这样加工还不破坏聚合物的原始结构，确保制品力学性能不变。第四种方法是先向金属粉里加入很少量液体或固体树脂（如磁性金属粉加工），再进行高速分散或研磨，这样能降低金属粉压制品的孔隙率。

上述方法都存在一个共同缺点，那就是尽管经过仔细而又强力的机械处理，金属粉在聚合物里仍然呈现不同程度的凝聚，导致金属粉在聚合物里的分布是不均匀的，这样制得的填充金属聚合物材料的强度常常比基体的还低。

2.1.2 微纳米金属聚合物填料

为了解决金属粉在聚合物里分布不均的难题，一方面是要使金属粉体填料超细化，填料粒子越细，比表面积越大，与聚合物的接触面积也越大，填料和聚合物的结合强度也将越高，并可以有效防止填料的迁移，填料分布均匀又稳定，从而使填充金属聚合物复合材料性能提高；另一方面就是对填料粒子表面进行改性，在粒子表面引入亲油基团，使填料粒子具有亲油性，从而增强填料粒子和聚合物间的结合力，提高填料的分散均匀性和最大填充量，这些都能改善填充复合材料的性能。

随着纳米技术的发展，在聚合物存在下制备微纳米金属聚合物活性填料受到广泛的关注。由于电子和无线电、通信、仪器仪表、航空和航天、石油化工等许多工业部门的快速发展，亟待开发新型高强复合高分子材料，提高现有高分子材料的耐高温、低温性能，耐磨性能和耐腐蚀性能，以及以现有高分子材料为基础开发具有导电、导热性能的聚合物材料、铁磁材料、半导体材料、防腐蚀材料和抗辐射材料。

以现有聚合物材料为基础，恰当和巧妙地选择和制造活性微纳米填料，按既定的性能要求，找到聚合物里活性填料的最佳加入量和使其能均匀分散的方法，这为解决这些重大科研课题提供了捷径。

已经知道，填充活性填料对高分子树脂形成立体网状结构非常有利，树脂中的大分子和活性填料粒子表面上的活化中心发生相互作用，使高分子材料强度随填料体积浓度增大而提高，当填料体积浓度达到极限值，即填料粒子表面完全被聚合物润湿，这时高分子材料强度也达到最高。然而，填料的性质、粒子细度和形态对高分子材料强度也有重要影响。

填充金属粉的高分子复合材料除了具有无机填料有机复合材料的优点外，还具有许多金属填料特有的特殊性能（如隐形、导磁、催化、防结垢等）。而且金属填料高分子复合材料和无机填料高分子复合材料里填料-聚合物界面间相互作用机理和性质有着根本的区别。

大家知道，通常制备金属填料高分子材料时，都是把已商业化的粗金属粉而不是微纳米金属聚合物直接和液态的、粉状的和黏弹性聚合物混合，再利用加热或强力机械作用进行混炼或研磨，尽管进行了强力分散处理，金属粉体仍然呈现颗粒大小不一的聚集体分散状态，金属粒子分布很不均匀。聚合物里金属填料的分散不均匀性对高分子材料性能产生不利影响。

采用微纳米金属聚合物填料则完全不同，微纳米金属聚合物是胶体大小的粒子，它不是纯金属胶体粉，而是在有机聚合物介质中加工成的胶体金属，新生成的金属粒子表面上的活化中心和聚合物大分子的官能团产生相互作用，使每个胶体大小的金属粒子表面均化学吸附了一层聚合物，形成双相均匀分散的稳定体系，这一体系我们称为微纳米金属聚合物。

可见，微纳米金属聚合物填料和普通金属粉填料有着本质区别，不论是制作方法，还是其性能——细度和分散均匀性、金属粒子表面和聚合物大分子间结合力的性质——都存在本质不同。

2.2　有机聚合物和金属表面的相互作用

因为聚合物和填料的接触界面非常大，所以聚合物和填料界面间相互作用的性质决定了填充聚合物材料的力学性能和工艺性能。

金属、金属氧化物和金属氢氧化物作为聚合物填料其功能是不一样的，可能是惰性填料，可能是颜料，也可能是硫化剂。若想了解填料聚合物的性能，必须清楚聚合物和填料表面间作用力的性质。一般来说，这种作用力由填料表面活性、聚合物性质及少量表面活性剂的作用所决定。原则上讲，聚合物结构特征和物理状态的作用可不用考虑。填料表面和聚合物间作用力大小及性质相差非常大，事实上，填料表面和聚合物间同时存在着多种不同性质的作用力，照理来讲，非常有必要把不同性质作用力的效应区分开来，但是这一问题的解决相当复杂，因为填充填料后聚合物性能的变化反映的是填料和聚合物间界面处各种不同性质作用力的总效应，何况加入填料还导致聚合物大分子结构的异化，使这一问题更加复杂。

有人认为填料和聚合物间相互作用以物理作用占主导地位，有人认为化学键合作用是主要的，还有人认为这两种作用同时存在，笔者认为，最后一种看法更接近实际，事实上是化学键强度与分子间范德华力强度的相对大小影响着填充聚合物材料的性能。

填料能被聚合物润湿是填料能被采用的必要条件。黏流性或高弹性聚合物及其溶液对填料的润湿过程和低分子聚合物的润湿作用有着根本的区别，前者即使能在填料粒子表面上形成包覆层，其流动性也非常差，因此，填料表面润湿效果就很差。探讨聚合物在填料表面上的润湿性对说明聚合物和填料表面间的相互作用非常重要。很明显，若是聚合物和填料粒子表面间能发生强烈的相互作用，那么填料表面被聚合物润湿的最充分，这时在界面处可能发生聚合物大分子链接甚至还可能发生断链。

聚合物大分子和金属粒子表面间相互作用的特征具有重要意义。金属粒子表面上形成吸附层的聚合物大分子能和金属粒子表层原子发生化学反应形成共价键、离子键和配位键。在有些情况下，聚合物大分子在金属粒子表面上依靠范德华力作用会形成定向型、吸附型或离散型的附着层。由于金属表面永远都存在氧化膜，聚合物润湿金属粉时，聚合物大分子的某个支链有可能和氧化膜反应产生氢键。聚合物对金属粉润湿作用如何，聚合物的化学性质起着决定作用。不是所有含有极性官能团的聚合物都能润湿金属粉，只有那些含有的官能团能够和金属粒子表面原子发生强烈相互作用的聚合物，才能充分润湿金属粉。聚合物起到电子供体作用，从这点来看，聚合物导电性越好，它对金属粉的润湿作用越强。

聚合物和金属粒子表面化学反应的历程是：第一步是金属粒子表面原子和—CH_2—产生化学键合，或者形成共价键。金属原子 d 层电子数越多，化学吸附热就越大。有时 d 电子层出现空位，那么，d-s 电子层间会产生电子迁移。若是这样，金属粉和具有不饱和键的聚合物相互接触就可能形成金属络合物。

现在已经有很多种烯烃或乙炔的金属络合物，例如，烯烃 2π 轨道 π 键占据了银的 5s 轨道，银的饱和 d 轨道跳跃过 5s 轨道和烯烃不饱和 π 键相互作用，使银和烯烃形成了络合物。而烯烃的双键在络合物生成时根本无变化，所以可以推测，烯烃在金属表面上的吸附具有如下结构：

$$\begin{array}{ccc} & -C\!=\!C- & \\ & |\quad\; | & \\ & M\quad M & \end{array}$$

。

在丁二烯聚合时，丁二烯双键的 π 电子和金属 d 轨道产生电子跃迁形成单体-金属络合物。在有机单体中进行金属粉（如 Fe、Mn、Al、Ni）的超细化粉碎、单体（丙烯腈、甲基丙烯酸甲酯、苯乙烯）聚合时，金属表层原子的电子跃迁到单体分子中后则生成金属络合离子。在无氧条件下，金属粉和含羧基聚合物的反应也是金属自由电子跃迁的结果。如果金属粉体超细化时，充入惰性气体、无氧或氧含量非常低的话，那么金属粉和聚合物大分子间主要靠金属晶格表层离子与聚合物大分子反应而形成化合键。

虽然金属粉和碳氢化合物间存在化学反应的可能性，但是聚合物和任何金属表面上氧化膜的相互作用对聚合物浸润金属粉有重要有益作用。实际上，金属粉表面上也存在羟基。因为化学键合都是通过"O"来搭桥，所以氧化膜的存在对聚合物键合到金属粉表面非常有利。

含羧基、酚基和羟基的聚合物和金属粉体相互反应，主要形成离子键；分子量为 400～2500 的未固化环氧树脂和金属粉表面间的键合是靠羟基与环氧基实现的。金属表层氧化膜充分吸附羟基的厚度仅为 5.1～5.5nm，这说明吸附键构成中只有 13%～17% 的氧化层离子参与吸附反应，随环氧基含量提高，吸附作用急剧增强，环氧树脂和金属表面氧化膜的反应如下：

$$M-O-H + CH_2-CH-\cdots \longrightarrow M-O-CH_2-CH-\cdots$$
$$\underset{O}{\diagdown} \qquad\qquad\qquad\qquad \underset{OH}{|}$$

实验测得环氧树脂和金属表面的吸附强度为 $300\sim700\mathrm{kgf/cm^2}$（$1\mathrm{kgf/cm^2}=98.0665\mathrm{kPa}$）。

金属表面氧化物和含羧基聚合物反应生成的结合键可能是：

$$M^+O^- + RCOOH \longrightarrow M-O-OCR$$

和离子-偶极子型：

$$Me^+O^-\cdots H^+-OCOR$$

酚醛树脂和金属表面氧化物反应生成的化合物属于第二种情况：

$$M^+-O^-\cdots H^+-O-R$$

应指出：酚的羟基离子化倾向比水还强烈。

羧基能和金属表面氧化物生成吸附键，在溶液里金属氧化物吸附长链脂肪酸分子在金属表面上发生皂化，比如，黄铜在矿物油里化学吸附油酸生成表面化合物，在金属氧化膜表面上会发生如下皂化反应：

$$Fe^+-O^- + 2RCOOH \longrightarrow Fe\underset{OOCR}{\overset{OOCR}{\diagdown}} + H_2O$$

在无氧化膜的金属表面上会发生如下反应：

$$1/2Cu + C_{18}H_{37}COOH \longrightarrow 1/2Cu(C_{18}H_{37}COO)_2 + 1/2H_2$$

羧基和金属表面氧化膜反应开始生成的是碱（I），而后生成中性盐（II）：

I   II

因此，离子键或氢键决定硫化橡胶的性能稳定性，硫化橡胶中氢键作用非常强。

含有两个未配对电子的氮原子的聚合物大分子产生化学吸附时，能形成配位键。

$$-CH_2-\overset{\overset{\displaystyle -Fe-Fe-}{\displaystyle |}}{\underset{\underset{\displaystyle OH}{\displaystyle |}}{C}}\cdots\cdots\overset{\overset{\displaystyle |}{\displaystyle O}}{\underset{\underset{\displaystyle H}{\displaystyle |}}{N}}-CH_2-$$

可见铁吸附聚酰胺后，聚酰胺中氮原子和铁共用两个电子。聚酰胺吸附在铁表面上生成五元结构的螯合物，氨基中碳原子和铁表面上的氧原子形成离子-偶极子键，铁和氮原子间形成的是配位键。

异氰酸酯和金属表面的氧化膜或氢氧化物膜形成离子-偶极子型键以及氢键。

$$MOH + O=C=NR \longrightarrow M-O-\overset{\overset{\displaystyle }{\displaystyle |}}{\underset{\underset{\displaystyle O}{\displaystyle ||}}{C}}-NHR$$

$$M^+O^- + O=C=N \longrightarrow O=C=N-R \atop \underset{\displaystyle M^+O^-}{\displaystyle \downarrow}$$

或者

$$\underset{\displaystyle O=C=N-R}{\overset{\displaystyle M^+O^-}{\delta^- \uparrow \delta^+}}$$

如果把橡胶加入酚醛树脂里，橡胶和金属形成共价键而提高了结合强度。其反应产物可能有如下两种：

$$-CH=\overset{\overset{\displaystyle }{\displaystyle |}}{\underset{\underset{\displaystyle M^+}{\displaystyle |}}{C}}-CH_2= \qquad\qquad -H_2C-\overset{\overset{\displaystyle H}{\displaystyle |}}{\underset{\underset{\displaystyle M^+}{\displaystyle |}}{C}}-\overset{\overset{\displaystyle H}{\displaystyle |}}{\underset{\underset{\displaystyle M^+}{\displaystyle |}}{C}}-CH_2-$$

$$\text{(a)} \qquad\qquad\qquad\qquad \text{(b)}$$

如果反应按式（a）进行，双键并未打开而析氢。按式（b）进行反应，双键就会断开和金属表面形成共价键。

有些情况下，例如，聚合物在铂、金表面上的吸附，靠的是范德华力，范德华力有利于聚合物的润湿，从上述可见，聚合物在金属表面上的吸附主要靠聚合物官能团来实现。

可以采用不同的方法对聚合物进行改性来提高聚合物对金属表面的附着性。例如，用不饱和酸（失水苹果酸、丙烯酸、巴豆酸）对聚苯乙烯进行改性后，可使聚苯乙烯和铝的粘接强度提高三倍。当改性聚苯乙烯里羧基含量为 0.5% 时，其撕裂强度达到最大（360kgf/cm²）。

因此，金属表面和聚合物间作用的实质是聚合物的官能团和金属表面间的相互作用。只有具有官能团的聚合物对金属表面的黏结性才高，而不含官能团的非极性聚合物对金属表面的黏结性就低，例如天然橡胶对铝的黏结力非常小，在<125℃时，甚至对锌表面没有一点黏结力。

按金属和聚合物间黏结力的大小排序：镍＞铜＞铁＞锡＞铅。金属与聚合物间的黏结力大小和金属原子体积大小有关，金属原子体积越小，金属和聚合物黏结强度越高（见表 2-1）。事实上也基本服从这一规律。

表 2-1　原子体积与剪切强度关系

原子体积/cm³	Ni	Cu	Al	Sn	Pb
	6.6	7.1	10.1	16.2	18.2
剪切强度/(kgf/cm²)	245	230	200	75	40

聚合物有着强烈地向金属表面缺陷和氧化膜里扩散的倾向，会使聚合物和金属表面间结合力增强。人们普遍认为金属表面生成氧化膜对提高金属表面和聚合物间黏结强度非常有利，但也有人认为没有氧化膜对提高黏结强度有利。之所以在认知上产生如此的矛盾，缘于不同金属的氧化膜性质有差异。例如，铜表面氧化膜疏松又有很多缺陷，和聚合物黏结时很容易被损坏，黏结强度就低；而铁和铝表面氧化膜比铜的氧化膜牢固而致密，又没有缺陷，与基体结合得又结实，这时黏结过程中会有大量聚合物分子扩散进多孔氧化膜里，而使黏结强度提高。但橡胶对铜的黏结强度很高是一个特例，这是聚合物-金属黏结过程中金属表面对黏结起着有利作用的典型实例。其原因是铜和橡胶间的黏结是一种化学键合，作为活性组分的铜和橡胶的硫化剂里的硫元素发生化学反应结合在一起。所以铜和橡胶的化学组成对两者间黏结强度有重要影响，两者化学成分改变会导致硫、铜和橡胶三者间的反应速率不协调，只有硫和铜反应速率与硫和橡胶交联速率相一致时，黏结强度才达到最高。若是硫和铜反应速率快，在铜表面会优先生成 CuS，这将阻碍橡胶和铜间的黏结。若是橡胶硫化速度太快，橡胶和铜界面会生成许多新键。黏结初始铜表面先生成 CuS，其后 CuS 里的 S 原子和橡胶大分子相连接，因此说 CuS 是黄铜和橡胶黏结的"桥"，保证橡胶和铜间具有良好的黏结强度。

通常，非极性高聚物和金属的黏结性能都很差，为了改善非极性高聚物的黏结性能，一般用脂肪酸对金属表面进行预处理，使有机酸的羧基先和金属表面产生化学作用，形成一个搭桥效应，这样使聚乙烯和金属的黏结强度有显著提高。

除高聚物本身的化学性质外，高聚物分子量、塑性及其大分子的扩散能力等对黏结过程都有影响，这些因素对溶液或熔体里填料吸附高聚物大分子的过程同样有影响，但是，已证明金属表面从溶液里吸附高聚物的数量与高聚物和金属表面间的结合力没有直接关系。显然聚合物的吸附特性由填料表面吸附层结构所决定。

2.3 高聚物在金属表面上的吸附

研究清楚金属表面上高聚物吸附的性质对金属填充高聚物的实际应用非常有意义。若是金属和高聚物间的黏结强度主要取决于吸附作用而不是静电吸引作用，那么吸附作用力就等于撕裂强度。大多数情况下，金属表面仅靠高聚物的吸附作用就可以确保两者间形成足够牢固的黏结。

固体表面对溶液里聚合物的吸附与如下因素有关：聚合物性质、金属粒子表面性质、溶剂热力学性质、聚合物分子量、吸附过程可逆性、大分子构象。

2.3.1 吸附速度

吸附速度不仅与聚合物化学结构有关，还与吸附剂本身的化学性质和物理性质有关。无孔隙的吸附剂吸附速度很快，几分钟就能达到吸附饱和。而多孔吸附剂的吸附速度由聚合物大分子在孔中的扩散速度所控制，若想达到吸附平衡常常需要几个小时甚至几天的时间，且吸附平衡时间随所吸附聚合物分子量增大而延长。在弱溶剂里聚合物大分子溶剂化困难，很容易迁移到金属表面形成定向吸附，且随聚合物分子量增大，吸附速度和吸附量同时增大。已知吸附速度方程如下：

$$dQ_t / dt = k(Q_\infty - Q_t)$$

式中　Q_t——在 t 时聚合物吸附量；

Q_∞——平衡吸附量；

k——速度常数，与聚合物浓度及溶液温度有关。

实际上，吸附速度随搅拌强度增强和溶液温度提高而急剧增大，但随聚合物分子量增大而下降。

因为聚合物扩散过程与聚合物分子量和聚合物溶液浓度有关，所以聚合物分子量必然影响聚合物吸附动力学，已证明，聚合物吸附达到平衡所需时间和聚合物溶液特征黏度平方成正比。当然，填料本身的表面状态对聚合物吸附动力学也有重大影响。比如，研究弹性聚合物在炭黑表面上的吸附过程时看到，弹性聚合物吸附速度随炭黑比表面积增大和溶液浓度提高而减小。很显然这是由于比表面积大的炭黑的孔隙多而细，聚合物大分子在炭黑孔隙里扩散速度缓慢所致。又如球形多孔三氧化二铝对聚乙酸乙烯酯的吸附速度比铁或锡平滑表面吸附速度低很多倍。

聚合物吸附过程是开始吸附快，逐渐变慢，这也证明吸附体孔隙内的吸附过程由聚合物大分子的扩散过程所控制。

2.3.2 吸附过程的可逆性

通常吸附过程都具有可逆性，聚合物的吸附和脱附同时进行着，最后达到一定的动态平衡。根据吸附过程可逆性可判断聚合物在吸附剂上的附着强度。研究吸附过程时发现存在不可逆吸附或不完全脱附的现象，比如铁粉吸附聚乙酸乙烯酯后的脱附过程非常缓慢，甚至存在不能完全脱附的现象；又如三氧化二铝和铁对甲苯中聚甲基丙烯酸甲酯的吸附过程是不可逆过程；铁粉对庚烷、四氯化碳、甲苯及其他溶剂中聚二甲基硅氧烷和聚甲基丙烯酸甲酯的吸附过程也是不可逆的。

聚合物吸附的不可逆性与吸附剂特性、聚合物性质、聚合物和溶剂分子量有关，聚合物吸附的不可逆性由吸附剂表面和聚合物间结合的强度大小来决定。

随着聚合物溶剂化倾向增强，不可逆的吸附量减少，甚至会加强脱附过程。在脱附过程中低分子量聚合物比高分子量优先脱附，若想使已吸附的聚合物完全脱附，就必须使吸附剂和聚合物间的所有吸附键断开，实际上是不可能的，不可逆吸附是永远存在的。在对聚合物吸附不利的溶剂中，聚合物脱附速度就快；在聚合物浓溶液中，平滑吸附剂吸附的聚合物脱附也较容易。

利用朗格缪尔吸附方程可评价吸附和脱附过程：

$$d\theta/dt = K_1 c(1-\theta) - K_2\theta$$

式中　　θ——吸附聚合物的面积；

K_1 和 K_2——相应吸附和脱附速度常数；

　　c——聚合物浓度。

　　该方程适用于中等浓度溶液，并且吸附后溶液浓度要无显著变化。假如吸附面的增大和溶液浓度的降低成正比，则得到如下方程：

$$K_1 t = 1/(c_o + a - b) \times \ln\{[(c_o + b) - \alpha\theta]/[(c_o + b)/(1 - \theta)]\}$$

　　式中，K_1 为吸附速度常数；K_2 为脱附速度常数；$b = K_1/K_2$；α 为常数；c_o 为溶液初始浓度；θ 为吸附面积。该方程适用于不遵循朗格缪尔等温吸附方程的吸附过程，例如磷酸钙粉吸附聚丙烯酰胺就服从这一方程。

　　填充金属高聚物的性能主要取决于金属粉表面和聚合物间相互作用的条件，如聚合物分子链的类型，溶液里聚合物的结构化条件，也就是取决于金属粉表面聚合物吸附层形成的条件。已经证实，聚合物在金属表面的吸附性，聚合物对金属表面的润湿性都由溶液里聚合物大分子构象所决定。在溶液中聚合物大分子会互相作用形成新型大分子，也称为二次大分子，二次大分子形态取决于溶剂的热力学性质。在能生成二次大分子的聚合物溶液里，吸附聚合物的量比相同吸附表面上形成单分子层时的吸附量大得多。实际上，吸附聚合物的量由溶剂的溶剂化能力和聚合物与溶液里金属粒子表面相互作用情况来决定，在聚合物吸附过程中，不仅吸附剂-聚合物、吸附剂-溶剂间产生相互作用，聚合物-溶剂间也产生相互作用。在强溶剂里聚合物大分子很容易被溶剂化而具有较大的转动半径，比在弱溶剂里占据的空间大。在弱溶剂里聚合物大分子常常卷缩成较紧密的"胶团"，这时吸附剂单位吸附面积吸附聚合物的量由"胶团"大小所决定，因为聚合物发生吸附作用的同时，"胶团"间的挤压效应会导致"胶团"变形，对吸附量也会产生影响。把稀溶液换成浓溶液，聚合物大分子构象形态也会发生相似的变化。在稀的弱溶剂里聚合物大分子则易形成"胶束"，且尺寸较小，和溶剂的相互作用较弱，但吸附量比在强溶剂里还多。

　　许多研究发现，随着溶剂热力学性质的改善聚合物的吸附性能变差。这种情况表明，吸附剂表面和溶剂间产生了特殊作用，这种情况较少发生。例如，在聚乙酸乙烯酯-乙腈-铁粉溶液里，尽管乙腈是聚乙酸乙烯酯的强溶剂，但没发现氰基和铁粉表面发生特殊作用而阻碍聚乙酸乙烯酯的吸附。与实验结果的不一致说明，聚合物吸附量和溶剂性质的关系很复杂，因此，企图找到聚合物吸附性和溶剂特征参数间对应关系的研究均未取得有价值的成果。由于溶剂和不同吸附剂表面间作用不同，所以不可能找出严谨的规律性。只能认为：在稀溶液里聚合物吸附量随溶剂热力学性质变差而增大，聚合物吸附量和溶剂性质的关系可用下式表达：

$$A_{\infty}[\eta] = 常数$$

式中，A_{∞} 为聚合物极限吸附量，mg/L；η 为黏度。该式对有些聚合物和溶剂体系是适用的。

为了研究吸附剂对聚合物的吸附作用，通常都采用较稀的溶液。等温试验证明，只有聚合物浓度较低的条件下，吸附剂表面才能达到吸附饱和。例如在 0.1% 聚甲基丙烯酸甲酯溶液里铁粉就能达到吸附饱和。

在浓的聚合物溶液里聚合物会产生凝聚、缩聚和分层，这样聚合物大分子的单个性消失了，凝聚和分层的结果是聚合物大分子间相互作用形成立体网状结构。另外，在强溶剂和弱溶剂里聚合物大分子链的形状和大小是不一样的，在稀的和浓的聚合物溶液里也是不一样的。在弱溶剂里，对于挠性链聚合物，随其浓度增大不仅"胶团"变小，而且当浓度达到足够高时，聚合物大分子间会发生强力作用，引发大分子彼此有序排列和分子链的延伸，这时形成的大分子结构可称为二次分子结构，这种延伸型大分子结构非常容易形成超分子结构和立体网状结构。在浓溶液里由于聚合物大分子相互作用力强而生成二次结构，随溶剂性质改变导致大分子链的形态特征变化和在稀溶液里是完全不同的。例如，玻璃纤维在聚甲基丙烯酸甲酯、聚苯乙烯、聚丙烯酸、丙烯酸与苯乙烯和明胶共聚物里吸附量比在稀溶液里多很多，但它们和玻璃纤维结合不牢，会在很短时间内完全脱附，这证明这些聚合物在玻璃纤维表面的吸附属于超分子吸附，而不是单分子吸附。

需要指出，在浓溶液里聚合物吸附无饱和性，而在稀溶液里不管何种细度的粉表面都能达到吸附饱和。

研究聚合物吸附量和分子量的关系可以推测吸附层的结构。在溶液里低分子聚合物优先产生吸附，而后，部分低分子聚合物被随后吸附上来的高分子聚合物置换。之所以产生低分子聚合物的优先吸附也可能是因为氧化膜孔隙太小，只能允许小分子优先吸附。但是，吸附量随聚合物大分子链延长而增大。

温度对吸附过程的影响与很多因素有关，对于化学吸附过程，聚合物吸附量随温度提高而增大。

大量试验证明聚合物吸附过程伴随吸热，吸附热由聚合物吸附热、溶剂分子的脱附热、聚合物大分子和溶剂的相互作用热组成。

$$-\Delta H = Q_{12} - Q_{32} - Q_{13}$$

式中，Q_{12} 为聚合物和吸附剂表面间的作用热；Q_{32} 为溶剂分子离开吸附剂表面的脱附热；Q_{13} 为聚合物和溶剂间的作用热。

若吸附热为负值，表明聚合物对吸附剂表面润湿性差，吸附作用低。如果吸附热为正值，根据 $\Delta F = \Delta H - T\Delta S$，只有 $T\Delta S$ 为正值，且必须大于 ΔH，才能保证 $\Delta F < 0$，这表明吸附一个聚合物大分子要有几个溶剂分子转回溶剂里，自由度增加，熵变明显趋正。比如石英粉吸附甲苯里聚甲基丙烯酸甲酯的过程是等温吸附过程，而铁粉吸附聚乙酸乙烯酯却是放热过程。

以上所述表明，聚合物和填料间的作用的影响因素很多，根据作用的类型，我们可以把填充高聚物材料划分为两大类：第一类是聚合物和金属粉间作用为物理吸附，第二类是聚合物和金属填料表面间相互作用为不可逆的化学键合。

3

自分散微纳米金属粉制备方法

3.1 微纳米金属粉制备方法

3.1.1 概述

超细材料是 20 世纪 80 年代发展起来的新兴学科，而金属超细材料是超细材料的一个分支。目前，在化学领域对超细材料没有一个严格的定义。从几纳米到几百纳米的粉体都可称为超细材料。

鉴于国际共识，将粒径小于 100nm 的超细粉称为纳米材料，大于100nm 的超细材料由于其自身性能和微米态没有质的区别，仍然当作微米材料来看待。因此，我们将小于 $1\mu m$ 的金属超细粉的混合体称为微纳米金属混合粉。所谓混合体就是粒径＜100nm 的纳米粉体和粒径介于 $100\sim1000nm$ 的粉体共存，而把主要由粒径＜100nm 的纳米粉体组成的纳米金属混合粉称为纳米金属粉。从本质上来讲，微纳米金属粉是特定工艺决定的一种粉体，它的粒径构成、性能都由其制备条件所决定。

微纳米金属粉制备方法主要有物理法和化学法两类。

3.1.2 物理法

物理法指微纳米金属粉制备过程中靠机械作用力、电、热、光等作用，不发生化学反应的方法。物理法主要有高能球磨法和气相法。

① 高能球磨法　物理法中最具代表性的就是高能球磨法。高能球磨法

是在较低温度下，于保护性气氛中，利用球磨机的高速转动或高频振动，使珠子对原料进行强烈的撞击、研磨和搅动，逐步将金属粉碎成微纳米级粒子。目前，高能球磨机主要有振动球磨机、搅拌球磨机和行星球磨机等用于纳米粉体的制备。大规模的粉体制备都离不开机械力的作用。机械力不仅对粉体的制备过程起重要作用，而且对粉体的最终性能也会产生重要影响。物料粉碎时，物料受到外界输入的冲击、摩擦、剪切等机械能作用，使粉体原有的结构缺陷急速发展而碎化。高能球磨的过程就是粒子经受循环剪切形变的过程，在这个过程中，粒子内晶格缺陷不断产生，当粒子内局部应变带中缺陷密度达到临界值时，晶粒开始破碎，该过程不断进行，晶粒不断细化直到形成纳米粒子。

实验证明，用高能球磨法可以制备出晶粒尺寸为 5nm 的金属钨纳米粉，70nm 以下的钛纳米材料。

② 气相法　气相法是直接利用气体或通过各种手段将固体物质转变成气体，在气体状态下发生物理化学变化或反应，最后在冷却过程中凝聚形成纳米粒子的方法，包括电阻加热法、等离子体加热法、电子束法、爆炸丝法等。

3.1.3　化学法

化学法是采用化学反应来制备微纳米粒子粉的方法，主要有以下几种：

① 化学气相反应法　化学气相反应法利用挥发性的金属化合物的蒸气，通过化学反应生成所需的化合物，在保护性气体环境中快速冷凝，来制备所需的纳米粒子。其优点为颗粒均匀、纯度高、粒径小、分散性好、反应活性高、工艺可控，可以生产各种金属、碳化物、氮化物等。此法有激光诱导法等离子体加强化学气相反应法、化学气相凝聚法、溅射法。

② 液相法　该法采用均相的溶液，通过各种方法使溶质和溶剂分离，溶质形成一定形状和大小的粒子，得到所需的前驱体，热解后获得纳米粒子。主要方法有沉淀法、水解法、喷雾法、溶剂热法、乳液法、辐射化学合成法、溶胶-凝胶法。

③ 固相法　通过固相到固相的变化来制造粉体，主要有热分解法、火花放电法和溶出法。

3.2 自分散微纳米金属粉的制备方法

自分散的微纳米金属粉有不同的制备方法,但必须遵守的基本原则是制备超细金属粉时,必须存在聚合物,并且在聚合物大分子和金属颗粒表面间产生化学吸附键。制成的金属纳米粒子是已经过修饰的粉体。该法的最大特点是将金属纳米粒子制备和修饰一步完成,获得的金属纳米粉具有自分散能力,可直接用于生产。本书把金属纳米粉制备和包覆同步完成获得的粉体称为微纳米金属聚合物。

现在讨论以下制备微纳米金属聚合物的方法:电解法、电浮选法、热分解法和机械-化学法。

3.2.1 电解法

已经知道在适当的表面活性剂存在下电解后的阴极沉积物分散在碳氢化合物介质中能形成稳定的胶体悬浮液。

这些金属有机溶胶的稳定性主要由金属颗粒被表面活性剂溶剂化的程度所决定。这些化合物一般都和金属胶体颗粒表面相互作用,在其表面上形成化学上固定的吸附层,这样颗粒表面强烈地被分散介质溶剂化。表面活性剂和金属颗粒间的相互作用,由金属颗粒基体上牢固键合的表面化合物所控制。若金属颗粒表面上生成的具有简单化学计量组成的化合物能溶于有机介质中,那么吸附层就是不稳定的。若想在胶体金属颗粒表面上生成稳定性保护层,保护层应当在胶体颗粒生成的瞬间形成。否则胶体颗粒会凝聚,形成成堆的聚结,随后再添加表面活性剂也很难被分散开。

若想生成上述金属溶胶,当作表面活性剂使用的高分子化合物分子中必须含有极性官能团。

聚合物溶液结构、力学性能研究证明:哪怕加入少量的活性填料,聚合物分子也在填料颗粒力场的作用下出现吸附和定向排列附着,而成为致密立体网状结构形成的中心。

在溶液中高分子化合物织构化能力和加入金属溶胶后聚合物的织构化能力以及这些织构体的强度、其被破坏后的复原能力是决定金属胶体、金属有机溶胶凝聚体稳定性的关键因素。

溶液中聚合物网状结构强度是金属颗粒和大分子间的相互作用的表

征。若金属颗粒表面和有机大分子间发生化学作用而形成的聚合物吸附是不可逆的，这样的结构形式是最理想的。

根据金属有机胶体和稳定性研究及加填料聚合物溶液结构力学性能的研究，笔者开发了采用旋转阴极在双层电解槽中制备金属聚合物的电解方法。

电解法制备金属聚合物的实质在于在相应盐溶液中电解（电解槽下层）时，在水平旋转阴极圆盘上析出的金属颗粒能快速转移到电解池上层聚合物溶液层中，并且金属颗粒和聚合物大分子能发生相互作用。阴极表面上吸附聚合物后，阴极局部被屏蔽，这时的电解就只在没吸附有机分子的活性中心处进行，这时阴极上出现了两个过程——阴极钝化和金属电沉积。阴极钝化提高了阴极极化率（这是一个能量值），其主要作用是导致金属结晶生长和形成新的结晶中心。阴极极化率低表示金属离子从溶液中转移到金属晶格上（即金属结晶生长过程）的活化能也低。为了形成新的晶核，这个能量是不够的，因此当阴极极化率低时，金属以粗晶形式沉积。

原始阴极表面和生成的金属晶体都吸附了聚合物，这样提高阴极极化，有助于形成超细的、被有机分散剂浸润的金属颗粒。

金属颗粒的快速转移，为聚合物与金属颗粒新生表面的活性中心间的相互作用创造了有利条件。聚合物大分子的性质对超细金属颗粒向电解槽上层的转移有重要影响。因此，溶剂层中加天然橡胶或聚异丁烯腈的情况下，超细金属颗粒就不能转移到有机层中，在电解槽上、下层之间的界面处浓聚。只有当加入少量小分子表面活性剂（如油酸）后，靠选择性润湿的转化作用，才能使金属颗粒转移到有机层中。

例如在电解时，若有机层中存在带极性官能团的聚合物，那么形成的金属颗粒就能进入有机层中，且不用加小分子表面活性剂，并且在金属粒子表面上吸附的极性分子为不可逆吸附，生成了相应的表面化合物。这样就可以制备出稳定的金属聚合物浓溶胶。在有机溶胶中超细金属粉含量不大时，把其中的溶剂除掉就可以制得固态的或橡胶式的产品；当金属粉含量很高（＞50％）时，这就很容易进行再加工。

在许多工作中，详细研究了不同因素（阴极电流密度、温度、电介质浓度、聚合物浓度、电介质和聚合物的性质、介质 pH）对电流效率和阴极沉积的金属颗粒细度的影响。

所有上述对应关系均具有极值特征。每一个金属-聚合物体系经过试验均可以找到电解法制备金属聚合物的最佳条件。必须指出，聚合物的性质不仅对细度和电流效率有影响，而且对于金属颗粒的形状也有一定的影响。在阴极上沉积的颗粒，具有非常发达的表面，具有树枝晶形态，并带有明显的不等轴性。

3.2.2 电浮选法

电浮选法制备超细金属粉和金属聚合物在装有垂直固定的圆柱形阴极的装置上进行，电解时低分子或聚合物的表面活性剂溶液经过小孔不断地转移到有机溶剂中，在电介质表面上聚集。在严重钝化的阴极表面上，沉积出的金属颗粒吸附有机溶液中的表面活性剂，因此金属颗粒表面就变成疏水性的。新生颗粒表面上吸附了聚合物分子，有利于颗粒脱开阴极表面而浮到电解槽上层有机层中去。

电解时向阴极筒内通 N_2 有利于浮选过程。与此同时，N_2 还能防止超细金属颗粒被氧化。

必须指出：电浮选法比电解法工艺上更可行。工业上采用电解法制备金属聚合物时，采用转动阴极的双层电解槽已遇到一定困难。因为不但必须设计带有转动阴极和导线的电解槽，并且要设计专门防止蒸发的装置，否则就不能连续地制备金属聚合物。

电浮选法就没有这些缺点，又比较容易控制阴极沉积的金属粉的细度和形状。

3.2.3 热分解法

一些有机和无机金属化合物在还原性气氛或真空中加热到一定温度就分解析出超细金属颗粒。这些化合物在有机介质中（油、高沸点溶剂）分解时，生成高浓超细金属溶胶。

分解温度较低的化合物是一些甲酸盐，它们在加热时分解成相应金属的细粉和挥发性产物（CO_2、CO、H_2）。

Ag、Cu、Ni、Co、Fe 和 Pb 的甲酸盐分解温度均不超过 250℃。

差热分析法证明，Fe、Ni 和 Co 的甲酸盐在 $102\sim103$℃脱除未化合的水，$115\sim137$℃失掉结晶水，在差热分析谱图上，192℃、203℃和 216℃处出现明显的吸热效应，这对应于 Ni、Co 和 Fe 的甲酸盐的分解温度，生成了这些金属的超细粉。分析这些金属粉，其金属含量平均为 96.3%。

甲酸银在 64～67℃就已强烈地发生分解。甲酸铜在 186℃开始发生分解。

甲酸铅在 200℃以上发生分解并析出气体和易挥发性液体产物——金属 Pb 和 PbO，在甲酸铅的差热分析谱上，在 240～260℃发现双重强烈吸热现象，这是盐分解成金属铅。

有关金属草酸盐分解的条件和动力学研究得很少，其实它也能分解成金属粉。

在较低温度能分解成金属粉的无机盐有铁氰酸铁、铁氰酸亚铁、亚铁氰酸亚铁、亚铁氰酸铁。亚铁氰酸铁在 300℃以上的 N_2+H_2 混合气体中能分解生成 α-Fe 粉。

差热分析确定，$Fe_2[Fe(CN)_6]$、$Fe_4[Fe(CN)_6]_3$、$Fe_3^{II}Fe_2^{III}[Fe(CN)_6]_3$、$Fe_3[Fe(CN)_6]_2$ 和 $Fe_3^{II}Fe_4^{III}[Fe(CN)_6]_6$ 在 180～240℃范围内均能分解。这些盐分解的固体产物中含有 30%～80%的超细金属铁粉和部分碳化铁，并且大部分金属是在反应开始 2h 内得到的。

热塑性聚合物已成功地成为这些盐分解所用的有机物。

在有机聚合物里瞬间生成的表面非常发达的金属颗粒，有利于金属粉表面原子与聚合物官能团的双键之间的作用，以及和部分大分子热分解生成的原子团之间的作用。

热分解法制备金属聚合物的实质就是：把易分解的金属盐以超细状态加入相应的聚合物中，强烈搅拌，让聚合物把金属盐颗粒包覆起来形成浓溶液；再经干燥后，放在一个特制装置中，在真空条件下控制形成金属聚合物的最佳分解温度；在聚合物里，金属盐完全分解所需时间比纯盐分解的时间长得多，因为聚合物导热性低。

与通常把金属粉和聚合物机械混合不同，热分解法制得的金属聚合物的特点是粒度非常细（1～5μm），在聚合物中分布又非常均匀，而且在金属粉表面上吸附的有机大分子非常牢固。并且，不能从金属粉表面上脱附的聚合物的量与聚合物中金属含量和加热时间成正比，这不仅与聚合物的性质有关，也与金属的性质有关。

上述金属聚合物与通常的混合物不同，它对金属填充聚合物体系的物理、化学、力学及其他特有性能具有有利的作用。

当采用电解法，遇到聚合物溶解度低或阴极上析出超细金属粉很困难时，用热分解法制备金属聚合物就很有意义。当把金属聚合物再加工成制品之前无须清除溶剂也是热分解法的一个优点。

3.2.4 机械-化学法

填充粗金属粉的聚合物制品的很多性能是由金属的表面性质和金属粉附着的聚合物数量所决定的。

采用性质上与聚合物相近的低分子物质，在固体表面上能聚合的单体，或者采用聚合物本身构成粗金属粉-聚合物体系，在机械、辐射或其他方法作用下均能提高聚合物与金属颗粒间的亲和力。

在这些作用中，突出的是机械作用，它能使聚合物分子断裂，产生游离大原子团，再和金属表面作用，使金属-聚合物间产生牢固的化学吸附键。

这些原理就是机械-化学法制备金属纳米聚合物的依据。

这个方法的特点是：①金属在单体中破碎时产生的表面活化中心、引发单体在新生金属颗粒表面上聚合；②单体在高度真空（在惰性气体或能防止金属表面强烈氧化条件下）中能在直接破碎的金属颗粒表面上聚合；③金属在低分子表面活性剂中直接破碎，随后加入含有活性官能团或双键的聚合物中，有助于聚合物在金属颗粒表面上产生化学吸附；④在聚合物介质中有利于金属机械破碎；⑤在真空中金属和单体（聚合物）同时蒸发，能形成表面上化学吸附着聚合物大分子的超细金属粉。

通过对金属盐和氧化物在乙烯单体中用振动球磨机处理发生聚合的过程进行研究发现这个方法的本质是金属破碎过程中形成的颗粒表面是裸露的动态活性界面，具有非常大的反应活性，其物理吸附和化学吸附倾向都大大强化。如果在这种表面形成瞬间存在单体，那么离子型或原子型表面活化中心就与单体分子相互作用，生成大原子团。

在聚乙烯、甲基丙烯酸甲酯、甲基苯乙烯、丙烯腈和乙酸乙烯酯中研磨 Fe、Ni、Cr 和 Ti 过程中，也会发生聚合，聚合物化学接枝到粉碎的金属颗粒上。随研磨时间延长，单体的转化率提高，但在开始瞬间聚合物转化率不高，随后剧烈增长。此外，已确定在研磨时间固定条件下，单体转化率与组分比有关。当加入少量单体时聚合物转化率达到最大，因为这是最好的研磨条件。

当铁粉与酚醛树脂共同研磨时，少量酚醛树脂与粗铁粉制备的复合物不仅使树脂固化过程加快，又改善了树脂的热力学性能。因为聚合物的活性基团（酚式羟基—CH$_2$—O—CH$_2$—基团）与金属细粉产生了化学吸附作用。

在聚乙烯和聚苯乙烯中，即使加入大量细铁粉也没发现其性能有明显变化。只有把这些聚合物和金属粉的混合物进行机械研磨，依靠聚合物大分子的机械破坏和金属露出的新表面，才能使生成的大原子团与金属的活化中心发生相互作用。并且发现，这些体系的热力学和力学性能不仅随机械化学作用条件变化，而且随铁粉颗粒和形状而变化。树枝状铁粉粒子作为聚合物填料最好。

金属-聚合物混合物的机械研磨存在最佳研磨时间，因为聚合物长时间受机械作用，会使其极大程度地遭到机械破坏而丧失最佳化学键合机会。

尽管上述的工作没有直接证明聚合物和金属粉混合物同时粉碎时，其间产生了化学吸附作用，但是该体系物理力学性能的有效提高，可以用聚合物和金属间出现了表面化合物即形成金属聚合物来解释。

研究动态接触条件下金属-聚合物界面处发生的过程已证明，聚合物的存在有助于球磨机中金属粉（如 Fe）的细化。这是因为研磨过程中聚合物被机械化学活化，与金属粒子新生表面发生相互作用，降低了金属粒子的表面能，有利于金属的破碎。

高分子表面活性物质（例如聚甲基丙烯酸甲酯）的粉碎作用大大地超过低分子化合物（如油酸）。

在胺类表面活性剂存在下粉碎金属时，给金属颗粒表面形成化学上稳定的吸附层创造了有利条件，该层主要由 M—NH$_2$ 或 M—NH—M 型化合物组成。

把超细金属粉加到极性橡胶（CKH-26 氯丁橡胶）中提高了它的强度，也由于金属颗粒表面与双键断裂的聚合物分子相互作用而使硫化过程加快。

上面描述的机械-化学法制备金属聚合物的设备构造较简单，笔者开发的高效能粉碎机，已成功用于钛纳米聚合物的生产，随之开发的钛基纳米复合材料，已获得广泛的工业应用。

4

溶胶型微纳米金属粉制备方法

4.1 电解法制备微纳米金属有机溶胶

4.1.1 电解法制备微纳米金属有机溶胶的一般准则

大家都知道，电解指的是在金属盐水溶液中阴极沉积金属的过程。电解法工业上广泛用于金属的电解和提纯、电镀装饰和耐蚀镀层。电解时阴极沉积物形态主要有致密镀层（或板），具有严格界面的单晶，海绵状、块状和超细金属粉。

阴极沉积物粒度大小和结构与很多因素有关，其中最重要的影响因素有：阴极极化、电流密度、沉积金属性质、阴极表面性质和状态、电解液浓度、阴离子性质、表面活性剂浓度、胶体金属浓度、H^+浓度、搅拌条件、电解温度、电解液电导率、金属的超电位、间断电解、共析氢、金属氧化物和氢化物生成等。当然，这些因素之间也存在交互作用的问题。

电解法制备微纳米金属有机溶胶就是利用电解方法从金属盐水溶液中电解沉积超细金属，并且立刻将其分散到含有表面活性物质的碳氢化合物溶剂中，形成稳定的金属有机溶胶。金属有机溶胶的分散介质是碳氢化合物溶剂，分散相是吸附了表面活性物质的超细金属颗粒。金属有机溶胶属于憎液型胶体，分散相粒径介于 $1 \sim 1000 \mathrm{nm}$ 之间，能透过滤纸，扩散极慢，不溶析，在超倍显微镜下才可见。

4.1.2　双层电解槽电解时的电化学行为

在双层电解槽胶体金属和合金粒子生成过程中，搞清楚阴极极化高低和电流密度的关系是非常重要的。这就需要对电解条件下的阴极极化过程进行研究。

电解制度的一个重要特点就是阴极从水层进入油层或相反的过程是连续进行的，电解阴极表面和其周围邻近电解液层也是连续地更新，但是阴极表面积大小几乎没变化。这样非常有利于极化曲线的测定。

试验温度 20℃，上层为含 0.3% 油酸铅和 3% 辛醇的甲苯溶液，下层为 Pb 和 Sn 原子比为 2∶1、1∶1、1∶2 的铅浓度相应等于 20.6g/L、15.5g/L、10.3g/L 和锡浓度相应等于 61.5g/L、9.2g/L、12.2g/L 的碱性电解槽液。

从极化曲线（图 4-1）看出，无上层有机层进行电解时，铅和不同原子比电解液中铅、铅合金的极化曲线，彼此差别不大，极化曲线几乎重合。

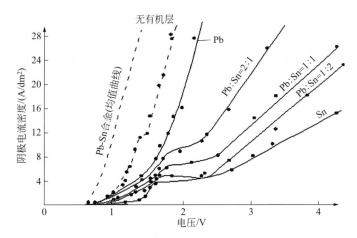

图 4-1　Pb-Sn 合金溶胶生成条件下阴极极化曲线和电解液组成的关系

特别指出，纯锡析出电位和纯铅、Pb-Sn 合金的析出电位是不同的。

有上层有机层后的阴极极化曲线表明，所有的体系金属析出电位均急剧提高，尤其在电流密度为 12~20A/dm² 时极化增大非常明显。这时阴极极化提高到 2~3V。这样高的阴极电位在通常电解条件下是根本观察不到的。纯锡析出时，极化增高非常大。

阴极极化曲线存在两个拐点，而且随锡的含量提高更加明显。可见，这些拐点分别代表二价的和四价的锡离子，电解时它们的析出电位不同。

Pb-Sn 合金析出时，阴极极化随水相中铅含量增加而减小，而铅析出时，阴极极化变得最低。

在有上层有机层条件下阴极电位与电流密度和电解液成分的关系列于表 4-1。

表 4-1　阴极电位与电解条件的关系

原始电解液中 Pb 和 Sn 原子比	不同电流密度下的电位/V		
	$12A/dm^2$	$16A/dm^2$	$20A/dm^2$
纯 Sn	3.8	4.5	5.0
1∶2	3.1	3.5	3.9
1∶1	2.7	3.0	3.5
2∶1	2.4	2.7	2.9
纯 Pb	1.7	1.8	2.0

表 4-1 证明：阴极电流密度等于 $16A/dm^2$ 时，纯锡沉积时阴极电位为 4.5V，铅则为 1.8V，Pb-Sn 合金的析出电位处于二者之间。在此电流密度下，电解液中越富锡，阴极电位越高。

注意这样一个事实：锡和铅离子共存时，两者析出电位非常接近。

已证明在表面活性剂作用下，铜、锌和镉的析出电位彼此接近，由此在阴极上三种金属能同时沉积，形成三元合金。很明显，在此情况下，阴极极化不仅与析出金属性质有关，更主要的是，其表面形成的吸附层性质和该吸附层从阴极表面离开的脱附电位有关。在该条件下提高电流强度，不可能使阴极极化达到表面活性剂开始产生脱附的电位值。

在研究 Ni-Cr 合金胶体颗粒生成过程时也出现了类似的情况。

研究阴极电位随时间变化非常有意义，因为它能反映出表面活性剂的吸附行为。电解通电后，阴极电位会跳跃到某最高值，而后其值缓慢下降至某一恒定值，随时间也不再变化。

正如图 4-2 所示，铅-锡合金阴极沉积时，双层电解槽水平旋转阴极电位随时间的变化就是一个证明。在该情况下，这些曲线表征残留表面活性物质的脱吸动力学行为，从而可求出双层电解槽电解时吸附达到平衡所需的时间。

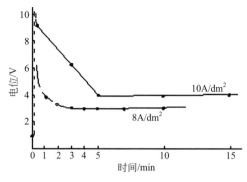

图 4-2 阴极电位随时间的变化

此外，电位随时间的变化曲线可作为判断阴极上所形成吸附层强度的标准。这方面还需进一步广泛研究。

双层电解槽电解时阴极极化的极大提高很明显是因为旋转阴极表面大部分被表面活性物质和碳氢介质的分子层所屏蔽，而只有部分表面能接触到电解液。在该条件下旋转阴极表面接触到电解液的地方的实际电流密度就变得非常高，大大超过相应的极限电流密度。在这个地方金属离子放电速度非常快，因此使结晶正常成长遭到破坏，结晶边界的表面能已不再起作用。导致沉积产生的金属粒子变为无定形结构，表面积非常大，这样反而会使相应电流密度和阴极极化减小。

在金属粒子生成瞬间，碳氢化合物介质的分子和表面活性物质的存在将使金属粒子表面局部形成憎水吸附层，这有利于金属粒子脱离阴极表面。这是由于新生胶体金属粒子和阴极表面晶格间的亲和力不大。这样就可以阻抑这些金属粒子相互聚集，也就有效防止它们被氧化。

由于形成憎水层，合金粒子与阴极表面接触时间非常短，不利于颗粒成长，反而使其表面上的表面活性物质吸附层开始出现物理界面。因此，改变介质工艺制度，可以形成非常松散的超细阴极沉积物。在阴极周围生成的这些阴极沉积物是憎水型胶体金属粒子，并很容易迁移到有机层中。

但是，这种金属和合金胶体粒子的生成，只有当这些金属析出时，不产生明显析氢的情况下才是可能的。

如果形成金属和合金胶体粒子时的电流密度大大超过极限电流密度，下层电解液电解时将随时有大量氢析出，这时反而特别有利于形成非常细的金属粒子，也有利于它们从阴极表面脱开。把电解槽上、下层进行强烈搅拌，会大大加快有机层中表面活性物质在已形成和脱开阴极的金属粒子表面上的吸附，分离出细小的金属颗粒。因此，这些细小金属颗粒经过憎水处理，就会均匀分布在有机层中形成金属有机溶胶。

显而易见，表面活性物质不仅对成核速度有影响，还对其初始成长速度有重要影响，因为金属粒子形成时的阴极电位显著地高于其脱附电位，所以已生成的合金颗粒在脱开阴极表面的瞬间才能产生吸附，这时其电位急剧下降。

因此，大于极限电流密度的过程，主要是氢离子和相应金属离子同时放电的过程，也就是胶体金属和合金粒子的生成过程。

该情况下，表面活性物质的作用不仅导致生成的胶体金属粒子表面具有憎水性，而且使其转移到有机层更容易。

下面我们力图系统地阐述影响阴极金属沉积的因素，找出制备超细金属阴极沉积物并能在有机介质中形成稳定金属溶胶的最佳工艺条件。

4.1.3　影响金属电沉积的主要因素

采用电结晶法制备微纳米金属聚合物是以双层电解槽电解法制备金属溶胶为基础，最大的不同是在有机层里要添加含极性官能团的聚合物。

制备物化性能和物理力学性能良好的微纳米金属聚合物要求电沉积物细度高、粒子离散性要小、具有一定的形状及特有性能（磁性或催化性能）。Davis 详细介绍了不同形状纳米金属的制造方法。通过向双层电解槽周期性地加入电解液的方法可以获得不同细度、不同形状、粒度离散性小的微纳米金属聚合物。

在双层电解槽电解液中，通电时金属离子在阴极上放电生成的晶核会离开金属离子放电区转入阴极附近含有表面活性物质（聚合物）的液层中。已经知道，阴极吸附高分子有机物质后，致使阴极过程明显受阻，而且随着高分子聚合物浓度提高而加强，高分子表面活性物质对双电层电解槽电解过程同时存在电化学作用和吸附作用。在微纳米金属聚合物制备过程中，极性聚合物在新生超细金属粒子表面上强烈的化学吸附是主要作用，因此化学吸附过程是影响阴极过程进行和胶体金属粒子生成的主要因素，搞清楚表面活性物质性质和其物化性能对阴极沉积物组成及性能的影响是非常重要的。

下面各种电化学因素——阴极电流密度、温度、电解质浓度、有机层浓度以及聚合物特性（吸附活性和分子量）对阴极沉积物的影响。

（1）聚合物性质和浓度的影响

表面活性物质选用两类聚合物：第一类是含有极性官能团的聚合物，如环氧树脂 E-51，它在金属粒子表面形成不可逆化学吸附；第二类是不含官能团的聚合物，如聚苯乙烯、聚二甲基苯基硅氧烷。

在上层有机层里添加油酸非常有利于生成超细金属粉，油酸对降低金属粒子粒径的离散性也非常有利，同时还有利于生成形状一致的金属粒子。油酸能在阴极表面上生成吸附膜，阻碍晶核成长，又影响阴极沉积物结晶状态。油酸吸附膜化学稳定性很高，它本身含有的羧基活性很强，在超细金属粒子表面上油酸分子化学吸附和取向排列，非常有利于聚合物在金属粒子表面的化学吸附。

电镜分析表明，金属粒子形态、粒度和凝聚程度随电解工艺而变化，例如，电流密度为 $2.5A/dm^2$ 时制备的铁粉大部分是致密而又非常发达的树枝状，掺杂少许小粒子。其凝聚物粗大而结实，比表面积仅为 $26m^2/g$。电流密度提高到 $40\sim50A/dm^2$ 时，电解沉积物基本上都是分散的细小粒子，也不产生凝聚，比表面积增大到 $53\sim60m^2/g$。再提高电流密度到 $100A/dm^2$ 时，生成的阴极沉积物却都是树枝状的松散物。

向有机液层中添加聚合物可制得细度和形状各异的超细粉体。例如，添加聚苯乙烯可制得带有棱角又很结实的铅粒子，而添加油酸生成的是针状粒子。采用环氧树脂作为表面活性剂可制得树枝状和无定形相混的镉超细粉，当同时添加环氧树脂和油酸时阴极沉积物更细，并且还很容易分散。用电子显微镜观察可以看到，添加聚合物生成的超细金属粒子表面笼罩一层半透明的灰雾，它就是聚合物吸附膜。采用双层电解槽制备金属有机溶胶时，向有机层里添加聚合物的种类和数量是不一样的，向有机层添加的生成有机溶胶所需的聚合物最低浓度如表 4-2 所示。

表 4-2　生成有机溶胶所需的聚合物最低浓度　单位：g/100mL

聚合物	金属粒子在分界面处	金属粒子在有机层中
环氧树脂	0.500	0.720
聚乙酸乙烯酯	0.062	0.125
聚甲基丙烯酸甲酯	0.062	0.125

可以看出，生成金属溶胶所需聚乙酸乙烯酯浓度比环氧树脂低很多。环氧树脂加入量对微纳米铅粉生成的影响列于表 4-3。

表 4-3　环氧树脂加入量对超细铅粉生成的影响

阴极沉积铅粒子电子显微镜照片	100mL 溶剂中 E-51 加入量/g	沉积物形态
	0.72	粗大树枝状粒子,二次枝不发达
	1.47	长细针形粒子,树枝针无序沉积,存在无定形沉淀
	2.47	树枝状粒子大大减少,沉淀粒子增加
	5	发亮针形粒子,1～2μm,均匀的沉淀
	10	没有长针,无定形沉积物,树枝厚而成片
	20	分散性好,二次枝发达,其长度和一次轴相当

随着环氧树脂浓度提高,阴极沉积物铅粉的形态和细度由带有小刺的细针组成的粗凝聚物逐渐变为细度小于 $0.5\mu m$ 的粒子。当浓度为 10g/100mL 时粒子形态发生很大变化,再提高浓度到 20g/100mL,粒子形态并未改变,只是稍细些。添加聚乙酸乙烯酯也是如此,其浓度从 0.5g/100mL 提高到 3.0g/100mL,金属粒子形态和细度均发生变化,从 $2\sim3\mu m$ 长带小刺的细针组成的粗凝聚物变为 $0.1\sim0.5\mu m$ 的细针状粒子。不管环氧树脂还是聚乙酸乙烯酯添加量低时,都先生成粗大凝聚物,这是由于添加聚合物的量不足,不能使金属粒子钝化而控制金属粒子的成长。随着表面活性物质浓度增加,阴极沉积物金属粒子形态和细度的变化规律对所有聚合物都是一样的。有机层加入聚合物后黏度增大对电解过程有很大影响,随聚合物加入量增大有机层黏度急剧增大,这必然给在高浓溶液和加大分子量聚合物溶液中进行的电解带来很大困难。实验证明,采用低分子量聚合物对制备超细金属粒子非常有利,但是低分子聚合物在金属粒

子表面吸附不牢，金属超细粉中含氧量高。当然，聚合物的吸附能力和聚合物官能团类型及其加入量有关。随着环氧树脂中环氧基含量降低，阴极沉积物特征会发生急剧变化，铅有机溶胶稳定性随环氧值降低而降低，采用环氧值为2.2的环氧树脂时，铅粒子聚集在有机层-水层的分界面处。采用环氧值为20.9的环氧树脂（环氧树脂浓度为5g/100mL）生成的铅粒子为$1.0 \sim 1.5 \mu m$的疏松凝聚物，很容易分散成$0.05 \sim 0.2 \mu m$细针型粒子。随环氧值增大细针型粒子拉长和加粗，最后产生沉淀。

（2）阴极极化的影响

影响阴极沉积金属结晶大小和结构的最主要因素是阴极极化。阴极极化度即超电位代表一种电化学能量，对阴极沉积物成核和晶核生长都有影响。阴极极化低，表明金属离子从溶液中析出的活化能低，有利于晶核成长。因此，阴极极化低，阴极上优先生成粗晶型的产物。

阴极极化高对金属结晶成长和成核都是非常有力的动力学条件。因此，提高阴极极化，哪怕数量仅仅为零点几伏，都非常有利于生成超细的阴极金属粉（Fe、Co、Ni）等。产生阴极极化的机理不一样，阴极极化的高低也不同。

随阴极电流密度增大，阴极极化提高，使阴极的近液层中金属离子的浓度降低，同时溶液中金属离子向阴极的迁移速度加快，这样金属离子在晶核成长区的定向和停留受到限制，从而很容易生成新的晶核。如果把电解液稀释，或者向电解液中加入不同价离子，降低金属离子活性，或者采用金属复盐溶液，都能降低电解液中金属离子浓度，从而使阴极极化提高，这样阴极金属沉积物经常是致密的、光滑的，有时为发光的细晶。

单一金属盐稀溶液电解的阴极沉积物则是松散的超细粉。由于阴极的近液层中金属阳离子扩散来不及补充，因此使已形成的晶核成长受阻，反而易形成新的晶核，并使晶核间的结合力减弱。在极限电流密度下经常形成这种结构的阴极沉积物，在水和非水介质中很多金属盐电解时也能获得这种结构的阴极沉积物。

向电解槽液中添加胶体金属氢氧化物，高分子化合物或其他表面活性物质都能提高阴极极化。它们在阴极表面上形成吸附层，对电解过程有很大影响，使已生成的晶核成长急剧减慢，反而促使成核加快。通常仅加入很少量的胶体物质就使整个阴极产物变得非常细，以至于在显微镜上都很难观测到。

推测表面活性物质对阴极金属沉积过程的影响历程有两种可能:

① 表面活性物质在阴极表面上仅是局部吸附,起屏蔽阴极的作用,这样电解时未吸附表面活性物质的那部分阴极表面发生阴极沉积,因此,这时的阴极表面同时存在阴极部分表面部分钝化和阴极部分表面沉积金属的两个相反过程,视二者的反应速率,可能金属沉积强烈,也可能阴极表面几乎完全被屏蔽而金属沉积停止,而且在这两者之间的不同阶段,阴极沉积物也是不一样的。

② 表面活性物质在阴极表面上形成很厚的吸附层,金属离子穿透吸附层产生放电。这时金属离子放电速度是一样的,生成的阴极沉积也比较均匀。

还有人认为胶体物质和表面活性物质对阴极沉积过程的影响是因为胶体物质和金属离子产生了络合。实验结果表明,随着表面活性物质浓度提高,阴极极化初始是增高的,而后变小。

原则上讲,只在吸附电位范围内,有机物才会对电化学反应速率有影响。中性有机分子的吸附电位与金属零电荷电位相近,金属不同,零电荷电位也不一样,介于 $1 \sim 3V$ 之间。吸附层产生的电位和吸附层消失的电位两者差别很小,因此,不是所有对金属表面呈活性的物质都能吸附在阴极沉积物上,对阴极金属沉积起到有利的作用。吸附作用不仅与吸附剂性质有关,而且主要是与吸附剂表面的放电性能有关。

在水中能离解又能形成复杂表面活性阳离子的物质才能对阴极沉积物具有有益的作用。例如,明胶在 pH$<$4.7 的溶液中按下式离解:

$$R\overset{COOH}{\underset{NH_2}{<}} + H_2O \longrightarrow R\overset{COOH}{\underset{NH_2H^+}{<}} + OH^-$$

磺酸中苯胺在酸性介质中也能形成复杂的表面活性阳离子:

$$\underset{CH_3}{\overset{NH_2}{\underset{}{\bigcirc}}}SO_3H + H_2SO_4 \longrightarrow \left[\underset{CH_3}{\overset{NH_2H}{\underset{}{\bigcirc}}}SO_3H \right]^+ + SO_4^{2-}$$

由于电泳作用,这些复杂阳离子会进入阴极近液层,吸附在阴极活性中心,形成紧靠着的列队式定向扩散层。它起着过滤膜或渗透膜的作用,阻止金属离子向已形成的晶核表面迁移。有机离子越复杂越大,这层膜越厚。

表面活性物质对金属离子放电的作用是有选择性的。例如：许多有机添加剂对汞或同价的铊离子的放电没有影响，在加辛醇的 $Cu^{2+}+Tl^+$ 或 $Cd^{2+}+Tl^-$ 的阳离子混合液电解时就是如此。这是因为离子要放电，它就必须经过吸附层才能到达电极表面，就必须有一个活化能。该活化能大小与阳离子性质和吸附层性质有关。表面活性物质吸附在电极表面上，形成牢固的吸附膜，在电极-电解液界面处建立起一个屏障，使电极极化大大提高。因此，高分子化合物起着过滤网的作用，罩在阴极表面上，控制着阴极沉积粒子的成长。

现在已采用大量高分子化合物和无机胶体作为表面活性物质来控制电解过程，制备具有不同结构的细晶状的金属粒子，主要的表面活性剂有磺酸、苯甲酸、明胶、阿拉伯胶、淀粉、葡萄糖等，每个电解工况选择的添加剂品种、加入量都要通过试验确定。

向硫酸锡溶液中加入少量 α-色酚或 β-色酚、二甲苯酚、百里香酚、二苯胺和三苄胺可急剧提高阴极的化学极化。

阴极表面性质和状态对极化度也有影响。阴极极化，阴极沉积粒子大小和结构与金属固有的性质也有非常密切的关系。提高铁、钴和镍的阴极极化，制备的阴极沉积物为光亮的细晶，只在某些条件下阴极表面边缘产生树枝晶。锌为细小的针状晶，具有形成海绵态结构的倾向。电解条件不同铜沉积物有时为细晶，有时为粗晶。银沉积物为无定形彩色的树枝状晶和细晶。

因为阴极表面具有动力学不均匀性，所以电解电压低时，阴极表面上阳离子析出的区域优先产生金属沉积，随电解电压提升，沉积物逐渐铺开，进一步提高电压，成核数量激增。

电解过程同时伴有析氢、析氧、生成氢化物和其他过程，也使阴极极化增大，经常有松散的粗大粉状沉积物生成。

(3) 阴极电流密度的影响

阴离子的作用主要取决于其形成络合物的能力。电解液浓度、H^+ 浓度、辅助盐浓度、温度及其他因素，对阴极极化和阴极沉积物结构的影响主要体现在它们对阴极电流密度大小的影响上。

尽管电沉积过程中阴极极化起着非常大的作用，但是在某些情况下，提高阴极极化，并不是形成细晶粒子的必要条件。例如，在 75℃ 或更高温度下硫酸铁溶液电解时，阴极极化下降至零，仍然以细晶形态析出铁。

因此，阴极电流密度是决定阴极沉积物晶粒大小和结构的另一个非常重要的因素，直接左右阴极沉积物的形成过程。尤其当电流密度达到极限电流密度这样大的电流时，其作用更为突出，在极限电流密度下，大多数金属的阴极沉积物均为松散的超细粉。

细晶粒子沉积物具有致密、结实、表面光滑、明亮的特点，而粗晶粒子的沉积物则不是这样。无论是粗晶的粒子还是细晶粒子的沉积物，都具有坚固的、很硬的致密结构，有时带有金属光泽，松散的粉体则呈黑色。

4.1.4 松散粉状阴极沉积物生成条件

找出松散超细阴极金属沉积物制备的电解条件对粉末冶金有重要意义。因此，搞清楚制备超细高分散的阴极金属沉积物的工艺条件对微纳米金属溶胶及微纳米金属聚合物制备至关重要。但是此问题还没有一个统一的认识。有人认为电解时阴极析氢，能使阴极沉积物金属粒子分散开。有人认为阴极析出过程中成核速度应该大于晶核成长速度。有人认为当阴极电流密度很大，电解液浓度却很低，晶核成长受到抑制，这为产生松散的超细粉创造了有利条件。

根据对镉、铜和银制备松散黑色超细粉的条件研究可得出电流密度 I、电解液浓度 c 和通电到阴极出现松散沉积物时的电解时间 τ 之间的关系：

$$c = \alpha I \tau^{\frac{1}{2}}$$

式中，α 为常数。

电解初始阴极沉积物是致密、牢固、光滑的结构，只有经过一定时间（时间长短与电流密度和电解液浓度有关），突然间转化为松散的黑色超细粉，并且电压产生跳跃。未发生络合的单盐溶液电解时常有这一现象。

利用上式，理论上可以计算出一定浓度电解液，阴极沉积物为致密的还是松散的所需的电流密度。例如，固定电流密度下通电 1s 开始析出松散的沉积物，那么上式变为：

$$I = 1/\alpha \cdot c = Kc$$

不同结构的阴极沉积物形成区示于图 4-3 中，可以看出，获得某种结构的阴极沉积物所必需的电流密度和浓度的关系，因此该图具有很大的实用意义。该图形具有通用性。为获得某种产物所进行的工艺因素调整不会破坏整个图形的样子，只是每个区域扩大或缩小。

在高电流密度时产生黑色松散阴极沉积物和槽压急剧提高说明，阴极出现了新的电极过程——络合阳离子放电。在低电流密度时生成致密光滑的阴极沉积物，这是比较简单的金属离子放电的结果。

阴极沉积物结构主要由两个因素决定：化学极化和阴极表面的近液层中离子的扩散过程。在极限电流密度下，这一特定的金属结晶成长条件决定了电解沉积出超细松散的金属粉。阴极沉积物结构在某种程度上也由金属离子向阴极表面的扩散所决定。扩散层中金属离子不足，阴极金属沉积物在垂直阳极表面方向的不均匀成长急剧加强。尤其在极限电流密度下，阴极邻近液层中金属离子浓度几乎降低为零，这时不均匀成长更加严重。阴极表面的不均匀性使阴极表面出现许多有利于扩散的微区，成为结晶中心，随后阴极沉积物形状变化非常快，而转化成为结合不牢的细晶粒子的堆积。

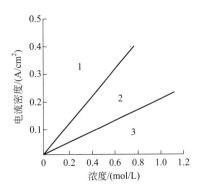

图 4-3　不同结构阴极沉积物形成区
1—粗粉沉积区；2—过渡区；
3—致密沉积区

已证明，在水溶液中 i-ϕ 曲线上第二个拐点所对应电位不同金属都一样，很明显，都是 H^+ 放电。可见，氢气析出促使形成松散的阴极沉积物。

但是这一观点不适用于熔融盐电解和无水溶液电解，这里既没有 H^+，也没有氢的作用，但仍形成黑色松散阴极金属沉积物，又存在第二电位。

有人认为第二电位是溶剂分子的分解，而不是络合离子或某种复杂离子的放电。之所以形成了黑色松散阴极沉积物，是因为金属沉积和溶剂分解两个过程同时进行。但有人认为 i-ϕ 曲线的第二个交点不可能达到极限电流密度。

不同研究者对生成松散粉状阴极沉积物的原因看法不一，很难用一个观点将各种分歧统一起来。生成松散粉状阴极沉积物的原因差别非常大。电解过程中每个金属的固有性质和阴极金属沉积的环境条件起着根本的作用。氢析出是主要原因；另一种情况，可能是胶体金属氢氧化物或者是高分子化合物，或者是表面活性物质形成的吸附层产生了高度分散的结晶中心；第三种情况则是综合过程，简单金属离子和络合金属离子同时放电，沉积的金属粉表面同时产生氧化和钝化，氢化物生成及其他相似现象同时进行的过程；第四种情况则是在极限电流密度、低温、周期电解和其他条件下进行的电解过程。

因此，分析制备松散粉状阴极沉积物生成条件时，不要仅集中在通性上，更重要的是关注每个金属的属性、特定的电解工艺和沉积条件。还有一个非常重要的情况值得关注，那就是所有能有助于形成超细松散粉状阴极沉积物的因素在某种程度上都对从溶液中析出的金属颗粒迁移到晶格上的速度有影响。如果金属离子以恒定速度移向阴极，那么它们就均匀地参与金属晶格的连续构建。这时获得的阴极沉积物非常纯，含有的外来杂质非常少。如果金属离子从溶液转移到晶格的途径上出现偶然或固定的障碍，破坏了均匀迁移，那么就产生大量新的结晶中心，一般来讲，这时获得的阴极沉积物多为细晶，且与阴极原始表面无关。这种与杂质性质有关的阴极沉积物多为致密的或松散的粉状结构。

为明了起见，将 20 个影响因素汇于图 4-4 中。这些因素中的主要影响因素是阴极极化和电流密度。其他因素的影响主要表现在对阴极极化和电流密度的影响上。

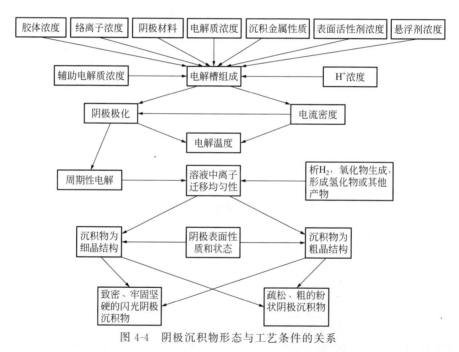

图 4-4　阴极沉积物形态与工艺条件的关系

仔细研究这个图可以很清楚地判断每个因素在电解过程中的作用。例如电解质浓度、辅助盐浓度、表面活性物质、络合剂和胶体以及析出金属属性的作用都不是孤立的，而均统一在电解槽组成的作用中。电解槽组成对阴极极化和电流密度产生直接影响，还影响离子从溶液迁移到阴极沉积物晶格过程的均衡性或不均衡性，最后才形成致密或松散的粗晶或细晶。

尽管各个试验条件差异很大，但均力争获得的阴极沉积物应该是超细的、松散的、不粘在阴极表面的粉体。

电解槽液选择：确定主电介质最佳浓度，再选择表面活性物质，胶体，H^+ 及比例关系，在此筛选试验中，以获得阴极极化最大为目标。如果条件允许，力争能在极限电流密度下电解，如需要可以降低电解温度和采用间断电解方式满足上述要求。但千万不要忘记析 H_2 和生成氧化物对形成松散粉状阴极沉积物的有利作用。

4.1.5　阴极沉积物在有机介质中分散的条件

只要电解工艺控制在电介质浓度低、温度低、阴极极化高、电流密度大、添加表面活性物质和间断电解条件下，原则上讲，均可获得超细黑色阴极沉积物，其细度可达 $1\sim1000nm$。

用电解法制备碳氢化合物介质中的金属溶胶，为了使超细金属粉能在有机介质中充分分散，必须添加表面活性物质，使其在阴极沉积粒子表面上产生吸附，使阴极沉积的超细金属粉表面对有机溶剂具有亲液性，这非常有利于分散性金属溶胶的稳定。

在这里特别指出，黑色絮状阴极金属沉积物，其细度达到微纳米级时，就不够稳定了，在电解时（尤其停电后）很快会转为不稳定的状态，其容积和细度急剧减小。因此，必须把析出的大量超细黑色阴极金属沉积物缓慢地分散到有机介质中，最好是在阴极沉积粒子生成瞬间立即进行分散。这一步骤是制备超细稳定有机金属溶胶的必要条件，因为阴极沉积物从阴极上脱离一定时间后，再分散将形成粗的金属悬浮物。

另外，用电解法制备微纳米金属有机溶胶时，必须能快速地使金属离子放电的成核期和晶核生长期分开。

为了达到上述目的不仅要选择最佳的电解工艺制度，而且要有专门的装置相配合。

4.2　专用的电解装置

4.2.1　垂直旋转阴极电解装置

电解实验装置示于图 4-5。该装置有两个玻璃杯，中间用虹吸管彼此连通，一个玻璃杯放置阳极，一个玻璃杯放置阴极。阳极为面积100cm²的铂片。阴极为铂丝，外用玻动管套上，一端封住露出铂丝。电解时阳极不动，阴极周期性地垂直放下和提升3cm。其提升和放下间断时间为3～7s。阴极和下层电解液接触，上层为5～6cm厚不溶水的有机介质，并添加表面活性物质。能沉积金属的阴极面积为30cm²。电解槽要保持恒温，电解在低温（通常2～7℃）下进行。每次试验电流强度恒定，并可在0.1～0.6A跳跃变化。为了监测电流强度和槽压，电路中接入电压表和毫安表。有时为了测量电流效率还接上库仑计。

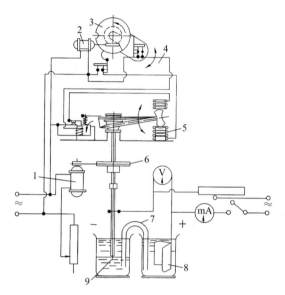

图 4-5　金属溶胶制备装置示意图

1—电动机；2—同步电机；3—电磁铁；4—配电装置；5—继电器；
6—阴极提升和下降继电器；7—虹吸管；8—阳极；9—阴极

该装置的电解工艺特点如下：

① 电解时，阴极上形成的结晶中心（晶核）能周期性地从金属离子放电区离开。

② 电路中电流强度较低（0.1～0.6A），阳极电流密度很小，但阴极电流密度可达很大，约等于33～200A/dm²。

③ 阴极金属沉积物很容易脱离阴极表面，在阴极周围经常形成大量黑雾，随之提升进入有机介质。

④ 阴极从电解液中提升经过有机层，并在有机层中不停地转动，因此，可以认为整个试验期间阴极面积是固定的。

⑤ 由于有机层中含有表面活性物质，阴极金属沉积物表面能吸附一层表面活性剂，在阴极附近还经常有氢析出。

⑥ 电解时温度低，阳极固定。

该电解槽的构成和电解工艺为电解生成超细松散金属粉体创造了有利条件。

在电解槽上面有机层中分散的阴极金属沉积物，脱离水层后 2～3min 就能形成悬浮液或有机溶胶，而后脱水并用高分子化合物（橡胶、乙基纤维素等）进行稳定化处理。

根据细度来决定采用沉降法还是电子显微镜测量金属粒度的大小。

4.2.2 水平旋转阴极电解装置

上述装置采用的是垂直旋转阴极，周期性提升和下降，此装置（见图 4-6）则是水平旋转阴极电解槽。其工作原理仍是在相应金属盐水溶液中电解沉积超细金属粉，缓慢分散到含表面活性物质的碳氢化合物有机介质中。电解槽也是双层的，下层是电介质水溶液，上层是专门添加表面活性物质的碳氢化合物介质（凡士林、二甲苯、甲苯等）稀溶液。

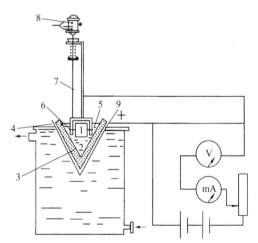

图 4-6 水平旋转阴极装置示意图（一）

1—阴极；2—电解液；3—隔膜；4—阳极；5—有机层；
6—阳极转轴；7—传动装置；8—电动机；9—支撑装置

锥形阳极和用与阴极沉积的金属一样的金属材料制成的阴极中间采用多孔隔膜将两者分开。水平旋转轴似的阴极安装在普通框架上，框架上边的马达轴（ϕ30mm，L15mm）固定在分散器的联轴器上，马达经垂直轴

6带动轴阴极旋转。该装置还安装了一组用不同材料（铁、铜、铅、铝等）做的轴阴极，电解时，每个阴极上都会析出金属。

作为轴电极的阴极浸在双层电解槽中，它在不溶水有机介质中旋转，这时只有它的表面和有机介质-金属盐水溶液界面相接触，以期获得有机溶胶分散相。

阴极的快速转动，电解时，表面上生成的金属结晶中心快速离开金属离子放电区，进入有机介质中，由于有机介质中有表面活性物质，利用分散器刀口和旋转着的阴极表面接触将阴极金属沉积物从阴极表面上刮下来。

该装置使阴极表面不断地受到冲刷，使覆盖着的表面活性物质和有机介质的吸附层不断更新，保持阴极极化一直很高。

晶核从金属离子放电区的快速离开、阴极极化很高、低温、低电介质浓度、加入表面活性物质和大电流密度均有利于生成超细金属有机溶胶。

图4-7是另一种水平旋转阴极电解装置，该装置中阴极为水平旋转的圆盘，电机通过两对齿轮带动阴极圆盘转动，其中一对齿轮为伞形齿轮。阴极转动速度用调压器调节，用转速表监控。阴极和阳极采用多孔玻璃隔膜分开。该装置也能使电解时阴极表面生成的晶核很快离开金属离子放电区，急剧提高阴极极化、低温电解、电介质浓度低、有表面活性物质和高电流密度，所有这些条件就保证可以生成超细金属有机溶胶。

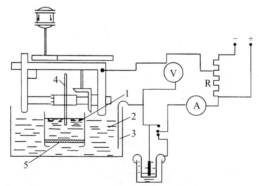

图 4-7　水平旋转阴极电解装置（二）
1—有机层；2—水层；3—阳极；4—旋转圆盘阴极；5—隔膜

利用这一装置研究了锌、镉、铅、铁、镍和不同金属合金在碳氢化合物介质及其他不溶水有机介质中的有机溶胶的制备工艺。采用本方法制备的有机溶胶的细度和稳定性均大大提高。

已确定制备金属有机溶胶，尤其是制备超细金属粉，还可以采用另一种双层电解槽，固定的多孔空心圆筒阴极，底部是网。在电解槽上安装阴极，必须使网底处在水层-油层的界面处，这样电解时可以通过网底不断通入氮气或 CO_2。气泡强烈地搅动阴极的近液层，使阴极表面连续处于钝化状态。阴极结构和通气速度具有决定性作用，具体条件应凭经验来确定。但是，也必须考虑到：利用上述的固定阴极制备的金属沉积物和形成的金属有机溶胶的细度要比水平旋转阴极的低得多。

4.3 微纳米锌和镉有机溶胶的制备

制备微纳米锌和镉有机溶胶的方法是电解法，其装置为旋转阴极双层电解槽，上层为含 0.03%油酸的甲苯溶液，下层是电解质水溶液。电解工艺控制如下：阴极电流密度 $I=33A/dm^2$，槽压 $E=90\sim150V$，槽温控制在 $7\sim9℃$，采用间断电解法，中停时间 $5\sim6s$，总电解时间为 20min。下面叙述各种电解工艺对阴极沉积物在甲苯中分散性的影响。

（1）电解液浓度的影响

试验结果见表 4-4。

表 4-4　电解液浓度的影响

水层中金属含量/%		电解停止时阴极产物所处状态
Zn	Cd	
0.542	—	沉在有机层底下
0.271	—	沉在有机层底下
0.108	—	分散在有机层中
0.054	—	分散在有机层中
0.027	—	分散在有机层中
—	0.738	沉在有机层底下
—	0.369	沉在有机层底下
—	0.210	分散在有机层中
—	0.105	分散在有机层中

表中的结果证明：只有水层中锌和镉在某个低浓度下电解才能在有机层中形成均匀分散的溶胶。在含 0.271%Zn 和 0.369%Cd 的水层中阴极沉积物均不能分散。

在相同试验条件下，低浓度水溶液中电解时在甲苯中悬浮的镉粒子比锌的细。

(2) 阴离子的影响

对不同锌和镉盐溶液，控制金属浓度在 0.123% ～ 0.172% Zn 和 0.196% ～ 0.217% Cd，电流强度恒定为 0.2A，其余电解条件与前述相同，阴离子对相应金属溶胶细度和组成的影响列于表 4-5 中。

表 4-5　阴离子对相应金属溶胶组成和细度的影响

电解槽水层中的盐	水层中金属含量/%	电解停止时阴极沉积物所处状态	阴极沉积物组成/%		阴极沉积物细度/μm
			金属	金属氧化物	
$ZnCl_2$	0.168	分散在有机层中	68.31	30.02	—
$Zn(HCOO)_2$	0.172	分散在有机层中	90.76	8.63	0.144
$Zn(CH_3COO)_2$	0.128	分散在有机层中	82.18	—	0.151
$Zn(C_2H_5COO)_2$	0.123	分散在有机层中	69.16	29.37	—
$Zn(C_3H_7COO)_2$	0.126	分散在有机层中	70.19	27.92	—
$Zn(C_4H_9COO)_2$	0.148	沉在有机层底部	70.12	28.39	—
$CaSO_4$	0.196	沉在有机层底部	67.21	30.57	—
$Cd(HCOO)_2$	0.217	分散在有机层中	93.36	6.05	0.070
$Cd(CH_3COO)_2$	0.210	分散在有机层中	90.09	9.14	0.102
$Cd(C_2H_5COO)_2$	0.207	分散在有机层中	82.51	15.23	—
$Cd(C_3H_7COO)_2$	0.198	沉在有机层底部	77.46	20.05	—
$Cd(C_4H_9COO)_2$	0.203	沉在有机层底部	81.15	15.46	—

从表 4-5 可得出如下结论：

① 多种脂肪酸的锌和镉盐水溶液电解时，阴极沉积物细度、向有机层迁移的能力和分散性随脂肪酸分子量提高而降低，只有甲酸锌和甲酸镉的阴极沉积物最细，又很容易迁移到有机层中形成均匀分散的微纳米有机溶胶。

② 锌和镉无机盐水溶液电解的阴极沉积物不能分散到有机层中。虽然作为一个例外，$ZnCl_2$ 水溶液电解的阴极沉积物能迁移进有机层中，但形成的是不稳定的粗溶胶。

③ 凡是不能迁移进有机层或生成的颗粒较粗的阴极沉积物，其金属纯度也较低，而金属氧化物含量都很高，这一点也就是阴极沉积物不能迁移

进入有机层中形成均匀分散溶胶的主要原因。

（3）温度影响

采用含 0.172％ Zn 的甲酸锌和含 0.217％Cd 的甲酸镉水溶液作为水层，控制在不同温度下进行电解，其余电解条件不变，其结果列于表 4-6。

表 4-6　电解温度对有机溶胶组成和细度的影响

电解温度/℃		电解停止时阴极沉积物所处形态	阴极沉积物组成/％		阴极沉积物细度/μm
Zn(HCOO)$_2$	Cd(HCOO)$_2$		金属	金属氧化物	
90	—	沉在水层底部	2.78	94.41	—
67	—	沉在水层底部	4.30	91.03	—
45	—	沉在水层底部	13.76	83.07	—
25	—	分散在水层中	56.13	42.71	—
14	—	分散在有机层中	73.30	21.30	—
15～6	—	分散在有机层中	90.37	7.69	0.136
2～3	—	分散在有机层中	90.51	8.03	0.108
—	90	分散在水层中	—	—	—
—	63	分散在水层中	26.30	69.23	—
—	27	分散在水层中	66.09	31.70	—
—	12	分散在有机层中	82.30	14.47	0.093
—	2～3	分散在有机层中	93.75	4.36	0.069

表 4-6 的结果证明：电解温度是阴极沉积物锌和镉细粉能否迁移到有机层中形成均匀分散的金属溶胶的决定因素。只有电解温度接近零度（2～6℃），阴极沉积物中金属氧化物含量最低，才能迁移到有机层中。电解温度提高，阴极沉积物氧化非常严重，以至于阴极沉积物大部分为氧化物，就不可能形成纯金属溶胶。采用低温电解和加入表面活性物质（胶体保护剂）就能有效防止超细金属粉的氧化。

（4）H$^+$ 浓度的影响

用甲酸调节含 0.192％Zn 和 0.247％Cd 的水溶液的 pH 值，在电解温度为 2～5℃条件下，研究了 pH 值对阴极沉积物细度及分散性的影响，结果列在表 4-7 中。

试验结果证明：电解槽下部水层 pH 值对阴极沉积物向上部有机层的扩散有重要影响。最适宜阴极沉积物锌和镉在有机层甲苯中形成均匀分散金属溶胶的水层 pH 值应接近 7。而酸性水溶液电解沉积物在甲苯中呈不稳定的悬浮状态。

表 4-7　水层 pH 值对有机溶胶颗粒细度及分散性的影响

溶液 pH 值		电解停止时阴极沉积物所处状态	阴极沉积物细度/μm
Zn(HCOO)$_2$	Ca(HCOO)$_2$		
6.02	—	分散在有机层中	0.089
4.93	—	分散在有机层中	0.147
3.71	—	悬浮在甲苯-水界面处	—
3.63	—	悬浮在甲苯-水界面处	—
—	6.72	分散在有机层中	0.067
—	4.77	分散在有机层中	—
—	3.90	分散在有机层中	—

（5）电解时间的影响

采用 pH 6.02 的含 0.192%Zn 的甲酸锌溶液和 pH 6.72 的含 0.247%Cd 的甲酸镉溶液进行电解时间影响试验，结果如图 4-8 和图 4-9 所示。

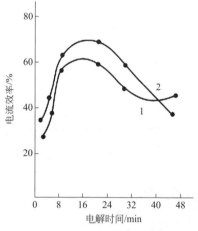

图 4-8　Zn（1）和 Cd（2）溶胶中分散相生成电流效率和电解时间的关系

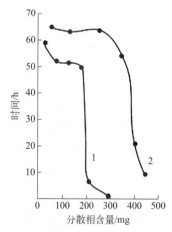

图 4-9　锌（1）和镉（2）有机溶胶稳定性随分散相浓度的变化

从图 4-9 看出，对于锌和镉有机溶胶的分散相存在一个极限浓度，高于此浓度，其稳定性降低。锌的极限含量为 0.121%，镉为 0.241%。从图 4-8 看出，电流效率随电解时间变化曲线存在一个极值，这是因为有部分阴极沉积物产生了氧化，以氧化物形式留在水层中，在间断电解条件下，氧化对电流效率影响非常大。若是连续电解，阴极沉积物不能完全分散，对电流效率也有影响。阴极沉积物从有机溶胶中析出，在水层表面上会形成粗大的絮状物。

（6）有机层中加入表面活性物质的影响

在同一种甲酸锌和甲酸镉的水溶液的有机层中加入不同的又不溶于水的表面活性物质，如下控制电解制度：甲酸锌溶液 pH 6.92，甲酸镉溶液 pH 6.72，水层中分别含 0.19%Zn 和 0.247%Cd，电流强度为 0.2A。

试验结果（表 4-8）证明，油酸对甲苯中阴极沉积物锌和镉的均匀分散非常有利。加入 0.03%油酸，就可以使电解生成的超细锌和镉细粉完全迁入有机层甲苯中，粒度又非常细。而羊毛脂、蜡、棕榈酸和硬脂酸作用非常弱。即使它们能帮助阴极沉积物迁移到有机层中，粒度也没有油酸的细。其他添加剂，尤其是锌和镉的硬脂酸盐对阴极沉积物向有机层中迁移没有作用。

在蜡和羊毛脂的作用下，在金属颗粒表面形成牢固的吸附层和随之的溶剂化作用，促使阴极沉积物向有机层中迁移和分散。

加入锌和镉的硬脂酸盐没有使阴极沉积物迁移到甲苯层中，因为这些硬脂酸盐在金属颗粒表面上吸附性非常差。

表 4-8　表面活性物质的影响

表面活性物质		电解停止后阴极沉积物的状态		阴极沉积物细度/μm	
名称	含量/%	Zn	Cd	Zn	Cd
棕榈酸	0.03	部分分散在有机层中	部分分散在有机层中	0.140	0.124
硬脂酸	0.03	部分分散在有机层中	部分分散在有机层中	0.143	0.096
油酸	0.03	全部分散在有机层中	全部分散在有机层中	0.089	0.063
棕榈酸锌	0.045	沉在有机层底部	—	—	—
硬脂酸锌	0.045	沉在有机层底部	—	—	—
油酸锌	0.045	沉在有机层底部	—	—	—
棕榈酸镉	0.051	—	在水层-有机层界面处	—	—
硬脂酸镉	0.056	—	在水层-有机层界面处	—	—
油酸镉	0.047	—	在水层-有机层界面处	—	—
羊毛脂	0.042	分散在有机层中	分散在有机层中	0.129	0.101
蜡	0.039	分散在有机层中	分散在有机层中	0.121	0.117
橡胶	0.058	在水层-有机层界面处	在水层-有机层界面处	—	—

（7）槽压的影响

槽压在 90~150V 内变化所制备的锌和镉有机溶胶性能没有什么差别。

（8）有机层残水的影响

利用上述电解工艺可制备出在甲苯中均匀分散的超细、轻度氧化的微纳米锌和镉有机溶胶。尽管阴极沉积物分散性非常好，但是稳定性不好，室温放置 2h 就会产生凝聚。严重的不到 1h 就出现凝聚现象。如果不快速把有机层和水层分开，那么有机层中溶胶分散相沉淀得非常快。这说明有机层中混入的水对金属溶胶稳定性有不利作用。试验结果如图 4-10 和图 4-11 所示。脱水的影响列于表 4-9。

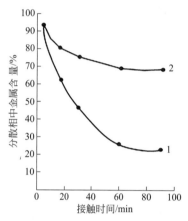

图 4-10 相应有机溶胶分散相中 Zn（1）和 Cd（2）含量与有机溶胶-水层接触时间的关系

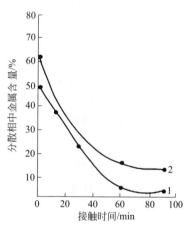

图 4-11 Zn（1）和 Cd（2）有机溶胶稳定性随有机溶胶-水层接触时间的变化

表 4-9 脱水的影响

脱水有机溶胶	有机溶胶分散相中金属含量/%		溶胶中分散相全部析出的时间/h	
	Zn	Cd	Zn	Cd
用无水 CaCl$_2$ 搅拌 30min	61.3	75.1	3.5	12.15
煮沸 20min	83.67	90.5	96	168

从图 4-10 和图 4-11 看出，停止电解后有机溶胶和水层接触时间对分散相金属的稳定性和氧化过程都有重大影响。锌有机溶胶表现得最明显，和水层接触 1h 后，有 75% 金属被氧化，其稳定性和与水层接触 3min 就离开的有机溶胶的稳定性相比，降低了 13 倍。镉有机溶胶也存在类似情况，但其氧化程度比锌轻。

立刻脱离开水层的锌和镉有机溶胶最稳定且纯金属含量也最多。

电解停止后立刻脱离水层的锌和镉有机溶胶经沸腾处理，稳定性大大提高。这种溶胶的存储时间比未沸腾处理的高 2～3 倍。

用无水 $CaCl_2$ 脱水的有机溶胶的稳定性不但未提高，反而急剧降低，其储存稳定性下降好几倍。

（9）保护性高分子化合物的影响

为了了解保护性高分子化合物对有机溶胶稳定性的影响，将制备条件最佳条件下获得的锌和镉有机溶胶，当电解停止后，立即与水层分开，并且煮沸 12min。冷却后和等体积含 0.03% 无水羊毛脂、天然橡胶和合成橡胶的甲苯溶液混合，将这样制备的溶胶用超微显微镜进行周期性观察，得出结论：羊毛脂会使锌和镉有机溶胶凝聚加重。此溶液使锌溶胶 17h 就凝聚了，镉溶胶经 21h 凝聚。不含羊毛脂的锌和镉溶胶放置 3d 才凝聚。

加入天然橡胶或合成橡胶使它们的稳定性大大提高。含天然橡胶的锌有机溶胶 63h 才凝聚。而合成橡胶保护作用特别大，加有合成橡胶（丁二烯橡胶）的锌有机溶胶经 109d 也没凝聚。

已证明橡胶对碳氢化合物介质中的不同金属有机溶胶都有保护作用。

根据上述试验可得出如下的结论：

① 若想使超细阴极沉积物能很好地分散到有机层形成金属有机溶胶，水层中待电解金属含量必须要低。

② 金属甲酸盐电解可获得微纳米锌和镉有机溶胶。

③ 不能分散到有机层的阴极沉积物，一定含有大量金属氧化物。

④ 使阴极沉积物锌和镉迁移到有机层中的最佳条件：电解温度 2～6℃，电解液 pH 值约为 7，并且有机层中要加入表面活性物质（如油酸）。

⑤ 电解时间对溶胶稳定性和电流效率的影响有极值特征。

⑥ 制备好的溶胶立刻脱除有机溶胶中的水分和加入少量天然或合成橡胶可大大提高其稳定性。

4.4 微纳米铅有机溶胶的制备

已知阴极沉积铅时，阴极的化学极化非常小（$\phi \approx 10mV$）或者说反应具有可逆性。在较低电流密度下，晶核成长完全由电解液扩散所控制，因此，电解铅粒子是很粗大的结晶，铅的粒子间没有亲和力。生成的树枝状铅晶须却会沿生长线方向快速延伸。硝酸铅、乙酸铅和许多其他单一铅盐电解的阴极沉积物主要是树枝晶。电解温度和电解液浓度变化对结晶大小和结构没有根本影响。随着电流密度提高和电解时间延长阴极沉积物的表面积急剧增大。因此，在相同条件下，并不排除在极限电流密度下来制取铅粉。若保持树枝形状，那么在任何电流强度下阴极沉积物均是很粗的树枝形结晶。研究的多种铅盐中，只有甲酸铅最适合于双层电解槽工艺。采用 1%～2% 甲酸铅溶液，在温度为 6～9℃ 条件下电解可制成超细铅粉，在二甲苯中分散也很容易。在这方面，甲酸铅和甲酸锌、甲酸镉相似，几乎所有有利于形成锌和镉超细稳定有机溶胶的条件都适用于来制备稳定的铅有机溶胶。

不同表面活性物质对有机层中阴极沉积物铅细度和结构的影响列在表 4-10 和表 4-11 中。生成铅粉时的电流效率和电流密度的关系列在表 4-12 中。

采用银库仑计测量电流效率。表 4-12 中列出的在不同电流密度下制备的有机溶胶，要细心与水层分离，室温真空干燥，随后再用石油醚、硫醚和乙醇处理。采用铬酸盐法测量沉积物中的总铅量。为了测定氧化铅含量，把干燥的和脱脂的铅有机溶胶分散相再次用含 10% 乙酸的 25% 乙醇溶液进行处理，使乙酸和氧化铅反应，金属铅沉淀下来。

表 4-10　电解槽水层中杂质的影响

水层中杂质		电解停止时刻阴极沉积物所处状态	有机溶胶细度和稳定性		生成金属粉的电流效率/%
名称	含量/%		有机溶胶细度/nm	分界面移动3cm 的时间/h	
甲酸铅	1.5	分散在有机层中	36～108	72	54
甲醇	0.65	处在水层-有机层界面处	—	—	—
乙醇	0.92	处在水层-有机层界面处	—	—	—
丙醇	2.12	处在水层-有机层界面处	—	—	—
甘油	1.85	开始分散在水层中,而后汇集在分界面处	—	—	—
葡萄糖	3.23	开始分散在水层中,而后汇集在分界面处	—	—	—
淀粉	0.25	海绵态存在分界面处,部分沉底	—	—	—
明胶	0.06	黑灰色产物,附在阴极上	—	—	—

水层中杂质		电解停止时刻阴极沉积物所处状态	有机溶胶细度和稳定性		生成金属粉的电流效率/%
名称	含量/%		有机溶胶细度/nm	分界面移动3cm的时间/h	
甲酸二甲基胺	1.50	分散在有机层中	63～71	216	63
甲酸胺	1.25	分散在有机层中	87～93	96	49

注：1. 电解液组成：电解液上层为 0.01mol/L 油酸的二甲苯溶液；下层为 1.5% 甲酸铅水溶液。

2. 电解工艺：温度 6～9℃，电流密度 20～25A/dm²，pH＝6～6.5，时间 45min，在有机层中电极转动时间 45min，电解一个周期时间间隔为 6s。

表 4-11　电解槽有机层中杂质的影响

有机层中杂质			电解停止时阴极沉积物所处状态	有机溶胶细度和稳定性		生成金属粉时的电流效率/%
名称	偶极矩 $\mu/10^{-18}$	含量/%		细度/nm	分界面移动3cm的时间/h	
纯甲酸	—	—	分散在有机层中	—	0.6	54
油酸	1.70	0.284	分散在有机层中	63～71	216	63
棕榈酸	0.72	0.250	分散在有机层中	79～81	120	42
硬脂酸	1.74	0.284	分散在有机层中	—	126	
苯甲醛	2.75	0.226	分散在有机层中	127～135	30	
甘油三硬脂酸酯	2.70	0.820	分散在有机层中	92～118	18	49
樟脑	2.95	0.152	在分界面处	—	—	
硝基苯	3.95	0.123	在分界面处	—	—	
苯甲酰丙酮	3.31	0.162	分散在有机层中	69～81	168	
乙酰乙酸酯	2.93	0.130	分散在有机层中	72～79	144	31

表 4-12　电流密度对有机铅溶胶分散相的电流效率、细度和组成的影响

电流密度/(A/dm²)	铅有机溶胶分散相电流效率/%	有机溶胶中分散相的氧化铅含量/%	平均粒度/nm
3	0	—	—
6	0	—	—
9	31	6.70	96～118
18	63	7.85	77～92
27	66	9.24	57～79
36	41	11.15	59～66
54	33	14.79	47～60

电流密度/(A/dm²)	铅有机溶胶分散相电流效率/%	有机溶胶中分散相的氧化铅含量/%	平均粒度/nm
70	27	13.07	55～67
90	29	13.30	54～63

注：1. 电解液组成：上层为二甲苯（沸程136～139℃）；下层为含1.5%甲酸铅的1mol/L甲酸二甲基苯胺溶液。

2. 电解工艺：温度6～9℃，电流密度18～21A/dm²，pH=6～6.5，时间45min，在有机层阴极转动45min，电解一个周期时间5s。

在大多数情况下，电解一开始不是立刻就沉积出超细铅粉，而是电解5～10min后才沉积出超细铅粉。这一现象具有普遍性。电解开始沉积松散金属粉所需时间和电流密度有关。

把制备的铅有机溶胶，在氮气中煮沸蒸发至接近原始体积的一半，这时杂质水几乎全部脱除，然后将其用天然橡胶的二甲苯溶液进行稳定化处理，加入溶胶体积0.2%～0.3%的橡胶。

从表4-10～表4-12可得出如下结论：

① 含少量甲酸二甲基苯胺的甲酸铅溶液电解可获得最细的稳定的铅有机溶胶。其电流效率也最高。很明显，这是因为阴极上除了发生铅沉积的主要电化学过程外，还发生了甲酸二甲基苯胺的离解。阴极沉积铅的同时甲酸二甲基苯胺在新生铅结晶中心的表面上形成牢固的吸附层，阻碍晶核成长，并具有憎水性，因此超细铅颗粒间结合力很小，比较容易迁移到有机层中。

② 在含甲酸铅的水层中如存在醇（甲醇、乙醇、丙醇）、甘油或葡萄糖则有利于生成超细铅粉，但它们妨碍超细铅粉向有机层中的迁移。这表明，这些表面活性剂使新生超细铅粉表面具有憎液性。水层中存在明胶或淀粉对阴极沉积物铅粉的分散性有不利作用，并且易粘在阴极上，偶尔也有部分落到电解槽底上。

③ 上述研究的表面活性物质中只有不饱和化合物最有效，有利于在超细铅颗粒表面上形成化学吸附层——油酸、苯甲醛、苯甲酰丙酮、乙酰乙酸酯。表面活性物质的偶极矩值不是判断它们对有机层中阴极沉积物铅粉细度和分散性影响的准则。例如，加入偶极矩值比较大（$2.95 \times 10^{-18} \sim 3.95 \times 10^{-18}$）的樟脑或硝基苯，阴极沉积物铅粉在有机层中不能产生分散，而偶极矩值与之相接近的（$2.93 \times 10^{-18} \sim 3.31 \times 10^{-18}$）的苯甲酰丙

酮或乙酰乙酸酯，却可以形成超细稳定的铅有机溶胶。与此同时高分子脂肪酸，尤其油酸也是阴极沉积物铅粉的很好胶溶剂，而它们的偶极矩却非常小。

④ 电流密度对电流效率、阴极沉积物铅粉细度和氧化程度的影响表现出以下特点：

a. 随电流密度提高，电流效率开始急剧增大，经过最大值而逐渐减小至几乎为恒值。

b. 阴极沉积物粒度开始较大，而后介于 54～79nm，且基本与电流密度增大无关。

c. 铅有机溶胶分散相中氧化物含量随电流密度增大初始较大，而后与电流密度关系不大。

阴极材料对电流效率和铅有机溶胶细度有重要影响。采用不同阴极材料（铁、铅、铜、石墨等）电解证明，采用抛光铁阴极电流效率最高，其他阴极材料都使电流效率急剧降低。

4.5 微纳米铁和镍有机溶胶的制备

在筛选制备二甲苯-矿物油和植物油中铁和镍有机溶胶的最佳工艺条件时发现，这些阴极沉积物金属既有共性又有各自的特点。分析上述金属的极化曲线发现，它们阴极沉积时的阴极极化较高，且随电解温度降低而提高。由于随着阴极沉积金属，同时还析氢，这样它们非常容易生成氢氧化物。

因此，电解时阴极区 pH 值不应超过 4.0～4.5，同时要添加不同的添加剂，将金属氢氧化物溶解掉。这些添加剂通常吸附在金属结晶粒子的表面上，非常有利于形成超细黑色松散的金属粉。但是，该条件下生成的阴极沉积物却不总能在碳氢化合物介质中分散。所以，为了获得有机溶胶电解时一定不能生成大量的氢氧化物。并且铁和镍氢氧化物生成和它们在阴极上共沉积时，不能让阴极沉积物产生氧化生成氧化膜，很多金属粉是和水中空气的氧或通空气的水介质反应产生氧化的。

还必须注意，阴极沉积物会吸收大量的氢。铁最能吸氢，其次是镍。

筛选电解槽水层组成必须以对如下过程有利为基准：

a. 阴极沉积物必须是纯度高、不氧化的超细铁粉和镍粉；

b. 电解时尽量不生成氢氧化物；

c. 避免阳极产生钝化；

d. 使阴极沉积物金属颗粒表面具有憎水性；

e. 阴极沉积物金属能分散到碳氢化合物介质中。

研究确定，采用铁和镍的氯化物溶液作为电解液，这样电解时阳极就不会产生钝化，又可获得一直不凝聚的阴极沉积物，另外和该金属硫酸盐电解相比，阴极沉积物迁移到有机层也比较容易。

向上述金属氯化物溶液里首先要添加甲酸铵，已经知道该盐能和这种金属氢氧化物发生反应，生成相应的化合物，甲酸根阴离子对超细金属粉迁移到有机层中非常有利。

所有研究的电解槽液组成为 20.0～20.2g/L 的铁和镍的硫酸盐或其氯化物。该浓度或接近该浓度的镍盐溶液，可在极限电流密度下电解生成金属粉，电流效率也最高。

电解槽水层组成列在表 4-13，电解时电解槽用通冰水冷却器进行冷却，控制温度为 9～14℃。阳极是相互连接垂直放置的金属板，阴极是铁制水平转动的圆盘。有机铁溶胶生产工艺示于图 4-12。

表 4-13 制备镍和铁有机溶胶电解槽水层的组成

编号	水层组成/(g/L)
1	硫酸镍 20.0,硫酸铵 20.0,氯化钠 10.0
2	硫酸镍 20.0,硼酸 20.0,硫酸铵 20.0
3	硫酸镍 20.0,硼酸 20.0,酒石酸钾钠 14.0,硫酸铵 20.0
4	氯化镍 20.2,甲酸铵 2.4
5	氯化镍 20.2,酒石酸铵 20.0
6	氯化镍 20.2,氯化铵 20.0
7	氯化镍 20.2,甲酸铵 5.82
8	氯化镍 20.2,甲酸二甲基苯胺 6.9
9	氯化镍 20.2,甲酸 α-萘胺 7.93
10	氯化镍 20.2,甲酸 β-萘胺 7.93
11	氯化镍 20.2,甲酸二苯胺 8.9
12	氯化镍 20.2,氯化铵 20.0,甲酸酐 5.0
13	氯化镍 20.2,氯化铵 20.0,苯甲醛 10.0
14	甲酸镍 20.0,甲酸铵 2.4
15	氯化铵 20.0,氯化铁 20.0
16	氯化铁 20.0

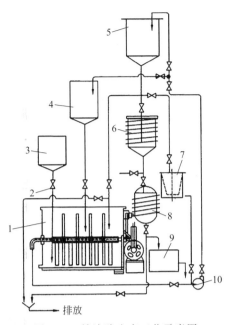

图 4-12 铁溶胶生产工艺示意图

1—电解槽；2—玻璃视窗；3—储液罐；4—分散介质储罐；5—溶胶罐；
6—溶胶脱水罐；7—离心机；8—真空干燥箱；9—成品储存罐；10—泵

该电解槽核心是由多个圆盘组成的阴极，电解槽 1 中装浓度为 2%～3% $FeCl_2$ 溶液，生产时要控制其液面高度。电解液下是 10cm 厚的有机分散相的分散介质，装在储罐 4 里，电解过程中要不断检测有机层中的铁含量，当有机层铁含量达到 5%～7% 时，就要打开泵 10 把它输送到离心机 7，离心后放到溶胶罐 5 中，用蒸馏水洗涤除掉电解质杂质，洗涤效果由 pH 值和 Cl^- 含量来控制。把洗涤后的有机溶胶倒入溶胶脱水罐 6 中，电加热至<50℃，进行脱水。要细心把下面水层和上面有机层分开，倾倒出的污水放入污水管道。脱水有机溶胶在真空干燥箱 8 中做最后干燥，制备好的有机溶胶放到成品储存罐 9 中，经过两次筛分除掉粗粒子，最终产品采用 10L 容器密封包装。

电解时要定期控制电流强度、槽压和介质的酸度。当存在络合剂铵盐时，根据槽液组成控制 pH 值等于 4～6。

依据电解时水平旋转阴极沉入水层 3mm 深的那部分面积来计算电流密度。这时阴极供给金属离子放电的面积为 4.54cm²。电流密度通过控制水层-有机层界面的位置，用变压器来进行控制。有时还要控制电流效率。每次电解槽电解 3h。每个试验结束后都要计算每次试验的电流密度和电流效率。

因此，此试验装置工作时，阴极表面不断更新，电流密度却几乎在整个电解期间没有改变，处于某个恒定值。

有机层为含 0.01mol 油酸的二甲苯溶液。电解停止，把锥形的多孔膜和阴极电解液一起从电解槽取出，放到玻璃杯中，使阴极液体和阳极脱开，并且把水用衬滤纸的锥形过滤膜进行过滤，剩下的便是镍和铁的有机溶胶。

把上述制备的有机溶胶放置 2～3min 后，例入蒸馏瓶中，煮沸蒸发至接近原体积一半，这和铅溶胶脱水一样，把几乎全部的水都除掉了。有时，溶胶还要用煅烧的无水硫酸钠进行辅助处理，进一步脱水。脱水后有机溶胶再用橡胶进行稳定化处理，橡胶在溶胶中的含量不超过 0.1%～0.3%。

多次试验证明，从有机溶胶分离出来留在滤纸上的沉积物，主要是在水层和有机层中均不能分散的絮状胶体细度的颗粒，生成这种絮状物的原因是颗粒表面上不仅吸附了水或其他亲水分子，也吸附了有机分子，因此，这些颗粒表面对水层和有机层均具有憎液性质。

为了使这种絮状物能在有机层中分散而形成稳定的有机溶胶，必须进行彻底脱水，除掉表面上吸附的亲水物质。

如果脱附处理困难，那就必须选择合适的化学试剂，改变这种分子的性质使之形成新的疏水化合物。根据这一想法，用丙酮对上述絮状物进行脱水，然后进行真空干燥，最后浸泡在含 0.1%～0.3% 橡胶的油酸二甲苯溶液中。用超倍显微镜测量所制有机溶胶的细度。根据溶胶分散界面在离心力场中向底部的移动速度来判断其稳定性。为此，采用 4000～4500r/min 的离心机进行离心处理。测量电流效率和前述一样采用银库仑计。

铁总含量用重量法测定，镍的总含量用电分析方法测定。此外，还可以采用二甲基乙二肟沉淀镍的重量法测定镍含量。

对表 4-13 镍盐电解液的研究得出，最有效也是理想的制备镍溶胶的水层组成是含氯化铵（编号 6）或含甲酸铵的（编号 4）的氯化镍溶液和含甲酸铵的甲酸镍溶液（编号 14）。这些溶液生成超细镍电流效率也最高，并且能全部直接转移到二甲苯中，这样就不用再用丙酮脱水和真空干燥，这时制备的镍有机溶胶也最细。

含甲酸二甲基苯胺的氯化镍溶液（编号 8）电解也可以制得超细镍粉，

但是其缺点是电流效率低，仅为29%。取代铵离子，用甲酸盐的氯化镍溶液制备细镍粉，电流效率低，又必须用丙酮脱水和真空干燥，获得的镍粉比较粗，实用价值不大。

制备铁有机溶胶最合适的槽液水层组成，可以采用纯氯化铁溶液或含氯化铵的氯化铁溶液。制备超细电解铁粉最佳电解液，则要采用氯化铁加氯化铵的溶液。加入氯化铵后电解过程稳定，对阴极表面状态、电流密度、电压和温度的波动不敏感。最合适的溶液为1L溶液含30g氯化铁和30g氯化铵。铁浓度再高就会形成粗大的难以分散的铁粉。

我们确定，制备超细铁粉，又能使其容易分散到有机层中的最合适电解液是氯化铁含量不高于20g/L的溶液。这时阴极沉积物很快就能转移到有机层中，形成铁的有机溶胶。

必须指出，电解时溶液pH值不能超过5，高于5时，阴极表面易覆盖一层氢氧化物膜。

为了搞清楚碳氢化合物介质对超细铁有机溶胶稳定性和电流效率的影响，研究了含0.01mol油酸的苯、甲苯、二甲苯、白凡士林和辛醇的影响，其余电解条件均相同，记录电解停止瞬间阴极沉积物所处状态并计算电流效率。把有机溶胶装在没加稳定剂的玻璃管中，高11cm，密闭保存，记录有机溶胶分散相完全沉底的时间，用来判断稳定性。

表4-14的结果证明，采用芳香族碳氢化合物，尤其是二甲苯和甲苯作为分散介质制备的有机溶胶最稳定。采用脂肪烃作为分散介质，则形成粗粉，并且电流效率也大大降低。采用辛醇作为分散介质，电流效率等于零。

表4-14 分散介质对有机溶胶的影响

有机胶分散介质	电解停止时阴极沉积物所处状态	细度/nm	电流效率/%
苯	大部分停在界面处,部分分散在有机层中	110~120	31.9
甲苯	完全分散在有机层中	93~100	56.54
二甲苯(沸程136~139℃)	完全分散在有机层中	70~86	62.30
凡士林(医用)	大部分停在界面处,部分分散在有机层中	127~144	29.7
正辛醇	停在界面处	—	—

注：1. 上层为含0.01mol油酸的溶液，下层为含2% FeCl$_3$的水溶液。

2. 电解制度：温度3~9℃，电流效率18~21A/dm^2，pH=6，时间60min，阴极转速200~250r/min。

可见，外来原子和原子团与芳香族碳氢化合物，尤其是甲苯和二甲苯的苯环间存在加成反应倾向，有助于它们和金属颗粒表面吸附层相互作用，提高金属颗粒对芳香族碳氢化合物介质的亲液性和多相聚集的稳定性。

分散介质黏度对其生成的有机溶胶细度没有根本影响。例如凡士林黏度比甲苯、二甲苯高很多，但是在甲苯和二甲苯中形成的溶胶又细又稳定，电流效率也较高。碳氢化合物的介电常数值对铁有机溶胶的细度和稳定性的影响并未反映出来。

电流密度对阴极沉积镍电流效率的影响，在阴极电流密度为 $200\sim250A/m^2$ 时开始产生镍粉，在电流密度为 $500A/m^2$ 时电流效率达最大，为 65%。这时，镍粉的纯度却非常高，达到 $99.5\%\sim99.8\%$。其细度随电流效率增大急剧增大，平均粒度为 $40\sim60\mu m$。

镍粉细度随电流密度增大规律性地增大，在低电流密度时成粉的同时也产生氢。随电流密度增大，析氢增加，开始析氢对镍粉沉积非常有利，进一步的析氢反而急剧降低了镍粉的产量。

表 4-15 列出了提高电流密度对电流效率和镍粉细度的影响。可以看出，随阴极电流密度增大，镍有机溶胶分散相生成的电流效率开始急剧增大，而后缓慢下降。细度看起来似乎也是达到极值后逐渐趋于一定范围，这时与电流密度升高几乎没有关系。

表 4-15　阴极电流密度提高对镍有机溶胶分散相细度和电流效率的影响

电流密度/(A/dm²)	生成镍分散相电流效率/%	平均粒径/nm
1	0	—
3	9	171~180
6	19.5	126~135
9	34.2	106~117
12	54.9	70~83
18	51.3	69~75
27	46.6	71~80
36	40.5	79~87
40	39.0	—
50	33.0	—
60	30.0	63~85
75	29.7	—

注：1. 电解槽组成：上层为含 0.01mol 油酸的二甲苯溶液，下层为 20g/L $NiCl_2$，20g/L NH_4Cl。
2. 电解制度：6~9℃，pH=5.4，时间 60min，阴极转速 200~250r/min。

各种因素对铁有机溶胶分散相形成的影响如下：

（1）温度影响

在低温（2~12℃）条件下阴极沉积物为彼此完全紧密的小颗粒聚集体，呈致密的有时带孔的结构。在25~54℃条件下形成非常松散的聚集体，由杂乱无章的小树枝组成。温度较高，铁有机溶胶分散相颗粒生成瞬间表面氧化严重，生成了氧化膜，非常有利于产生松散的聚集体。

（2）电流密度的影响

在3% $FeCl_3$溶液中，通以1.8~8.6A/dm^2低电流密度生成较大的颗粒，其结构为不定形粗枝晶。随电流密度增大（从14.4A/dm^2升至57.6A/dm^2），阴极极化增大，产生大量小颗粒。在较高$FeCl_3$含量（5%）时，情况与此相似，但是颗粒结构随电流密度增大的变化不大，甚至在12~24A/dm^2下几乎看不出变化。

（3）氯化铁含量的影响

在1%~2%$FeCl_3$溶液中形成非常松散的细树枝晶聚集体。在较高含量（6%~18%）时则生成无定形粗大树枝晶。如果此时溶液中加入少量碱性盐，在稀$FeCl_3$溶液中会经常发生水解，这非常有利于形成非常松散的细树枝晶聚集体。

（4）有机层的影响

在含0.25%橡胶+0.5%油酸的甲苯溶液中，阴极沉积物可形成非常松散的聚集体，主要由无序细树枝晶组成，这是因为在有机层中存在橡胶，使每个细树枝晶表面吸附一层橡胶而阻碍它们进一步聚集成大聚集体。在没有橡胶只有油酸时，形成的是无序细树枝晶的海绵状聚集体，呈海绵组织。有趣的是不加油酸而仅有橡胶，则只形成粗大的无定形颗粒的聚集体，其颗粒有很明确的边界。油酸和橡胶共同存在下对铁有机溶胶分散相颗粒聚集体的作用，主要表现为油酸吸附后新生细树枝晶表面出现强烈的疏水作用，这自然非常利于被小分子橡胶溶剂化而防止它们相互聚集。

试验证明，有机层介质性质对分散相颗粒结构没有重要影响。在丙酮-乙酸乙酯中制备的铁分散相是一个例外。在该情况下，松散的聚集体是由非常细的颗粒组成，这主要是因为丙酮-乙酸乙酯和新生细树枝晶表面上铁氧化膜产生络合反应。在下层水中加入甲醇也有利于生成无序细树枝晶组成的松散的聚集体。

$C_4 \sim C_{15}$ 的饱和脂肪酸对上述颗粒结构没影响，只有油酸可以完全阻止树枝晶形成过程而生成超细粉。

（5）阴极材料的影响

采用铜、汞或石墨阴极都可以生成非常松散的超细铁粉。采用镍阴极或抛光铁阴极，在铁分散阶段会形成较粗粒子的聚集体。

（6）阴极转速的影响

随阴极转速提高（48～300r/min），树枝晶沉积大大减轻。在转速为240～300r/min 时沉积物是不定形粒子无序分布构成的松散聚集体。

（7）pH 值的影响

在强酸性介质（pH＜2.5）中形成粗大的阴极沉积物。在 pH＝2～2.6 时形成树枝形细颗粒。在较高 pH 值时可形成非常细小的无定形颗粒。

从上述的研究可以得出，制备能在有机层介质中均匀分散的稳定微纳米铁溶胶的最佳条件如下：

① 电解温度 20～25℃；

② 阴极电流密度 20～30A/dm²；

③ 电解槽下部水层为 1％～3％FeCl₃溶液；

④ pH＝2.5～3；

⑤ 电解槽上部有机层为：a. 含 0.25％天然橡胶＋0.5％油酸的二甲苯溶液；b. 含 0.5％油酸的二甲苯或乙酸异丁酯；

⑥ 水平旋转阴极材料采用铜、黄铜或石墨；

⑦ 阴极转速 75～140r/min。

4.6 电解法制备合金溶胶

4.6.1 电解制备合金溶胶的原理

大家知道，在一个阴极上若想同时沉积出不同金属的根本条件是，不同金属的析出电位彼此间差别要小。并且不同金属阴极共沉积形成合金的最有利条件是阴极极化要足够高。为了提高阴极极化和使不同金属析出电位相接近通常都要向电解液中加入不同的低分子或高分子表面活性物质。

槽液组成对合金沉积过程有重要影响，通常采用相应金属络合物盐溶液。这种溶液有利于使不同金属的平衡电位相近。

沉积合金组分比主要与该电解液电解时每个金属的阴极极化曲线特征和相互分布有关。还必须考虑到，电解法阴极沉积的合金组织和其物化性能与工业上的合金化法有根本区别。合金化法获得的合金组分分布有序，而电解法获得的合金组分是无序的。电流密度、电解液浓度、温度、阴极材料和其他电解工艺对阴极沉积合金组织和形态都有重要影响，这点和单一纯金属析出的情况相似。

除了上述因素外，阴极沉积合金粉还必须考虑工艺制度的影响。采用双层电解槽；金属沉积采用旋转阴极，且保证阴极的表面连续不断地处于钝化状态，这样阴极极化可大大提高，有时达到 $2\sim3V$，在这种情况下，阴极极化后的电位高于许多电正性金属的析出电位，甚至高于典型电负性金属（Zn 等）的析出电位。这就可以保证不同金属在阴极上的共沉积而形成相应合金。在转动阴极表面上电流密度高的地方，金属离子放电速度非常快，足以保证生成超细合金粉，而且颗粒间又不会产生黏结。

表面活性物质吸附在颗粒表面上，也有利于金属粒子从阴极表面上脱离和阻碍它们聚集，也能防止发生氧化。

这就是在双层电解槽中阴极沉积超细合金粉的原理。根据该原理我们制备了 Pb-Sn、Ni-Cr 和 Ni-Fe 合金溶胶。

4.6.2　Pb-Sn 合金溶胶

Pb-Sn 合金具有非常好的耐蚀性、机械性能、高弹性、柔韧性又容易在不同表面涂覆，因此该合金获得广泛应用。

电解沉积 Pb-Sn 合金碰到的困难，主要是两种金属阳离子共存可溶盐溶液的制备，即有机阴离子的选择很难。

现广泛采用的是金属硼氟酸和硅氟酸盐电解液。电解液采用的是苯磺酸盐溶液，有关色酚、二苯胺和明胶表面活性物质对阴极沉积 Pb-Sn 合金的影响的研究表明，向电解液中加入表面活性物质没有困难，可以使 Pb 和 Sn 的析出电位非常接近，且阴极沉积过程具有可逆性，这时的阴极共沉积物常常是无序堆积的粗晶。只有采用碱性槽液，才能制备出超细 Pb-Sn 金属粉。

制备 Pb-Sn 合金溶胶用的是铁制水平旋转阴极，阳极采用 Pb 或 Sn 板，阳极和阴极用陶瓷隔膜隔开。通冷却水控制槽液温度为 $20\sim25℃$。示意装置如图 4-13 所示。

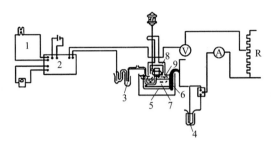

图 4-13　极化测量和合金制备试验示意装置
1—标准电池；2—电位仪；3—甘汞电极；4—库仑计；5—隔离膜；
6—阳极；7—水溶液；8—阴极；9—有机层

电解槽下层的水层是含有亚锡酸盐、锡酸盐和铅酸盐的碱性电解液。用这种电解液很容易制得超细的高分散 Pb-Sn 合金粉，这种电解液与含硼氟酸盐或硅氟酸盐的电解液相比，前者无论是制备方法还是溶胶稳定性均比后者优越。

采用 PbO 和 NaOH 来制备铅酸盐，其配比为 PbO 34g/L、NaOH 100g/L，把 PbO 粉加入热的浓碱液中，一直加热到 PbO 完全溶解，而后再加入所需体积的水。

锡酸盐溶液的制备方法：把 36.2g $SnCl_2 \cdot 2H_2O$ 和 65g NaOH 溶解成 1L 溶液。锡酸盐的溶液制备比较困难，因为在碱性介质中二价锡易被氧化成四价锡。若是采用铅酸盐和四价的锡酸盐的混合液作为电解液，在阴极上沉积出的只有 Pb 粉。为了减少二价锡被氧化，首先应该洗涤除掉 Cl^-，把碱液加入 $SnCl_2 \cdot 2H_2O$ 溶液中直至沉淀完全溶解。此外，为了减轻氧化作用还直接在每升电解液中加入 50mL 40% 的甲醛溶液。

这样非常有利于 Sn 和 Pb 阴极共沉积形成超细合金粉。毫无疑问，阴极沉积出疏松的锡，将大大提高和同时沉积的 Pb 颗粒的掺和。这种现象具有非常大的意义，在研究其他金属形成胶体合金粉过程时要给予特殊的关注。

只有 Sn^{2+} 的存在，才能使阴极沉积出 Pb-Sn 合金粉，每次电解前都要测定原始电解液中 Sn^{2+} 的含量。特别注意，用上述方法制得的铅盐和锡盐溶液要分别存放，需要电解时再按比例混合。

因为电解液中存在游离碱，这给电解槽上层有机层的组成选择造成很多困难，必须注意，电解槽底层的碱性电解液绝对不能导致有机层中表面活性剂产生乳化。

根据金属溶胶分散相亲液原理来选择表面活性剂。

电解槽上层有机层组分选择结果如表 4-16 所示。

表 4-16　表面活性物质的作用

表面活性物质	阴极沉积物所处状态
油酸	形成乳化液,阴极产物不能分散
松香	阴极沉积物不能分散
矿物油	阴极沉积物不能分散
水杨酸戊酯	阴极沉积物不能分散
乙酰丙酮	阴极沉积物不能分散
甲酚	阴极沉积物不能分散
戊基溴	阴极沉积物不能分散
油酸铅	形成乳化液
油酸铅＋丁醇	阴极沉积物分散不好,也不能迁移进上层
油酸铅＋辛醇	阴极沉积物可分散且均衡分布两层中,连续振荡后,全部转入上层中
油酸铅＋异戊醇	形成乳化液
硬脂酸铅＋辛醇	不能分散
环烷酸铅	形成乳化液
环烷酸铅＋辛醇	只有析出铅才能分散开
邻氨基苯甲酸铅＋辛醇	不能分散
油酸锡＋辛醇	阴极沉积物能分散,但不如油酸铅
硬脂酸锡＋辛醇	不能分散
环烷酸锡＋辛醇	不能分散

注：1. 上层为甲苯,下层为 15g/L Pb＋9.2g/L Sn 的水溶液,Pb：Sn（原子比）＝1：1。
　　2. 电解制度：温度 20～24℃,电流强度 1A,槽压 6～7V。表面活性物质含量 0.1%～0.5%。

试验证明：最适合的表面活性物质是含锡或铅油酸盐的辛醇。在阴极上金属沉积瞬间,新生 Pb-Sn 合金胶体颗粒表面上能吸附一层比较牢固的油酸铅。

在这种情况下,辛醇起着非常重要的作用,辛醇分子和油酸铅的亲水基相互作用形成非常疏水的化合物。因此在辛醇中油酸铅的乳化性能比在甲苯中大大降低了,当然,甲苯也没被碱性槽液所乳化。

此外,辛醇和吸附了油酸的铅粒子形成的上述憎水化合物,大大提高了电解时新生胶体 Pb-Sn 合金颗粒表面对上层有机层介质的亲润性,有利于它在甲苯介质中形成溶胶。

特别指出,丁醇也有抗乳化作用,但是在丁醇条件下,阴极沉积物分散不开。

试验确定，油酸铅或锡的最佳含量为 0.2%～0.3%，而不发生乳化又能使阴极沉积物快速分散所需辛醇起始含量为 3%。其余的添加剂未表现出对该过程有同样作用。

Pb-Sn 合金分散相组成和电解槽液组分比及阴极电流密度间的关系示于图 4-14 和图 4-15。

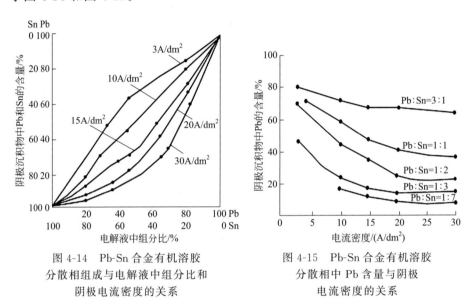

图 4-14 Pb-Sn 合金有机溶胶
分散相组成与电解液中组分比和
阴极电流密度的关系

图 4-15 Pb-Sn 合金有机溶胶
分散相中 Pb 含量与阴极
电流密度的关系

从图中数据得出：随电流密度从 3A/dm² 提高到 30A/dm²，Pb-Sn 合金分散相中 Pb：Sn 比值下降。在 3～10A/dm² 范围时（图 4-14），开始时 Pb：Sn 比值比电解液中 Pb：Sn 比值高，在 10A/dm² 时，彼此相等。在更高电流密度时（10～30A/dm²），分散相中 Pb：Sn 比值要比原始电解液中 Pb：Sn 比值小很多。

从图 4-15 看出，当电流密度为 3～20A/dm² 时，阴极沉积物中 Pb 含量随电流密度提高而逐渐下降；只有电流密度为 10A/dm² 时阴极沉积物中 Pb：Sn 比和电解液中的相当；电流密度低于或高于 10A/dm²，均产生很大的偏离。

温度和阴极材料对 Pb-Sn 合金颗粒形成过程有很大的影响。温度是影响超细金属粉体形成和能否转移到有机层中的决定因素。试验确定，在 10～27℃ 基本上生成单个的细小的非球形的颗粒，在较高温度（35～60℃）则生成树枝状粗大颗粒，因为高于 35℃ 新生颗粒氧化得非常严重。

在颗粒产生的瞬间 Pb-Sn 合金颗粒表面快速出现氧化膜，表面大部分钝化，阻碍了晶核的生成，形成了树枝状新织构。阴极材料的性质和状态对阴极沉积物的性能有决定性的作用。大量的试验证明：阴极沉积结晶大小与阴极材质有关。

采用铅、钢和镍阴极所得的阴极沉积物为粗大的树枝状组织。铜，尤其石墨阴极是最合适的，生成的颗粒是无序的细颗粒。

4.6.3　Ni-Cr 合金溶胶

已经知道，Ni-Cr 合金是高耐热、耐蚀和高电阻合金。该合金在电热、热电偶、电镀工业获得了广泛应用。采用电镀方法制备的耐蚀和装饰性涂层已工业化应用多年。而制备超细 Ni-Cr 合金粉，尤其是胶体细度合金粉对粉末冶金是非常有意义的。可以利用旋转阴极双层电解槽电解法制备出微纳米 Ni-Cr 合金粉，并可形成有机溶胶。

若想阴极共沉积出超细的合金粉又能分散到上层有机层中形成合金溶胶，必须具备以下必要条件：

① 在氯化铬水溶液中，电解时，阴极沉积物为疏松的铬粉。提高电流密度和温度有利于形成松散的阴极沉积物。在电解槽中加入尿素、甘油、硫氰酸铵，可促进铬粉的析出。

② 在电解过程中，要维持三价铬与调节剂之间处于正常状态，表现为紫色或绿色，这与新槽液原始组成无关。

③ 随电解的进行会发生三价铬氧化成六价铬，六价铬含量占电解槽液中铬总含量的 $15\%\sim16\%$。电解过程中，三价铬盐电解槽液组成是很复杂的。

④ 辅助盐的加入对电解过程有重要影响。在这方面 NH_4Cl 有利于生成发光致密的铬，然而，硫氰酸铵具有相反的作用，当硫氰酸铵浓度为 1mol/L 时，阴极沉积物是超细铬粉。

⑤ 阴极电流密度为 15A/dm^2 时在氨槽液中阴极沉积的是镍粉，不含氢氧化物杂质。氨浓度对电流效率无影响。但是，当氨浓度低时，易于生成粗大的镍粒子。

⑥ $NiSO_4$ 溶液中加入氨会使电流效率降低，但却可制得高活性的镍粉。

⑦ 加入硫氰酸铵、酒石酸盐和尿素，有利于形成超细镍粉。特别是酒

石酸盐起着特殊作用，它可以采用较大的电流密度进行电解。

⑧ 提高溶液温度，不利于电解沉积形成超细镍粉，生成的镍粉颗粒粗大且活性低。

⑨ 为了制备超细镍粉，必须采用高电流密度。如果待电解金属离子的迁移率低，电流密度会急剧下降。

从而得出结论：为获取 Ni-Cr 合金粉要采用氨电解槽，电解液组成除含镍盐和三价铬盐外，还必须添加酒石酸铵、硫氰酸铵和游离氨；或者采用含有镍、铬氯化物和氨混合物的电解槽，再添加尿素、酒石酸铵等。这两种电解槽都可以使用。

在这个复杂多元的槽液中，主要形成了络合离子——$Ni(NH_3)_6^{2+}$ 和 $Cr(NH_3)_6^{3+}$，尤其还存在大量游离氨，即 1L 电解液中要加入 25%NH_3 溶液 200mL。也不排除可能生成镍和铬的酒石酸络合离子。在高电流密度下电解时，在阴极沉积 Ni-Cr 合金超细粉的同时，也会生成部分金属氧化物，其又和酒石酸铵反应生成可溶性的金属络合物。

研究上层有机溶液中不同表面活性物质的作用发现：采用含量为 0.25%~0.5% 重金属油酸盐（铅、镍等）的电解液是最合适的。为了避免电解液有机层发生乳化，有机层必须含有 50%（体积分数）的辛醇。

阴极沉积合金粉的组成和电解液中 Ni 和 Cr 原子比及阴极电流密度的关系示于图 4-16、图 4-17。

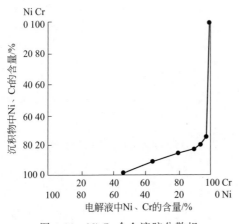

图 4-16 Ni-Cr 合金溶胶分散相组成和电解液组分比的关系

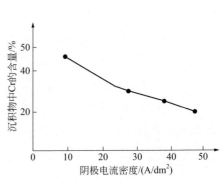

图 4-17 氨槽法制 Ni-Cr 合金溶胶分散相中 Cr 含量与电流密度的关系

结果证明：当电解液中镍和铬原子比接近 1:1 时，阴极才开始沉积合金粉。电解液中铬含量低，则只沉积镍。为了制备正常组成的 Ni-Cr 合金，必须使电解液中 Ni 和 Cr 的原子比介于（1:20）～（1:50）。之所以要让电解液中铬比镍含量高这么多是因为这样才能使两者阴极析出电位接近，有利于形成合金。已知，金属和溶液中离子活度间的关系：

$$E = E_0 + \frac{RT}{nF}\ln a$$

式中，E 为实际电位，E_0 为标准电位，R 为理想气体常数，T 为温度，n 为参加电化学反应交换的电子数，F 为法拉第常数，a 为活度。

可见，溶液中离子浓度越低，阴极析出金属的电位越负。因此，为了使析出电位接近，必须降低电正性金属的浓度，该情况下应降低镍的浓度。

图 4-16 证明，在同一个 Ni:Cr=1:50 的溶液中，阴极沉积物中铬含量随电流密度提高而减小。

试验证明，上述含氨的酒石酸铵电解槽没有获得实际应用，因为电流效率太低，仅为 3%～4%。此外，这种条件下生产的超细粉常因加入硫氰酸盐而导致硫的污染。

进而开发了镍和铬氯化物电解槽液，其组成：尿素 30g/L、NH_4Cl 25g/L，盐酸 10～12g/L，控制槽液 pH=1.4～1.6。上层有机层采用含 0.5% 油酸的甲苯、二甲苯或柴油。其电流效率可达 8%～19%，在工业放大装置上还会有很大提高。该电解法也称为酸性槽法。

Ni-Cr 合金有机溶胶分散相组成与电解液中组分比及阴极电流密度的关系示于图 4-18 和图 4-19。

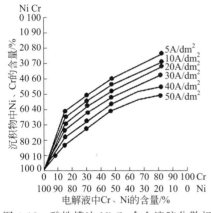

图 4-18　酸性槽法 Ni-Cr 合金溶胶分散相组成与电流密度、电解液组成的关系

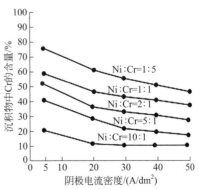

图 4-19　酸性槽法 Ni-Cr 合金溶胶分散相中 Cr 含量与电流密度的关系

结果证明，沉积的超细合金粉中铬含量随着电解液里的铬含量提高而提高，在电解液中铬含量低于50％时，表现得更明显。再进一步提高电解液中铬含量，阴极沉积合金中铬含量不再急剧增加。电流密度的影响是，当电流密度为50A/dm²时，电解液中Cr：Ni比从1：1升到4：1，阴积沉积合金粉中铬含量总共提高5％～6％。相同组分比的电解液，阴极沉积合金粉中的铬含量随电流密度的变化曲线证明：使铬含量降低的电流密度区间为，从5A/dm²增至30A/dm²。电流密度再增大（30～50A/dm²）对阴极沉积物组成没有影响。

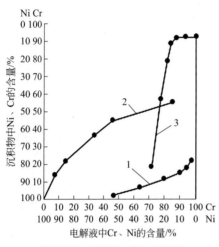

图4-20 氨槽法（1）、酸槽法（2、3）阴极沉积物组成与电解液组成比的关系

在电流密度为30～40A/dm²条件下，阴极沉积物Ni-Cr合金组成随电解液里组成变化而变化的情况示于图4-20。曲线1代表Ni-Cr合金沉积组成与含酒石酸铵电解液组成的关系；曲线2代表添加硫氰酸铵和氯化铵的氯化镍和氯化铬的酸性电解液；曲线3代表平面镀层采用的电解液，含有六价铬和硫酸镍，并添加硼酸。

从这些结果可以看出，制备超细Ni-Cr合金粉采用镍和铬氯化物的电解槽，对改变合金组成和提高电流效率都非常有利。

在不同电流密度下，观察制备的Ni-Cr合金有机溶胶分散相的凝聚体发现，它们是由镍、铬和Ni-Cr合金的小颗粒组成的形状不定的复杂混合物。尽管铬含量差别非常大（1.3％～24.4％），但这些沉积物的颗粒外形彼此差别不大。

很有趣的是，电解液中镍含量和铬含量比例恒定（97.8％Cr和2.2％Ni），即使电流密度变化很大（10～50A/dm²），对阴极沉积物结构也无影响。

阴极材料对合金有机溶胶的颗粒形状和大小没有影响。

随阴极转速提高，阴极沉积合金粉细度大大提高，尤其转速为650～1000r/min时粒度最细。

Ni-Cr合金有机溶胶分散相组成与制备方法的关系列于表4-17。

表 4-17 Ni-Cr 合金有机溶胶分散相组成与制备方法的关系

编号	电解液中 Ni:Cr 组分比	电流密度 /(A/dm²)	分散相组成/%		说明
			Ni	Cr	
1	1:5	40	85.5	14.5	含镍和铬络合盐的酒石酸铵电解槽
2	1:10	40	82.7	17.3	
3	1:50	40	75.6	24.4	
4	10:1	5	82.9	17.1	添加硫氰酸铵和氯化铵的氯化镍和铬的酸性电解槽
5	10:1	20	85.0	15.0	
6	10:1	30	85.6	14.4	
7	10:1	50	80.5	19.5	
8	2:1	10	51.7	48.3	
9	10:1	50	70.8	29.2	
10	1:1	50	58.2	41.8	
11	10:1	50	88.4	11.6	
12	28:1	30	93.0	7.00	

4.6.4 Ni-Fe 合金溶胶

镍和铁的许多物理化学性质非常接近。它们具有相似的原子结构，相同的最外层电子数，相同的晶格类型和差不多的原子半径。因此，Ni-Fe 合金具有有价值的性能。考虑到两种金属电化学性质的相似性和制备耐蚀及装饰涂层的实用价值，采用电解法阴极共沉积技术，使镍和铁形成 Ni-Fe 合金具有很大的理论和实际意义。

电解液下层组成为：25g/L NH₄Cl，38g/L 尿素和 10～12mL/L 浓盐酸，控制 pH＝1.4～1.6，其余为 Ni 和 Fe 的氯化物。上层有机层为含 0.5％油酸的甲苯溶液。

电解液中组分比和电流密度对阴极共沉积超细 Ni-Fe 粉组成的影响示于图 4-21 和图 4-22。

从图 4-21 中可以看出，超细阴极沉积物组成和电解液组成比几乎呈直线关系。这表明两种金属的电化学行为具有相似性。从图 4-22 可以看出，在多数的 Ni-Fe 组成下，阴极电流密度对阴极沉积物 Ni-Fe 合金粉中铁含量影响不大，只有当电解液中 Ni:Fe＝0.45:1 时，才显现出随电流密度加大，铁含量稍有下降的趋势。

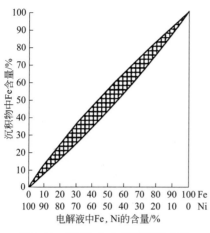

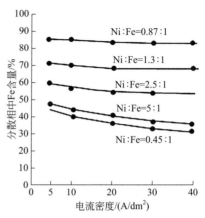

图 4-21　Ni-Fe 合金有机溶胶分散
相组成和电解液组成比的关系

图 4-22　Ni-Fe 合金有机溶胶分散相中
铁含量与电流密度的关系

4.7　浮选法制备微纳米金属有机溶胶

4.7.1　浮选法制备微纳米金属有机溶胶的原理

　　向金属水溶胶里加入不溶于水的有机介质会引起金属水溶胶分散相的凝聚，形成凝聚体，通常把该凝聚体称为凝胶。将凝聚体从水和有机介质里分离出来，经过脱水和真空干燥后获得的干凝聚体叫作脱水凝胶，再用含表面活性剂的有机溶液对脱水凝胶进行胶溶处理，这样可获得均匀分散的稳定的金属有机溶胶，这就是浮选法制备金属有机溶胶的全过程。

　　对于不能采用电解法及其他方法制备有机溶胶的金属如钨、钼、锆、铍等，采用浮选法是最合适的，同时这些金属水溶胶制备技术也不存在重大技术难题，而如何将金属水溶胶转化为金属有机溶胶才是浮选法的核心技术。

4.7.2　微纳米钨、钼和锆有机溶胶的制备

　　(1) W、Mo 和 Zr 水溶胶的制备

　　将 W、Mo 和 Zr 超细粉经过酸洗、碱洗和水洗，除掉杂质，同时使金属粉细度大大提高，再经过离心处理和过滤，这样就可获得希望的 W、Mo 和 Zr 的水溶胶。其分散相组成：W 0.49%～0.76%，Mo 0.54%～0.81%，Zr 0.36%～0.98%。

金属水溶胶对不同电介质如 NaCl、KCl、Na₂SO₄ 等都非常敏感，要防止它们对金属水溶胶的污染。控制金属水溶胶稳定性所需的 pH 值分别是：W 7.3～7.9，Mo 7.1～7.6，Zr 6.9～7.6。可见 pH 值范围很窄，必须严格控制。金属水溶胶对光很敏感，最好密封保存。

（2）W、Mo 和 Zr 水溶胶凝聚体的制备

把 W、Mo 和 Zr 水溶胶进行凝聚处理，采用沸程为 136～140℃的邻二甲苯作为溶剂，可采用的表面活性剂有鞣酸、2-羟基喹啉和苯肼，它们都能与 W、Mo 和 Zr 粒子表面氧化膜相互作用，生成牢固的化学计量固定的表面化合物层，使金属粒子表面具有很强的憎水性。W、Mo 和 Zr 水溶胶的特性及其凝聚行为列于表 4-18。

表 4-18　W、Mo 和 Zr 水溶胶的特性及其凝聚行为

溶胶名称	分散相/%	分散相氧含量/%	完全凝聚所需时间/min			
			二甲苯	含 0.1%表面活性剂的溶液		
				鞣酸	2-羟基喹啉	苯肼
W 水溶胶	0.57	1.1	12	7	—	—
	0.49	1.3	25	3.6	—	—
	0.63	1.8	31	1	—	—
	0.76	2.3	39	1	—	—
Mo 水溶胶	0.54	1.7	18	—	6	—
	0.56	2.4	29	—	2.5	—
	0.42	3.5	—	—	—	—
	0.81	4.6	47	—	1	—
Zr 水溶胶	0.43	1.4	41	—	—	1.5
	0.36	1.9	—	—	—	4
	0.56	2.6	17	—	—	4.6
	0.53	3.3	36	—	—	1.5

从表 4-18 看出，W、Mo 和 Zr 水溶胶分散相里的氧含量对用二甲苯使分散相完全凝聚所需的搅拌时间有重要影响，随分散相里氧含量增加，完全凝聚所需搅拌时间会明显延长。当二甲苯里添加表面活性剂后，完全凝聚所需搅拌时间显著缩短，这表明二甲苯在 W、Mo 和 Zr 粒子表面氧化膜上的润湿性不好。

当二甲苯里加入表面活性剂后，W、Mo 和 Zr 表面氧化膜和表面活性剂相互作用形成一层有机吸附层，使二甲苯的润湿作用大大增强。因此，

若想使金属水溶胶分散相凝聚体胶溶单靠溶剂不行，必须还要添加相应的表面活性物质。

（3）W、Mo 和 Zr 凝聚体的脱水和胶溶

上述过程所制得的金属分散相凝聚体都含有不同量的水分，为了使凝聚体胶溶必须除净凝聚体里残留的水分。所谓胶溶就是将无水的金属分散相凝聚体均匀地分散到某有机介质中形成金属有机溶胶的过程。脱水方法对凝聚体的影响列在表 4-19 中。

表 4-19　脱水方法对凝聚体的影响

脱水方法	脱水凝聚体氧含量/%		
	W	Mo	Zr
130～140℃烘干	2.9	4.2	—
25～30℃氮气流干燥	1.2	1.8	3.1
真空干燥箱＋磷酸酐	0.9	0.7	1.5
先丙酮脱水再在装磷酸酐的真空干燥箱中脱水	0.4	0	1.1

从表 4-19 看出，经 130～140℃烘箱脱水后凝聚体胶溶效果不好，采用磷酸酐真空干燥箱脱水处理的凝聚体胶溶效果较好，而预先用丙酮处理三遍，再用磷酸酐真空干燥箱脱水的凝聚体胶溶效果最好。因为经过三次丙酮洗涤，已将金属粒子表面残留的绝大部分水脱附掉，为二甲苯全面润湿金属粒子表面提供了有利条件，所以这时的凝聚体胶溶效果非常好，并且胶溶的金属粒子还不容易被氧化。

（4）橡胶对金属有机溶胶稳定性的影响

金属有机溶胶的稳定性是金属有机溶胶制备的关键所在，尽管用 30 倍的无水丙酮对金属凝聚体进行了三次脱水处理，又在装有 P_2O_5 的真空干燥箱中进行再次干燥处理，经这样严格脱水的金属凝聚体，采用含鞣酸、2-羟基喹啉和苯肼的二甲苯溶液分别做胶溶处理，所获得的金属有机溶胶都不太稳定。为了提高金属有机溶胶的稳定性，向有机溶胶里引入橡胶对提高有机溶胶稳定性非常有利。许多试验证明，把橡胶和上述一种表面活性剂制成二甲苯溶液，对脱水金属凝聚体进行胶溶处理，所得金属有机溶胶稳定性都有很大提高。但是，使脱水 W、Mo 和 Zr 凝聚体产生胶溶所需的鞣酸、2-羟基喹啉和苯肼的含量很低，仅为 0.01％～0.04％，表面活性剂的含量提高对脱水金属凝聚体的胶溶却没有明显的作用，出现极限

胶溶区。胶溶剂里鞣酸、2-羟基喹啉、苯肼和橡胶含量对脱水金属凝聚体胶溶量的影响示于图 4-23～图 4-28。

从图 4-23～图 4-25 可以看出，在橡胶含量相同条件下，随表面活性剂鞣酸、2-羟基喹啉、苯肼含量增加，脱水金属凝聚体胶溶量也增大，很快达到胶溶量极值，其极值胶溶量并不大。

从图 4-26～图 4-28 同样可以看出，在表面活性剂含量相同条件下，随橡胶含量增加，脱水金属凝聚体胶溶量增大，也具有极值特征，最大胶溶量仅为 0.03%～0.04%。

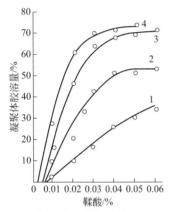

图 4-23　在橡胶含量相同条件下，脱水
W 凝聚体胶溶量和鞣酸含量的关系
橡胶含量：1—0；2—0.01%；
3—0.02%；4—0.03%

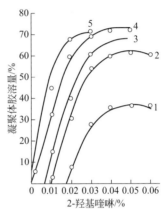

图 4-24　在橡胶含量相同条件下，脱水
Mo 凝聚体胶溶量和 2-羟基喹啉含量的关系
橡胶含量：1—0；2—0.01%；3—0.02%；
4—0.03%；5—0.04%

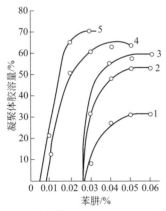

图 4-25　在橡胶含量相同条件下，脱水
Zr 凝聚体胶溶量和苯肼含量的关系
橡胶含量：1—0；2—0.01%；3—0.02%；
4—0.03%；5—0.04%

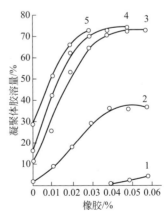

图 4-26　在鞣酸含量相同条件下，脱水
W 凝聚体胶溶量随橡胶浓度的变化
鞣酸含量：1—0；2—0.01%；3—0.02%；
4—0.03%；5—0.04%

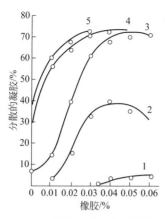
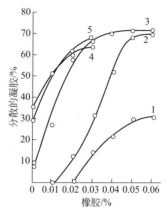

图 4-27　在 2-羟基喹啉含量相同条件下，
脱水 Mo 凝聚体胶溶量随橡胶浓度的变化
2-羟基喹啉含量：1—0；2—0.01%；
3—0.02%；4—0.03%；5—0.04%

图 4-28　在苯肼含量相同条件下，脱水
Zr 凝聚体胶溶量随橡胶浓度的变化
苯肼含量：1—0.01%；2—0.02%；
3—0.03%；4—0.04%；5—0.05%

试验证明，不加橡胶，只加表面活性剂鞣酸、2-羟基喹啉或苯肼都能使脱水金属凝聚体产生胶溶；但不加表面活性剂，单加橡胶却不能使脱水金属凝聚体产生胶溶。同时添加橡胶和表面活性剂则胶溶效果最好，例如，加入 0.01% 橡胶和 0.03% 鞣酸、2-羟基喹啉或苯肼的胶溶液比没加橡胶只加 0.03% 表面活性剂的胶溶液的胶溶效果有很大提高，前者使脱水 W 凝聚体胶溶量提高 2.1 倍，脱水 Mo 凝聚体胶溶量提高 2.7 倍，脱水 Zr 凝聚体胶溶量提高 3.6 倍。

可见，在加表面活性剂鞣酸、2-羟基喹啉、苯肼的二甲苯胶溶液中加入一定量橡胶对脱水金属凝聚体胶溶非常有利，而不加表面活性剂只加橡胶的溶液对脱水金属凝聚体胶溶一点作用没有，说明橡胶是金属有机溶胶的良好稳定剂。W、Mo 和 Zr 金属粒子表面和表面活性剂鞣酸、2-羟基喹啉、苯肼相互作用生成吸附层，橡胶则能有效阻止这些粒子的聚集，自然会使脱水金属凝聚体胶溶量增大，而橡胶和 W、Mo 和 Zr 金属粒子表面的吸附作用太弱。另外从试验得出，等量 W、Mo 和 Zr 脱水凝聚体胶溶所耗胶溶剂量相差不大，几乎具有相同的三角形，说明它们的极限胶溶区差不多是一样的。例如，当橡胶含量同为 0.04% 时，W、Mo 和 Zr 脱水凝聚体产生胶溶所需的最低表面活性剂鞣酸、2-羟基喹啉和苯肼的加入量均是 0.02%。

（5）温度对 W、Mo 和 Zr 脱水凝胶胶溶的影响

采用含有 0.05% 橡胶和 0.03% 鞣酸、2-羟基喹啉、苯肼的二甲苯溶液

对相同量 W、Mo、Zr 脱水凝胶在不同温下进行胶溶处理，结果列于表4-20。

表 4-20　不同温度下 W、Mo 和 Zr 脱水凝胶胶溶效果

温度/℃	脱水凝胶胶溶量/%		
	W	Mo	Zr
6	41.4	12.6	16.7
12	57.6	36.9	—
20	71.1	69.3	70.2
30	72.9	73.1	63.9
50	60.3	67.5	47.3
70	35.7	32.4	29.1
90	31.5	27.3	19.9
110	7.2	3.6	0
136	0	0	0

从表里看出，在 20～30℃ 脱水凝胶胶溶效果最好，在较低或较高温度下，胶溶作用均减弱，尤其 Mo 和 Zr 受温度影响更敏感。温度低，表面活性剂和金属粒子表面氧化膜相互作用力就低，使得脱水金属凝聚体的胶溶效率大大降低。另外，温度低还使得胶溶剂黏度增大，也必然使胶溶效率降低。若是温度高于 90℃，胶体金属粒子表面上表面活性剂吸附层的附着强度下降，导致脱水金属凝胶胶溶效果急剧下降。

（6）W、Mo 和 Zr 有机溶胶的细度

细度是浮选法制备金属有机溶胶的重要指标。电子显微镜检查证明，W、Mo 和 Zr 有机溶胶细度和原始金属水溶胶细度基本一样，只有在特殊情况下会更细些（见表4-21）。

表 4-21　W、Mo 和 Zr 有机溶胶细度

有机溶胶	胶体粒子细度/nm	
	原始水溶胶	有机溶胶
W	81～109	98～108
Mo	73～127	103～130
Zr	65～134	84～141

浮选法制备的 W、Mo 和 Zr 有机溶胶对白光非常敏感，在太阳光下存

放稳定性急剧减弱，而在黑暗中存放 36～45d 也没有产生凝聚。

电子显微镜检查发现：在纯二甲苯和含表面活性剂 0.06％鞣酸、2-羟基喹啉的二甲苯溶液里，W、Mo 有机溶胶细度基本一样，平均粒径约为 45～65nm。因此可以说鞣酸和 2-羟基喹啉对 W 和 Mo 有机溶胶分散相没有影响，它的作用只是使分散相粒子表面对烃溶剂的润湿性更好。但是 W、Mo 有机溶胶里引入橡胶则对分散相细度和粒子间作用产生一定影响，当橡胶含量<0.1％时，胶体粒子呈松散无序的分散状态；当橡胶含量为 0.75％时，W 胶体粒子呈链式排列，但粒子间都存在一定间距。

在含 0.01％～0.1％乙基纤维素的苯溶液里，乙基纤维素对胶体金属粒子细度和凝胶过程没有影响，只有在含 1.48％乙基纤维素的苯溶液里发现 W 粒子呈链式分布。在含 0.01％～0.1％明胶水溶液里，W、Mo 水溶胶金属粒子呈链式分布。

这里需特别指出，浮选法制备的水溶胶和其相应有机溶胶里胶体金属粒子细度基本是一样的。

4.7.3　微纳米铍有机溶胶的制备

采用金属钠还原无水氯化铍制取超细铍粉和铍粒子有机溶胶的制备工艺如下：在铁坩埚内按氯化铍：钠屑＝38：21（质量比）快速混合，用石棉盖严坩埚，加热至反应温度，反应过程很快并放出大量的热，反应终了，把坩埚控制在氯气流中缓慢冷却。随后用乙醇、5％NH_4Cl、蒸馏水、3％HAc 重复进行处理，最后用蒸馏水洗涤获得铍水溶胶。将制得的铍溶胶和含 0.1％苯酰丙酮或 0.1％油酸的甲苯溶液按比例混合、搅拌，制得铍水溶胶凝胶，细心地倒掉水层，再加入无水硫酸钠并搅拌 2h，获得脱水铍凝胶。最后用含 1.5％～2％天然橡胶的甲苯溶液进行胶溶处理制得铍有机溶胶。天然橡胶含量不大于有机溶胶质量的 0.3％。这样制备的铍有机溶胶细度通常为 85～135nm，必须在黑暗环境中存放。

4.7.4　微纳米彩色银有机溶胶的制备

银水溶胶在透射光中呈现不同颜色，细度不同，颜色也不一样。

已经知道，浮选法制备的金属有机溶胶细度和原始金属水溶胶细度差别不大。因此，采用浮选法制备的不同颜色的银水溶胶转化为银有机溶胶后，也应具有不同的颜色，还会有过渡色。

制备彩色银有机溶胶的方法如下：采用柠檬酸钠作为稳定剂，用对苯二酚还原硝酸银制备银水溶胶，再把银水溶胶用含 0.2mol/L 2-羟基喹啉的甲苯溶液在搅拌下进行凝胶处理，用丙酮脱水获得脱水银凝胶，进而在含 0.3％天然橡胶的 0.01mol/L 2-羟基喹啉的甲苯溶液里对脱水银凝胶进行充分胶溶处理，获得银有机溶胶。原始配料对银水溶胶和有机溶胶颜色的影响列在表 4-22 中。

表 4-22　银溶胶颜色随 0.01mol/L AgNO₃所加还原剂量的变化

原料溶液加入量/mL		水溶胶颜色	有机溶胶颜色
0.01mol/L 对苯二酚	0.01mol/L 柠檬酸钠		
14	8	浅黄	—
20	55	浅黄	黄色
27	40	黄色	橙黄色
39	28	橙黄色	橙黄色
50	20	红色	红色
70	14	红色	红色
100	10	紫色	蓝色
140	7	紫色	蓝色
200	5	蓝色	—
280	3	蓝色	—

这说明浮选法确实可以制出彩色银有机溶胶，且和银水溶胶彩色基本一样，也表明银有机溶胶粒子细度和银水溶胶一样。紫色水溶胶表明银粒子变粗，用它制成的银有机溶胶呈蓝色。不同粒径银溶胶具有不同的颜色，银粒子粒径和其溶胶颜色关系如表 4-23 所示。

表 4-23　银粒子粒径和其溶胶颜色的关系

银粒子粒径/nm	透色光	侧面光
10～20	黄色	蓝色
25～35	红色	暗绿色
35～45	红紫色	绿色
50～60	蓝紫色	黄色
70～80	蓝色	棕红色

4.7.5 微纳米铋有机溶胶的制备

铋有剧毒，但它是一种有着广泛医学应用的杀菌剂。微纳米铋有机溶胶制备方法如下：

① 向硝酸铋溶液通氨气或加氨水，生成氢氧化铋沉淀；

② 用蒸馏水细致洗涤，除净 NH_4NO_3，再加入 4%～6% 的 40% NaOH 溶液；

③ 向悬浮乳液里加入 $Bi(OH)_3$ 总量 10% 的 30% 柠檬酸钠溶液，进行搅拌，室温静置 72h，使悬浮状态氢氧化铋全部分散开，形成触变性凝胶；

④ 接着在 70～80℃水浴上加热，在封闭搅拌条件下，缓慢加入 30% 甲醛溶液，甲醛加入量是使 $Bi(OH)_3$ 完全还原化学计量值所需甲醛量的两倍，加完甲醛后继续加热 3～4h，直至氢氧化铋全部变成黑色，说明氢氧化铋被甲醛还原生成金属铋的过程已全部完成；

⑤ 用蒸馏水充分洗涤至中性，使凝胶铋完全分散成铋水溶胶；

⑥ 向制得的铋水溶胶里加入必要量的含 0.1% 油酸的苯溶液，进行凝胶处理，要进行充分搅拌，使铋水溶胶分散相铋粒子具有疏水性，以便在铋水溶胶和苯溶液界面处富集成铋凝胶；

⑦ 细心地将铋凝胶从水和苯界面处分离出来，然后用无水丙酮脱水，最后在真空干燥箱里脱除残余的水，获得脱水铋凝胶；

⑧ 把脱水铋凝胶投入含 2-羟基喹啉的凡士林或鱼油中，经充分分散制成铋有机溶胶。

大量实践证明，铋水溶胶制备的最佳条件有以下几点：

① 氢氧化铋用氨沉淀后，不用水洗，可直接用甲醛还原，这样不仅节约大量蒸馏水，缩短了生产周期，又避免氢氧化铋的流失。

② 氢氧化铋用甲醛还原可在室温下进行，不仅节能又能避免 70～90℃加热造成甲醛挥发损耗。

③ 氢氧化铋洗涤后，一定要加柠檬酸钠进行分散，这样可大大缩短生产流程。这些情况从下面试验中得到充分验证（见表 4-24）。

表 4-24　不同工况条件下铋水溶胶蒸馏水洗涤效果

$Bi(OH)_3$ 还原特征	柠檬酸钠分散		不用柠檬酸钠分散		不洗不分散	
还原温度	18～23℃	70～90℃	18～23℃	70～90℃	18～23℃	70～90℃

Bi(OH)₃还原特征	柠檬酸钠分散		不用柠檬酸钠分散		不洗不分散	
完全还原所需时间	20～25h	2～3 min	24～36 h	6～10 min	15d 未还原	6h 未还原
蒸馏水洗涤次数对凝胶转为溶胶的影响	洗 11～12 次转为溶胶	洗 7～9 次(18～25℃)转为溶胶	不生成溶胶	不生成溶胶	—	—

表 4-24 试验结果说明，生产中应该对以下因素进行控制：

① 必须把氢氧化铋沉淀中的硝酸铵和氯化铵洗涤干净，否则，不管在低温还是在沸腾水浴上加热，不管加还是不加柠檬酸钠，氢氧化铋和甲醛都不可能发生还原反应。

② 氢氧化铋还原过程随温度而变化。在 70～90℃ 条件下，加入甲醛还原反应很快，在室温还原过程很慢，一般还原时间长达 24～30h。在沸腾加热的条件下，不仅还原时间短，而且制得的铋凝胶分散性也好，用蒸馏水洗 7～9 次就形成了铋水溶胶。另外氢氧化铋洗涤后必须加分散剂柠檬酸钠，不加柠檬酸钠不管在室温还是加热到 70～90℃，还原生成的铋凝胶都不能转化为铋水溶胶。

③ 在加甲醛之前，需要预先把氢氧化铋进行充分分散，这不仅对生成超细铋凝胶非常有利，而且对把铋凝胶转化为铋水溶胶也很有利。

④ 生产中可采用糖二酸钠取代柠檬酸纳，可大大加快氢氧化铋的还原速度。

利用上述生产工艺可一次生产几十千克能分散到凡士林或鱼油中的铋有机溶胶。铋有机溶胶工业放大生产流程示于图 4-29。

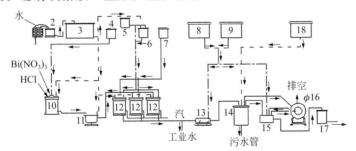

图 4-29 铋有机溶胶工业放大生产流程图

1—水箱；2—混合槽；3—Bi(NO₃)₃ 储罐；4—盐酸储罐；5—NaOH 溶液；
6—柠檬酸钠溶液；7—甲醛罐；8—鱼油罐；9—凡士林罐；10，12—搪瓷罐；
11—离心机；13—高速搅拌机；14—沉淀池；15—研磨机；16—抽风机；
17—废液罐；18—无水丙酮

现将铋有机溶胶工业放大生产流程简述如下：

① 在 250～300L 搪瓷罐（10）中加入 30kg $Bi(NO_3)_3$，150L 蒸馏水，开动搅拌机进行搅拌，在搅拌下逐渐滴加浓盐溶液，直至氢氧化铋完全溶解，生成 $Bi(OH)_3$；

② 在不停搅拌条件下，向 10 里逐渐加入 25%～26% 浓氨水，使 $Bi(OH)_3$ 完全沉淀析出；

③ 停止搅拌，把 $Bi(OH)_3$ 悬浮液倒入离心机（11）里，用蒸馏水进行洗涤，彻底除掉硝酸铵和氯化铵；

④ 把洗涤完的 $Bi(OH)_3$ 全部倒进 200～250L 搪瓷罐（12）里，然后加入 40%NaOH 溶液，NaOH 加入量占干燥的纯 $Bi(OH)_3$ 总量的 5%～6%，再加入 1kg 无水柠檬酸钠或 1.5～2kg 果糖二磷酸钠，经强烈搅拌后，静置 3d；

⑤ 3d 后再加入 30% 甲醛溶液，甲醛加入量等于 $Bi(OH)_3$ 还原所需化学计量甲醛量的 2 倍，加完甲醛后还要搅拌分散，再加盖封桶，直接通蒸汽升温至 70～90℃，要控制反应期溶液 pH 介于 9～10 之间，必要时定期加浓碱溶液；

⑥ 反应完后把制得的超细铋凝胶用蒸馏水洗至中性，转化为铋水溶胶；

⑦ 把铋水溶胶倒入高速搅拌机（13）里，接着加入含 0.1% 油酸的凡士林或鱼油溶液，加入量为铋水溶胶体积的 10%，然后进行强烈搅拌；

⑧ 随时取样放在量筒里观察，若是筒底部的溶液透明，即判定凝胶处理结束，停止搅拌，将其倒入沉淀池（14）里，完全沉淀后把凝胶与水层细心分离。

根据对产品的需求再采用如下工艺处理：

① 把铋凝胶放在研磨机（15）里，加入含 0.1% 油酸的鱼油或凡士林溶液（加入量为凝胶质量的 10%），进行研磨分散，接着在 50～60℃ 真空干燥箱中脱水完全。

② 把铋凝胶用其 10 倍质量的无水丙酮洗涤三次，然后在常温真空干燥箱中再进行脱水，获得的脱水铋凝胶放到研磨机（15）中，再加入凡士林或鱼油调整到所要求的浓度，经充分研磨分散即成为产品。

因为生产中使用氨水和甲醛溶液，应备有良好的通风装置。

该工艺生产的铋有机溶胶细度为 75～150nm。

据多次生产核算，生产 1t 铋有机溶胶分散相的原料消耗列于表 4-25。

表 4-25　生产 1t 铋有机溶胶分散相的原料消耗

原料	消耗量/t	原料	消耗量/t
Bi(OH)$_3$(结晶)	1.2	果糖二磷酸钠	0.12
盐酸(相对密度 1.19,无砷)	3.0	30%甲醛	1.0
30%氨水(或氨气)	6.0(1.2)	凡士林(或鱼油)	0.5
NaOH	2.0	油酸	0.05～0.1

4.8　有机介质里置换法制备微纳米金属溶胶

置换法制备金属溶胶就是用电负性金属有机溶胶或超细粉把电正性金属从其以络合物形式存在的有机介质里置换出来。本章以微纳米铜有机溶胶的制备为例进行阐述。

置换法制备微纳米铜有机溶胶就是在非水介质里的 CuCl$_2$ 和超细锌粉反应置换出胶体铜。非水介质选择丙酮-戊醇-甲苯三元体系，选择这种非水体系的原因是：①无水 CuCl$_2$ 易溶解在丙酮里生成络合物；②戊醇能吸附在铜粒子表面上防止它被氧化；③甲苯是良好的分散剂，最适宜制备稳定的铜有机溶胶。

铜的细度主要取决于置换反应动力学，即铜的成核速度和晶核成长速度，主要影响因素有介质组成、铜/锌原子比、介质里 CuCl$_2$ 浓度、锌的细度、反应温度、表面活性剂等。

(1) 介质组成的影响

试验证明，在纯丙酮和纯戊醇中置换出的铜是粗粉，而在 10％戊醇＋10％甲苯＋80％丙酮介质里置换出的铜粉最细；若是提高戊醇含量铜粉细度要降低；若是向混合介质里加入少量表面活性剂油酸或鞣酸，则置换出的铜粉会更细，而鞣酸对增大铜粉的细度更有效。

(2) 铜/锌原子比对置换铜细度和组成的影响（见表 4-26）

表 4-26　铜/锌原子比对铜细度和组成的影响

Zn/Cu 原子比	铜粉细度 /μm	铜粉组成/%		
		Cu	Cu$_2$O	Zn
0.5∶1	0.63	46.1	53.6	—

Zn/Cu 原子比	铜粉细度 /μm	铜粉组成/%		
		Cu	Cu_2O	Zn
1∶1	0.45	90.7	4.1	4.1
1.5∶1	0.57	62.5	—	34.7
2∶1	0.90	45.9	—	50.1
3∶1	2.6	29.7	—	65.2
6∶1	6.0	14.6	—	81.1

从表 4-26 可以看出：在锌和 $CuCl_2$ 反应时，Zn/Cu 原子比对置换出的铜粉细度和组成有重大影响，当 Zn/Cu 原子比为 1∶1 时，铜粉最细，铜含量最高。与此同时，铜粉里 Zn 杂质含量也最低，铜粉里铜的氧化物杂质只有 Cu_2O，且含量较低，说明超细铜粉没有发生氧化。用锌还原无水乙醇里 $NiCl_2$ 时也有类似情况。

（3）$CuCl_2$ 浓度对铜粉细度的影响（见表 4-27）

表 4-27　$CuCl_2$ 浓度对铜粉细度的影响

丙酮-戊醇-甲苯里 $CuCl_2$ 浓度/(mmol/L)	铜粉细度 /μm	丙酮-戊醇-甲苯里 $CuCl_2$ 浓度/(mmol/L)	铜粉细度 /μm
112.0	3.7	12.3	0.5
56.0	2.5	6.1	0.6
24.5	0.7		

可见，随 $CuCl_2$ 浓度下降至 24.5mmol 以下，铜粉细度最细而且不再受 $CuCl_2$ 浓度影响。

（4）还原剂细度的影响

锌粉细度对置换出的铜粉细度的影响见表 4-28。

表 4-28　悬浮液或有机溶胶里金属的细度

还原剂 Zn/μm	置换出 Cu/μm	还原剂 Zn/μm	置换出 Cu/μm
4.950	0.730	0.330	0.310
2.230	0.550	0.096	0.079
0.710	0.460	0.084	0.076

可见还原剂锌粉细度对其置换出的铜粉细度有重要影响，为了生产超细铜粉，生产中应采用超细锌粉。

（5）温度的影响

生产中采用胶体锌作为还原剂，提高还原反应温度，会使胶体锌粒子布朗运动增强，自然均相反应能力加大，还原反应速率加快。随着还原反应进行，胶体锌粒子表面必然会沉积一层铜，但该层铜沉积时并未形成致密的包覆层，不会影响还原反应速率，因此，随温度提升，还原反应时间会大大缩短。另外，温度对置换出的铜粉细度有重要影响，在 $0\sim10℃$ 生成的是铜有机溶胶，在 $20\sim30℃$ 生成的是铜粒子悬浮液。

（6）铜有机溶胶稳定性

按照上述的最佳工艺生产的铜有机溶胶是透明的，在透射光中呈咖啡色，稳定性很差，放置 $3\sim4d$ 就产生絮凝，这是因为 $ZnCl_2$ 没除净又没添加保护剂。采用渗析方法除掉铜有机溶胶中的 $ZnCl_2$ 收效甚微，经 $7\sim9d$ 还是产生了絮凝。这说明，仅除掉 $ZnCl_2$ 不能很好地解决铜有机溶胶稳定性差的问题。试验证明，当 Zn/Cu 原子比为 $0.9\sim0.95$ 时，在反应介质里加入 0.01% 火棉胶，制得的铜有机溶胶稳定性有明显提高，放置 $31\sim37d$ 也没出现絮凝。这充分说明在铜有机溶胶里同时存在少量 $CuCl_2$ 络合物和少量表面活性剂，它们能在铜粒子表面形成稳定的吸附层，会提高铜有机溶胶的稳定性。

5

微纳米金属聚合物的制备方法

5.1 混合物基金属聚合物材料的制备

5.1.1 概述

改进聚合物材料的物理化学性能有两种途径：一种是寻找新的聚合方法合成新的聚合物；另一种是把已有的工业化生产的聚合物进行合金化，这种方法已给社会生产出许多性能优于纯聚合物的新型材料。

研究混合聚合物性能对不同聚合物各自不同性能的充分利用具有十分重要的意义。工业上对特定性能材料的需求，引导人们多方努力采用混合聚合物以求将单组分的性能加和起来，这必然进一步推进聚合物结构与其力学、热力学及其物理化学性能间相互关系研究的发展，因此，必须详细研究混合聚合物性能和以其为基的金属聚合物材料的生产方法，才能为解决实际问题自觉选择混合组分提供理论依据。

研究互溶聚合物性能发现，聚合物掺混橡胶可以改善聚合物的强度，提高抗热老化、耐油和耐寒性能。提高聚合物冲击强度和改善聚合物工艺性能的最佳方法就是掺混橡胶。当然也可以采用塑料和树脂对橡胶进行补强，橡胶掺混树脂可提高耐磨性、黏结性及其他性能。加入树脂的根本作用是使混合聚合物具有高度结晶性，例如，向乙丙橡胶里掺混少量结晶性聚丙烯，其弹性模量和硫化硬度都明显提高，其原因就是结晶相起的强化作用。

不同树脂的混合材料及合金化的材料都已获得广泛应用，例如，以环氧树脂、酚醛树脂、热固性酚醛树脂为基的合金化材料具有非常好的物理力学性能、介电性能和耐腐蚀性能。若想配制两种和两种以上高分子聚合物混合物，聚合物间必须具备互溶性，聚合物互溶性决定了合金化材料的实用性。

聚合物互溶可以分为理想（热力学）互溶和实用互溶，热力学互溶聚合物混合物能形成真溶液，液体聚合物比较容易达到宏观互溶，但是黏度大的液体聚合物进行混合达到互溶也是很缓慢的，实际上这种互溶是一个不断进行的过程，也叫作实用互溶。最终达到的互溶状态取决于体系条件和组分配比。若任何组分配比的混合物都能达到稳定的互溶状态，就称为绝对互溶。现实中，环氧树脂、酚醛树脂、液体丁腈橡胶、聚硫橡胶、聚酰胺、聚乙酸乙烯酯、天然橡胶等之间的互溶过程进行得都很缓慢，即使两个液体的混合，互溶过程也是很缓慢的。例如在室温下液态的环氧树脂E-44和液态丁腈橡胶混合，必须进行强力搅拌甚至有时还需要加热，才能达到实用互溶。

许多热力学上不互溶的聚合物具有相同的玻璃化温度，并且它们的混合物的玻璃化温度介于两个聚合物玻璃化温度之间。这样，恰当地选择组分配比、选择共同溶剂或先将固体粉混合后再熔融混炼都能制成实用的互溶混合物。

研究以互溶聚合物为基的金属聚合物材料制造过程主要研究两个问题：一是研究原始聚合物组分的互溶性；二是研究在聚合物介质中聚合物官能团和胶体金属粒子表面在胶体粒子生成瞬间的相互作用。下面阐述胶体铅在如下聚合物混合物中生成金属聚合物材料的条件：聚乙酸乙烯酯-环氧树脂、环氧树脂-聚硫橡胶、聚乙酸乙烯酯-聚硫橡胶。

采用双层电解槽电解法和金属甲酸盐热分解法制备金属聚合物。采用 β 参数对每组混合物做热力学计算，表 5-1 提供了聚合物互溶性的基础数据。

表 5-1　评价聚合物互溶性的基础数据

聚合物	$\sqrt{\dfrac{E_0}{\nu_0}}$/(cal/cm³)	介电常数	分子量	聚合物混合物	β 参数
聚乙酸乙烯酯	11.05	3.2	66000	环氧树脂∶聚硫橡胶＝50∶50	0.16

聚合物	$\sqrt{\dfrac{E_0}{\nu_0}}$ /(cal/cm^3)	介电常数	分子量	聚合物混合物	β 参数
环氧树脂 E-51	9.80	3.5～4.0	500	聚乙酸乙烯酯：聚硫橡胶＝50：50	2.72
聚硫橡胶	9.40	6.6～7.0	900	聚乙酸乙烯酯：环氧树脂＝50：50	1.56

热力学稳定体系等温生成过程伴随体系自由能的降低，即 $\Delta G<0$。混合过程自由能变化取决于焓和熵的变化，$\Delta G=\Delta H-T\Delta S$，可见聚合物互溶的热力学条件：$\Delta H<T\Delta S$。从表 5-1 看出，环氧树脂 E-51 和聚硫橡胶混合可看作两个低聚物的混合；环氧树脂 E-51 和聚乙酸乙烯酯混合可看作高聚物聚乙酸乙烯酯在低聚物环氧树脂 E-51 中的溶解。环氧树脂 E-51 和聚硫橡胶是液体无序聚合物，具有无定形结构。聚乙酸乙烯酯则是固体无序聚合物，不管它处于浓溶液中还是处于玻璃态，都具有缔合倾向。

上述体系热焓变化可用 β 参数来表达。当两个聚合物按 1cm^3 混合时，取 $\Delta H=0.5\beta$ cal/(g·cm^3)，对于互溶体系 $0.5\beta<T\Delta S$，假定分子量为 100000 和 1000 的聚合物混合达到互溶 $\beta<1$；分子量为 100000 和 500 的聚合物互溶混合 $\beta<2$；分子量为 1000 和 500 的聚合物互溶混合 $\beta<3$。聚乙酸乙烯酯和聚硫橡胶内聚能密度分别是 11.05cal/cm^3 和 9.4cal/cm^3，不同介质中环氧树脂的内聚能见表 5-2。

表 5-2　环氧树脂内聚能

溶剂	$\sqrt{\dfrac{E_0}{\nu_0}}$ /(cal/cm^3)	$Q/\%$
庚烷	7.50	8.6
乙酸乙酯	9.08	43.5
丙酮	9.80	64.0
甲苯	9.02	17.4
苯	9.18	51.5
二甲苯	8.60	30.0
四氯化碳	8.60	5.5
乙腈	11.89	33.0
二硫化碳	10.05	35.0

从热力学判断环氧树脂-聚乙酸乙烯酯和环氧树脂-聚硫橡胶两个体系是互溶的，聚乙酸乙烯酯-聚硫橡胶则不能形成均匀互溶体系。

聚合物互溶性在金属聚合物材料制造过程中起着重要作用，这通过差热分析可以看出来。

实验证明，用单一聚合物制备的金属聚合物材料性能不如双组分制备的金属聚合物材料的性能好。不论热分解法还是电解法采用双组分聚合物制备金属聚合物材料的先决条件都是双组分聚合物必须彼此互溶形成互溶体系。现将已知的聚合物互溶体系列于表5-3。

表5-3 聚合物互溶体系

第一组分	第二组分	第一组分含量	互溶性
聚氯乙烯	丁二烯-丙烯腈共聚物	90～20	A,B
丁二烯：丙烯腈＝82：18 共聚物	丁二烯：丙烯腈＝60：40 共聚物	0～100	B
聚乙酸乙烯酯	聚甲基丙烯酸甲酯	50	A,B
含 62%Cl 氯化聚乙烯	含 66%Cl 氯化聚乙烯	0～100	A,B
天然橡胶	聚丁二烯	0～100	B
苯乙烯：丙烯腈＝80：20 共聚物	丁二烯：丙烯腈＝65：35 共聚物	70～100	C
聚甲基丙烯酸甲酯	聚丙烯酸乙酯	21	C
聚乙酸乙烯酯	氯乙烯：乙酸乙烯酯＝90：10 共聚物	40～50	B
丁二烯：丙烯腈＝60：40 共聚物	乙酸丁酸纤维素	20～90	B
聚苯乙烯	丁二烯：苯乙烯＝75：25 共聚物	40	B
硬质橡胶	聚硫橡胶	80～95	B
聚苯乙烯	聚 α-甲基苯乙烯	44～50	D
苯乙烯：丙烯腈＝79.4：20.6 共聚物	苯乙烯：丙烯腈＝76：24 共聚物	50	B

注：A 表示在溶液中互溶；B 表示熔融互溶；C 表示接枝共聚物；D 表示嵌段聚合物。

5.1.2 互溶混合物基金属聚合物材料的制备

5.1.2.1 胶体铅和互溶混合物基金属聚合物材料的制备

以两个互溶混合物（聚乙酸乙烯酯-环氧树脂；聚乙酸乙烯酯-聚硫橡胶）为基，采用电解法制备微纳米铅金属聚合物来制造铅金属聚合物材料。现将铅金属聚合物材料制造期间各组分之间的相互作用阐述如下：采用的分析方法有差热分析法和 X 射线结构分析法。差热分析曲线的温度区间为 20～400℃，升温速度为 10℃/min。图 5-1 是不同配比聚乙酸乙烯酯-

环氧树脂混合物的差热分析曲线，可以看出，与聚乙酸乙烯酯差热谱图不同的是，聚乙酸乙烯酯差热分析曲线上具有的250℃最大放热峰和320℃吸热峰都消失了；纯环氧树脂的主放热温度从370℃降为320℃，证明混合物组分发生了相互作用，生成了具有新的物化性能的物质。并且金属聚合物的差热分析曲线上，放热温度随聚乙酸乙烯酯浓度变化而变化。

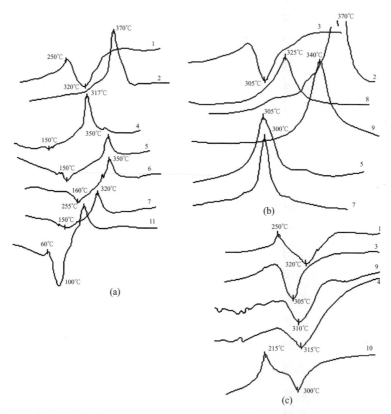

图 5-1　聚乙酸乙烯酯（1）、环氧树脂（2）、聚硫橡胶（3）、聚乙酸乙烯酯-环氧
树脂混合物（a）聚硫橡胶-环氧树脂混合物，（b）聚乙酸乙烯酯-聚硫橡胶
混合物（c）（它们的组分比：4—1：9；5—2：8；6—3：7；7—5：5；
8—0.5：0.5；9—1：9；10—4：6）及聚乙酸乙烯酯：环氧树脂＝
2：8混合物基铅金属聚合物（11）的差热分析曲线

在聚乙酸乙烯酯的差热分析曲线上（图 5-1），300~310℃出现一个吸热峰，250℃放热峰是代表聚乙酸乙烯酯产生交联，并析出乙酸；320℃吸热峰是聚乙酸乙烯酯分解。在环氧树脂的差热分析曲线上出现的强烈放热效应，是环氧基团发生同分异构化，生成的羰基、环氧基热聚合及部分环氧树脂热氧化分解所致。

聚乙酸乙烯酯-环氧树脂不同配比混合物的差热分析曲线示于图 5-1 (a)，这和原始聚合物的差热分析谱图有根本区别。在混合物差热分析曲线上，聚乙酸乙烯酯本身的热效应全都消失，320℃和350℃出现新的放热峰，并且放热峰温度随聚乙酸乙烯酯浓度变化不呈单调变化，证明混合物中的组分间发生了相互作用，生成了具有新的物化性能的物质。

对于图中150～160℃吸热效应要给予特殊的关注，该温度区间正是实际生产时高聚物互溶和再加工温度区间。如果聚合物混合时组分间分子量差别很大，那么它们混合熵的变化就很大，伴有吸热过程发生。要是聚合物混合形成互溶混合物，混合熵值会急剧增大，甚至控制体系出现正效应，热谱图曲线就可以反映出这种情况。

聚硫橡胶-环氧树脂 E-51 不同配比混合物具有相同的结果 ［图 5-1 (b)］，该混合物组分的性能没有加和性；差热分析曲线特征是出现强烈的放热峰，峰值温度随聚硫橡胶含量不同而不同，但没有对应关系；含10%聚硫橡胶混合物的热稳定性最高（340℃）；随橡胶含量增加放热温度降低（300℃），温度再低差热分析曲线上就看不到任何热效应了。

聚乙酸乙烯酯-聚硫橡胶混合物直到350℃组分的性能都具有加和性，305～320℃吸热效应表征聚合物发生了分解 ［图 5-1 (b)］。

环氧树脂-聚乙酸乙烯酯的混合物及以其为基的铅金属聚合物材料的差热分析曲线示于图 5-2，该曲线的形状和以单组分聚乙酸乙烯酯为基的铅金属聚合物材料的相接近，225℃放热表明混合物和胶体铅粒子表面发生了相互作用，而且在200～280℃温度区间混合物和胶体铅粒子间一直发生相互作用（240℃最强烈）；295～300℃的吸热反应是金属聚合物的分解。

环氧树脂-聚硫橡胶基铅金属聚合物材料（含 20%Pb）的差热分析曲线见图 5-3，110～112℃吸热效应是残留溶剂的蒸发；150～190℃放热过程说明聚硫橡胶和胶体铅粒子一直进行反应，且随聚硫橡胶浓度提高，整个反应过程向低温方向移动；若是加热到150℃，X 射线分析会发现存在PbS。可见，胶体铅表面产生化学吸附是在比较低的温度下就开始了，含10%聚硫橡胶的胶体从295℃开始反应，含40%、75%聚硫橡胶的胶体从240℃开始反应就证明了这一点。与此同时，聚硫橡胶含量从10%提高到75%，材料的耐热温度从380℃降为280℃，这正是铅金属聚合物材料的吸热分解温度。

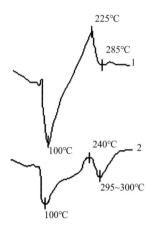

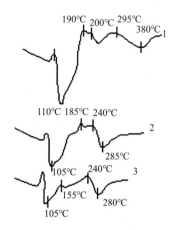

图 5-2　胶体铅和以聚合物混合物为基的
金属聚合物材料的差热分析曲线
1—环氧树脂-聚硫橡胶；
2—聚乙酸乙烯酯-环氧树脂

图 5-3　胶体铅和以环氧树脂-聚硫橡胶
不同组分比（环氧树脂：聚硫橡胶）混合
物为基的金属聚合物材料的差热分析曲线
1—9∶1；2—6∶4；3—1∶3

以聚合物混合物为基的金属聚合物材料的物理力学性能与它们的互溶性有很好的对应关系，见图 5-4～图 5-6。

图 5-4 是含 30％胶体铅的，以环氧树脂-聚硫橡胶混合物为基的金属聚合物材料的热力学曲线，可见含 10％聚硫橡胶的金属聚合物材料的热力学性能最好。聚硫橡胶含量从 5％提高到 40％，金属聚合物材料软化温度从 300℃降到 100℃。在金属含量不变条件下，总形变量随聚硫橡胶含量提高而增加。含 25％和 40％聚硫橡胶的金属聚合物材料在 100～120℃产生 100％相对形变，而含 5％和 10％聚硫橡胶不含金属的混合物 400℃的形变才为 40％和 50％。

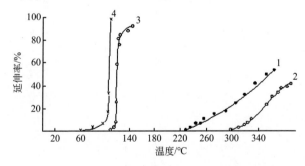

图 5-4　以含有不同含量聚硫橡胶的聚硫橡胶-环氧树脂
混合物为基的 Pb 金属聚合物材料的热力学曲线
1—5％；2—10％；3—25％；4—40％

金属聚合物材料抗拉强度和延伸率随组分改变不呈直线关系（图 5-5），聚硫橡胶含量为 5％～10％时，各项性能指标都最好，抗拉强度从 80kgf/cm² 增大到 150kgf/cm²，弹性模量达到 22kgf/cm²。含有 10％聚硫橡胶的金属聚合物已具有塑性，在其形变图上产生高弹性形变区（图 5-6）。

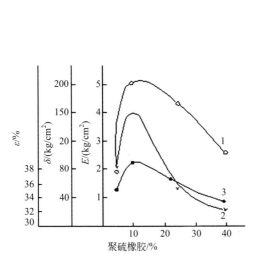

图 5-5　金属聚合物的物理力学
性能和聚硫橡胶含量的关系
1—相对延伸率；2—断裂强度；3—弹性模量

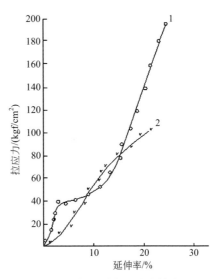

图 5-6　含有不同含量聚硫橡胶的
金属聚合物的应变图
1—10％；2—25％

以聚乙酸乙烯酯和环氧树脂混合物为基的金属聚合物材料的玻璃化温度和流变温度，与混合物中的聚乙酸乙烯酯含量有关（图 5-7），这类金属聚合物材料的物理力学性能和混合物组分的关系都具有极值特征，并且金属聚合物材料最佳的物理力学性能就出现在混合物组分互溶区内。

所以，混合物组分互溶性对以该混合物为基的金属聚合物材料的生成过程具有决定性作用。互溶性的客观存在和互溶机理在应用中都具有很大意义。

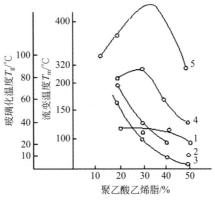

图 5-7　聚乙酸乙烯酯-环氧树脂基 Pb
金属聚合物材料的玻璃化温度 T_g 和流
变温度 T_m 与聚乙酸乙烯酯含量的关系
1～3—150～170℃固化金属聚合物材料
的 T_g、T_T、T_T-T_g；4，5—300℃固化
金属聚合物材料的 T_g、T_T

5.1.2.2 聚铝硅氧烷-环氧树脂互溶混合物基金属聚合物材料的制备

以环氧树脂 E-51-聚铝硅氧烷的混合物为基添加电解法制得的胶体铅制成金属聚合物材料，通过研究加热过程中材料的热效应和热失重来了解金属聚合物材料的生成机理。

在铅金属聚合物材料升温曲线上，相应的环氧环的开环温度、环氧树脂和聚铝硅氧烷官能团发生作用的温度、它们的混合物和铅粒子表面发生相互作用的温度都比纯树脂混合物的高（图 5-8，曲线 2、3）。

对于环氧树脂：聚铝硅氧烷＝7：3 混合物，随着铅含量提高到 15％，放热峰温度从 185℃升到 260℃，再提高铅含量放热峰温度反下降到 210℃，这是由金属填料增加使金属聚合物材料导热性提高所致。

不同配比混合物都含 20％Pb 的金属聚合物材料的热失重都比纯树脂的小得多（图 5-9）。

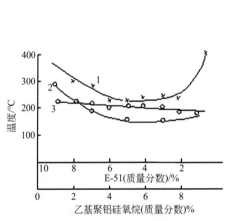

图 5-8　金属聚合物材料的软化温度
T_p（1）、混合物第一放热温度（2）、
金属聚合物材料第一放热温度（3）
和混合物组成比的关系

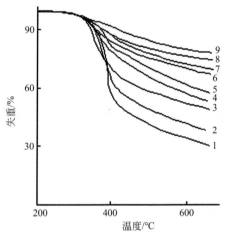

图 5-9　含 20％Pb 不同配比环氧树脂-聚铝硅氧烷混合物基金属聚合物材料的热失重曲线
1—9：1；2—8：2；3—7：3；4—6：4；5—5：5；
6—4：6；7—3：7；8—2：8；9—1：9

例如，在 350℃组分比为 1：1 的金属聚合物材料失重不超过 6％～7％，换算成原始混合物是 20％。添加了胶体铅后，聚合物混合物大分子构成完整的立体结构，限制了填料热迁移，金属聚合物材料热稳定性获得大大改善。同时，铅金属聚合物还能延缓有机聚合物和有机硅聚合物的热降解。

金属聚合物软化温度和混合物组成比的关系具有极值特征，当混合物组分比为 1：1 时，软化温度最低（图 5-8，曲线 1），随着混合物里环氧树脂含量增加软化温度从 362℃ 降到 230℃，相反，随着乙基聚铝硅氧烷含量提高，软化温度从 230℃ 升到 400℃。

软化温度、差热分析曲线上的放热峰温度与混合物组分比及铅含量的关系，表征了多相体系组分间相互作用以及混合物与填料表面间的相互作用。从图 5-10 中的红外光谱可以了解填料表面间的作用过程。

向环氧树脂里添加胶体铅在 170～190℃ 就能使环氧树脂的环氧基开环而发生固化。聚合物混合物中添加超细金属后，高极性聚合物——环氧树脂优先在金属粒子表面上产生化学吸附，同时，混合物中的乙基聚铝硅氧烷和环氧基也会发生反应生成支化聚合物或部分交联成共聚物，导致金属聚合物材料软化温度随环氧树脂含量提高

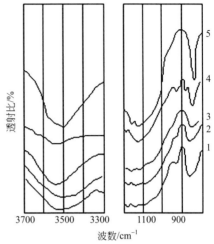

图 5-10　含 20％Pb 聚合物混合物基金属聚合物材料的红外光谱
1—环氧树脂：聚硫橡胶＝7：3；
2—室温放置 75d；3—200℃ 加热 1h；
4—环氧树脂：聚硫橡胶＝8：2；
5—200℃ 加热 1h

而下降，随有机硅组分含量提高而提高，甚至高于分解温度。

与纯聚合物混合物比较，金属聚合物材料第一放热峰温度提高是由于聚合物官能团和铅粒子表面化学吸附作用限制了大分子的迁移。这样不仅使得环氧树脂的环氧基和乙基聚铝硅氧烷的羟基之间发生反应的温度提高；而且在聚合物组分比固定条件下，随着铅含量提高至 15％～18％，吸热峰温度也相应提高。

向有限互溶聚合物混合物里添加金属聚合物填料，其性能随组分改变具有极值特征。因为添加胶体铅金属聚合物具有双重作用，一方面它促进环氧树脂的环氧基开环，使得环氧树脂的环氧基和乙基聚铝硅氧烷的官能团间反应更容易进行；另一方面金属粒子表面吸附了混合组分的官能团，阻碍了混合物和金属粒子表面的进一步反应。

已证明，如果混合物组分间具有互溶性，那么混合物性能-组分间具有极值特征。添加金属填料不会改变金属聚合物材料的物理力学性能与组分关系的基本特征。相反，当混合物组分间存在的是范德华型作用时，它的性能-组分关系没有极值特征，添加金属填料对其性能会有不同的影响。若

是组分间存在氢键的互溶体系，它的热力学性能-组分间具有极值特征，添加金属填料后这种特征向线性关系转变。所以，要想制备具有特定物理力学和热力学性能的填充材料，必须采用组分间存在特有相互作用的聚合物混合物。

5.2 单组分聚合物基金属聚合物的制备

5.2.1 环氧树脂基铅金属聚合物的制备

采用双层电解槽电解法制备铅金属聚合物，电解液是甲酸铅水溶液，有机层是环氧树脂 E-51 的甲苯溶液，阴极沉积出环氧树脂基铅溶胶。图 5-11 示出电流密度对铅金属聚合物中铅含量的影响，可见，当电流密度为 $1A/dm^2$ 时，开始析出胶体铅，并能迁移到有机层中；随电流密度进一步提高，Pb 含量也增加；在电流密度达到 $14 \sim 15A/dm^2$ 时，Pb 含量达到最大（33%）；再提高阴极电流密度金属聚合物中 Pb 含量不再增加；在高电流密度下电解制得的胶体铅大部分被氧化而沉在电解槽底部。

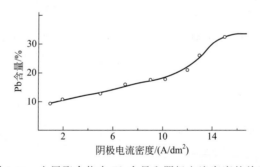

图 5-11　金属聚合物中 Pb 含量和阴极电流密度的关系

图 5-12 示出了金属聚合物中 Pb 含量和电解液中 Pb 含量的对应关系，可以看出电解液浓度从 2g/L 提高到 5g/L，金属聚合物中 Pb 含量不变；当电解液浓度为 7g/L 时，金属聚合物中 Pb 含量达到最大（35.7%）；电解液浓度再提高，金属聚合物中 Pb 含量急剧下降，这时大部分 Pb 在阴极表面形成致密的沉积层，Pb 粒子呈粗树枝状，表明环氧树脂没有把铅粒子包覆稳定住。

从图 5-13 看出，环氧树脂含量为 5% ～ 6% 时，铅金属聚合物含量最高；同时金属聚合物中铅含量达到 62%，再提高有机层中环氧树脂含量，金属聚合物中铅含量急剧降低，仅为 5％～6％。

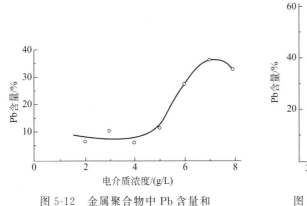

图 5-12　金属聚合物中 Pb 含量和
电解液中 Pb 含量的关系

图 5-13　金属聚合物组成随
有机层中 E-51 含量的变化

从上述看出，当环氧树脂含量为 2.5％时，电解析出的铅就开始迁移到上层有机层中生成有机溶胶，这时表面活性剂的官能团（羟基和环氧基）浓度足以把全部铅粒子表面包覆，形成亲液表层，使其可以转移到有机层中。

红外光谱分析证明（图 5-14），随金属含量增加，915cm^{-1} 环氧基吸收峰强度降低，产生交联的环氧基含量增加，915cm^{-1} 吸收峰强度随金属含量的变化示于图 5-15。明显看出，在环氧树脂 E-51 中胶体铅含量增加到 4％～5％之前，915cm^{-1} 吸收峰强度比纯环氧树脂的低很多，进一步提高 Pb 含量（从 5％提高到 12％），其积分强度变化反而不大。

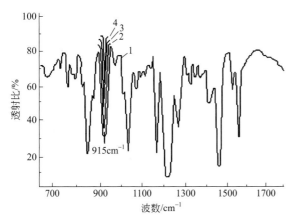

图 5-14　Pb 金属聚合物衍射谱
1—纯 E-51；2—2％Pb 金属聚合物；
3—8％Pb 金属聚合物；4—12％Pb 金属聚合物

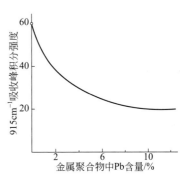

图 5-15　915cm^{-1} 吸收峰
积分强度随 Pb 含量的变化

试验已证明，Pb粒子在阴极生成瞬间就和环氧树脂大分子发生了化学吸附作用，其反应历程如下：

① 环氧基开环；

环氧树脂羟基和金属粒子表面之间偶极子作用机理如下：

② 在氧化金属表面上的吸附：

$$—M—O\cdots\cdots H—O—R$$

③ 在未发生氧化金属表面上的吸附：

$$—M\cdots\cdots\cdots O$$

环氧树脂和金属粒子表面之间产生上述反应，就必然形成立体网状结构，金属粒子在立体网状结构中处在结点位置，起着缝合的作用。从下面试验可看出这一点。

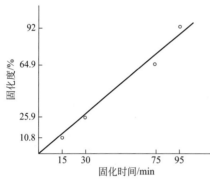

图5-16　环氧树脂固化动力学曲线

把纯环氧树脂和含12.9%Pb金属聚合物的环氧树脂同时在210℃真空中加热，结果加金属聚合物的90min就固化了，纯树脂经过10h也没有固化。210℃环氧树脂固化动力学曲线示于图5-16，可见金属聚合物中树脂固化度几乎和加热时间成正比。环氧树脂中加入胶体铅金属聚合物加快了环氧树脂的固化速度。

5.2.2　环氧树脂基微纳米钯金属聚合物的制备

环氧树脂基钯金属聚合物采用双层电解槽电解法制备，该电解槽装备旋转阴极，为钯胶体粒子表面化学吸附环氧树脂大分子创造了有利条件。下层电解液为含0.1mol/L HCl的氯化钯水溶液，上层有机层为环氧树脂的甲苯溶液，电解液组成、有机层组成、电流密度、电解温度对钯金属聚合物组成的影响示于图5-17。

随着电解液浓度提高生成超细钯粒子的电流效率提高（曲线6），并且金属聚合物中钯含量也提高（曲线5）；当电解液浓度达到21.6g/L时，金属聚合物中钯含量最大；进一步提高电解液浓度，阴极表面沉积出的却是粗大钯粒子，超细钯生成效率下降，相应金属聚合物中钯含量也下降。如果保持电解液组成和有机层组成不变，那么随阴极电流密度增大，超细钯

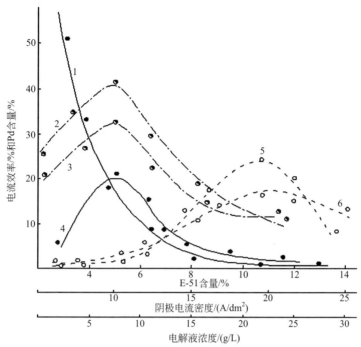

图 5-17　电解条件对 Pa 金属聚合物组成和电流效率的影响

1，2，5—E-51 含量、阴极电流密度和电解液浓度对 Pd 金属聚合物中 Pd 含量的影响；

3，4，6—E-51 含量、阴极电流密度和电解液浓度对电流效率的影响

生成效率提高（曲线 3），当阴极电流密度为 $10A/dm^2$ 时达到最大，随之，由于 H^+ 放电而减小。金属聚合物中 Pd 含量和阴极电流密度具有相同的特征（曲线 2）。

在电解液浓度和阴极电流密度相同的条件下，有机层环氧树脂含量对金属聚合物和 Pd 阴极电流效率的影响如曲线 1、4 所示。当环氧树脂含量为 4.5%～5.5% 时，阴极电流效率最大（曲线 4），在环氧树脂含量为 2.5%～5.5% 范围内，阴极沉积的 Pd 粒子具有很好的亲液性，向有机层里迁移得非常好；进一步提高环氧树脂含量引起阴极表面产生强烈钝化，Pd 沉积电流效率显著下降；从环氧树脂含量 10%～12% 开始，阴极表面吸附饱和，曲线逐渐贴近横轴；金属聚合物中随着环氧树脂含量从 3% 升到 10%，Pd 含量急剧下降到 3%。

5.2.3　乙基聚铝硅氧烷基微纳米镉金属聚合物的制备

聚元素有机硅基金属聚合物具有很高的热稳定性，在耐热油漆涂层和高温催化方面有广阔应用。

聚铝硅氧烷元素组成为（质量分数）：Si 22.30％；Al 12.18％；C 20.31％　H 6.00％，O 39.21％；Si/Al＝5.85（摩尔比）。

乙基聚铝硅氧烷化学式如下：

$$\left[\begin{array}{ccccccc} & C_2H_5 & C_2H_5 & C_2H_5 & C_2H_5 & C_2H_5 & C_2H_5 \\ & | & | & | & | & | & | \\ -Si-O & -Si-O & -Si-O & -Si-O & -Si-O & -Si-O & -Al-O- \\ & | & | & | & | & | & | \\ & O & O & OH & O & O & OH & O \\ & | & | & | & | & | & | \end{array}\right]_n$$

由于乙基聚铝硅氧烷含有羟基，可采用电解法制备微纳米镉金属聚合物。电解液选用 $CdCl_2$ 水溶液，有机层选用含乙基聚铝硅氧烷的甲苯溶液。当 $CdCl_2$ 浓度为 20g/L 时，阴极沉积效率最高，达到 70％，此时镉沉积物呈分散的细小树枝状；电解液浓度再提高，阴极沉积物则变成粗大的粒子。有机层中乙基聚铝硅氧烷含量对镉粒子的细度和沉积效率都有影响，当乙基聚铝硅氧烷含量低至 0.5％～2％ 时，制得的镉粒子最细，其沉积效率也最高。乙基聚铝硅氧烷含量高时，由于它的分子量大且含有官能团，在阴极表面就会吸附，对阴极过程产生阻碍，使阴极沉积效率下降，金属粒子变大，阴极电流密度急剧下降。

改变聚合物含量对胶体镉细度和形态均有影响。在含 0.5％ 聚铝硅氧烷时，镉粒子呈细枝状，有轻度聚结倾向，当聚合物含量为 1％ 时，沉积出的镉粒子变粗，呈针状，进一步提高聚合物含量，这种倾向更严重。

电解温度不能高，一般为 15～20℃，温度高，金属阴极沉积效率降低（图 5-18，曲线 a），沉积物质量也变差。

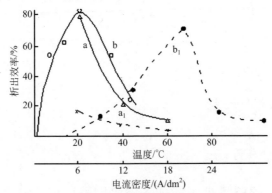

图 5-18　温度和电流密度对 Cd 析出效率的影响
a，b—乙基聚铝硅氧烷基金属聚合物中 Cd 浓度与温度（a）、电流密度（b）的关系；
a₁，b₁—乙基聚铝硅氧烷＋油酸基金属聚合物中 Cd 浓度与温度（a₁）、
电流密度（b₁）的关系

阴极电流密度对阴极沉积效率及质量也有影响，电流密度在$9\sim31A/dm^2$范围内，开始阴极金属沉积效率增大，随后急剧下降（图5-18，曲线b）；电解的最佳电流密度是$20A/dm^2$，再提高电流密度，不仅电流效率降低，而且镉沉积物粒子也变粗。

凡是有助于极限电流密度降低的因素都能促进阴极沉积物质量的提高，为此向有机层中加入油酸。在单一乙基聚铝硅氧烷的甲苯溶液中，阴极电流密度波动范围为$9\sim31A/dm^2$，当添加0.03％油酸后，电流密度波动范围降为$2\sim13A/dm^2$，最佳电流密度降为$6A/dm^2$（图5-18），可见两种表面活性剂同时起的作用最佳。

已经知道，阴极极化值对电解时阴极沉积物结构有重要影响，电解过程阴极极化值很高，就为生成大量新晶核创造了有利条件，这样就可以生成超细沉积物。有机层里加入油酸使阴极极化值升到1.8V，阴极才开始有Cd析出；阴极极化值高达2V时，阴极沉积物是细枝晶组织（图5-19）。阴极极化达到3V时，阴极沉积物则是超细的高分散的树枝状Cd粒子（图5-19曲线3）。

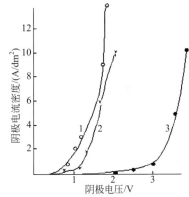

图5-19　聚合物对阴极极化的影响
1—油酸；2—聚铝硅氧烷；
3—油酸＋聚铝（乙基）硅氧烷

可以分析阴极表面Cd粒子析出瞬间胶体Cd粒子和聚合物的相互作用。在聚合物红外光谱图（图5-20）中，在波数为$1130\sim1000cm^{-1}$时出

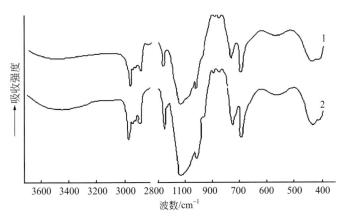

图5-20　聚合物红外光谱图
1—聚铝硅氧烷；2—乙基聚铝硅氧烷基Cd金属聚合物

现一个强峰，代表 Si-O-Si 和 Si-O-Al 键的共价振动，1260cm^{-1} 强度较弱的峰代表 Si-C$_2$H$_5$ 键的共价振动，更弱的 880～840cm^{-1} 代表 Si-OH 键变形振动，3600～3200cm^{-1} 宽峰代表 Si-OH 键的共价振动。

镉粒子表面化学吸附乙基聚铝硅氧烷是靠聚合物的羟基实现的，表现为 880～840cm^{-1} 处电子对（偶极子）振动峰向高频方向移动，移到 910～860cm^{-1}（图 5-20，曲线 2），证明金属和聚合物确实发生了相互作用。在有机层里加油酸制得的金属聚合物也具有相同的特征。已经知道，乙基聚铝硅氧烷经过 200℃/2h 处理，致使 Si 原子相连的乙烯基断键形成 Si-O 键，就失去了溶解性。这时，如果存在胶体 Cd，聚合物经 200℃ 加热产生的游离基就会通过氧化膜的搭接作用和金属原子产生化学吸附作用。Si-O-Cd 键处于 Si-O-Si 和 Si-O-Al 键共价振动的强波峰区，采用红外光谱无法发现它。

在金属聚合物差热分析曲线（图 5-21）上 200℃ 出现了放热峰，而乙基聚铝硅氧烷差热分析曲线上却没有，也间接证明乙基聚铝硅氧烷和 Cd 粒子表面间产生了化学吸附。

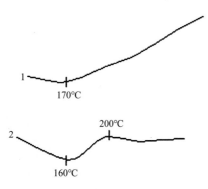

图 5-21　差热分析曲线
1—乙基聚铝硅氧烷；2—乙基聚铝硅氧烷基 Cd 金属聚合物

5.2.4　聚苯乙烯基微纳米铅金属聚合物的制备

采用电解法，利用安装了旋转阴极的双层电解槽，阴极析出的超细 Pb 粉在其生成瞬间立即分散到有机层里。

上层有机层为含 2% 聚苯乙烯的甲苯溶液，内含 0.3% 的油酸，下层电解液为 0.6% 的甲酸铅水溶液。

最佳工艺制度：阴极电流密度 18A/dm^2，电解槽电压 50～60V，pH 6.02～6.50，电解液温度 6～9℃，装置示于图 5-22。

电解结束后，电解槽上层形成由聚苯乙烯稳定的铅有机溶胶，加入 2～3 倍体积的甲醇，把分散相从溶胶里沉积出来，它是聚苯乙烯大分子和铅粒子的共聚物；在 80℃ 真空中干燥 20h，完全除掉水、甲醇、甲苯。制得的产物 Pb 含量不同会呈粉状、玻璃态或橡胶态。其基本性能列于表5-4。

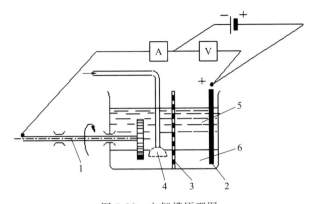

图 5-22 电解槽原理图

1—阴极旋转轴；2—阳极；3—隔膜；4—N_2鼓泡器；5—有机层；6—电解液

表 5-4 铅金属聚合物的基本性能

Pb/%	密度/(g/cm³)	比黏度	分子量
0.00	0.868	1.908	310400
4.51	0.868	1.802	264300
8.12	0.869	1.680	206160
15.34	0.870	1.428	152300
38.32	0.872	1.058	107400
45.53	0.873	0.903	83500

注：聚苯乙烯浓度 0.43g/100mL。

从表中看出，比黏度随胶体铅含量提高而降低。

5.2.5 环氧树脂基微纳米铁金属聚合物的制备

采用双层电解槽电解法，下层电解液为 2%$FeCl_3$ 水溶液，pH=2；上层有机层为含 5% 环氧树脂的甲苯溶液。电解参数：电解槽压 1.2V，阴极总电流 2A，阴极电流密度 4A/dm²，阴极材料是不锈钢，阳极材料是纯铁。电解后制得的金属聚合物要经过乙醇沉积，离心分离和真空干燥，通过控制电解时间来控制金属聚合物中的 Fe 含量。为了防止金属聚合物的氧化，必须密封保存。

金属含量大于 19% 的环氧树脂基 Fe 金属聚合物是黑色粉，金属含量越高越易被氧化，金属含量相同的金属聚合物，加油酸的比不加油酸的难于被氧化。表 5-5 示出了环氧树脂基 Fe 金属聚合物的电导率。

表 5-5　环氧树脂基 Fe 金属聚合物的电导率

金属聚合物中的 Fe 含量/%	金属聚合物的电导率/(S/cm)	
	加油酸	不加油酸
0.0	—	2×10^{-12}
29.0	—	7×10^{-10}
34.1	4×10^{-6}	—
53.2	3×10^{-3}	—
54.7	—	7×10^{-8}
79.1	5×10^{-2}	—
86.2	—	7×10^{-7}

高分子材料里添加的微纳米金属聚合物可以作为活性填料，尤其是 Fe，它具有导电、导热、磁性和半导体性能，已获得广泛应用。

环氧树脂属于介电材料，加入胶体 Fe 导电性增大（表 5-5），含油酸的比不含油酸的电导率高。图 5-23 示出了金属聚合物电导率和温度的关系。

从图 5-23 看出，随温度升高电导率急剧下降，lg 电导率-$1/T$ 作图则是一条直线。

采用综合热分析仪绘制金属聚合物温度-时间曲线、差热分析曲线和热失重曲线时，在空气里加热升温过程中，环氧树脂就会发生热氧化分解、胶体 Fe 的氧化产物和树脂热分解产物之间发生相互作用。环氧树脂热分解生成了低分子量的液态产物和气体，没有明显失重，而 Fe 发生氧化要增重。从图 5-24 看出，在 300℃ 之前，环氧树脂失重不大（约 7%），从 350℃ 开始树脂失重急剧增大。在环氧树脂的差热分析曲线上存在两个放热效应，一个低的在 190℃，另一个高的在 520℃，前者是环氧树脂的部分自固化，后者是环氧树脂的分解，从环氧树脂的加热温度-时间曲线还看出，环氧树脂加热到 350℃ 也没有产生很大的分解。

加油酸制得的胶体 Fe 的差热分析曲线示于图 5-24，从曲线 5a 看出，从 150℃ 开始增重，Fe 氧化生成 Fe_2O_3，520℃ 氧化过程停止，不再增重。在差热分析曲线（图 5-24，曲线 4a）上，200℃ 处出现明显的放热效应，该效应在含 86.2%Fe 的金属聚合物的差热分析曲线上也有明显表现。在不加油酸的含 38% 和 46.2%Fe 的金属聚合物的差热分析曲线上（图 5-24，曲线 2a、3a），190℃ 热效应与环氧树脂自固化有关，从 200℃ 开始是 Fe 发生氧化。

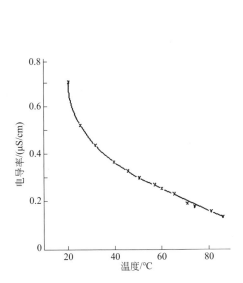

图 5-23　含 80.2％Fe，不加油酸
金属聚合物电导率和温度的关系

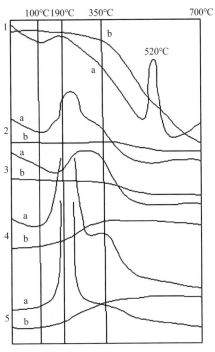

图 5-24　差热分析曲线（a）和热失重曲线（b）
1—环氧树脂；2—含 38％Fe 的金属聚合物；
3—含 46.2％Fe 的金属聚合物；
4—含 86.2％Fe 的金属聚合物；5—胶体 Fe

　　含 86.2％Fe 的金属聚合物在环氧树脂完全分解温度 700℃下加热，无明显失重；含 38％和 46.2％Fe 的金属聚合物在 700℃下加热，总的失重也不大，仅为 4％和 11％。这表明环氧树脂里胶体 Fe 加入量存在一个最佳值，环氧树脂和胶体 Fe 间能形成牢固的结构。红外光谱分析证明，环氧树脂分解后固体残余物里不再含有环氧基，仅留下碳。

　　从图 5-25 热力学曲线可以看出，纯环氧树脂在室温就产生形变；加入少量胶体 Fe，依靠胶体 Fe 形成的结构还不太结实，经受不住热加工处理；而加入高于 19.0％Fe 的金属聚合物材料里，尽管胶体金属所占体积分数不大，甚至金属粒子还是分开的，却对金属聚合物结构起到很大的增强作用，促使形成致密的网状结构，这时加热到 275℃变形也不大，还具有足够的强度，就是在载荷下加热也没有被破坏。即使环氧树脂含量比金属含量高许多倍，一旦添加胶体金属，环氧树脂固有的黏弹性就没有了（图 5-25，曲线 3）。

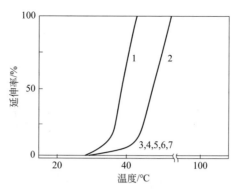

图 5-25　升温速度 1.3℃/min，拉应力 0.84kgf/cm² 条件下
绘制的热力学曲线

1—环氧树脂；2—含 5.0％Fe 的金属聚合物（含油酸）；
3—含 19.0％Fe 的金属聚合物（含油酸）；4—含 53.2％Fe 的金属聚合物（含油酸）；
5—含 38.0％Fe 的金属聚合物（不含油酸）；6—含 46.2％Fe 的金属聚合物（不含油酸）；
7—含 86.2％Fe 的金属聚合物（不含油酸）（1kgf/cm²＝98.0665kPa，下同）

5.2.6　聚乙酸乙烯酯基微纳米钯金属聚合物的制备

该金属聚合物采用双层电解槽电解法制备，上层有机层是不同浓度聚乙酸乙烯酯的甲苯溶液，下层电解液是含 $PdCl_2$ 的 0.1mol/L HCl。

从图 5-26 看出，聚乙酸乙烯酯里加入少量超细 Pd 就能使热力学曲线向高温方向移动，提高了金属聚合物的软化温度。含 22.45％Pd 的金属聚合物的软化温度，较聚乙酸乙烯酯的软化温度提高 33～35℃。加入胶体 Pd 大大提高了聚乙酸乙烯酯的玻璃化温度，聚乙酸乙烯酯玻璃化温度是 28℃（图 5-26，曲线 1），加入 22.45％Pd 的金属聚合物的玻璃化温度为 40℃，加入 56.11％Pd 的金属聚合物在 295℃首次出现软化现象。

含有 31.00％Pd 的金属聚合物的热力学曲线具有特殊性，随着加热到 160℃变形很快，进一步升温形变速率急剧下降，甚至加热到 400℃也没产生 100％形变，具有典型的热交联体系的热力学特征。

高分子材料的形变增长速度是可以控制的，选择不同的载荷会有不同的形变增长速度，据此可以判断聚合物是否产生热交联。例如，对含 31.00％Pd 的聚乙酸乙烯酯基金属聚合物在不同载荷下做了热力学测试，发现在 40kgf/cm² 载荷下形变速度最大，还没有达到热交联温度就达到完全形变了，在 7kgf/cm² 载荷下热交联温度才看得非常明显。可以推测金属聚合物热加工时也会发生热交联。例如含 56.11％Pd 的金属聚合物加工温度从 200℃ 提高到 260℃，其热力学性能会有一定的改善（图 5-27），不仅表现在热力学性能曲线形状上，而且它的玻璃化温度和软化温度都提高。

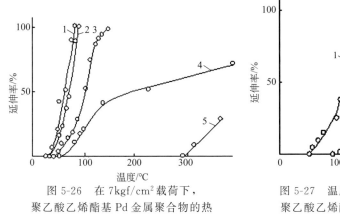

图 5-26　在 7kgf/cm² 载荷下，
聚乙酸乙烯酯基 Pd 金属聚合物的热
力学性能随 Pd 含量的变化
1—0；2—19.19%；3—22.45%；
4—31.00%；5—56.11%Pd

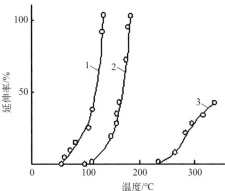

图 5-27　温度对含 56.11%Pd 的
聚乙酸乙烯酯基金属聚合物材料
热力学性能的影响
1—200℃；2—240℃；3—260℃

实验证明，随 Pd 含量增加，聚乙酸乙烯酯基 Pd 金属聚合物材料泡胀速率减小（见图 5-28），填加 Pd 金属聚合物较多时就更明显；随着 Pd 金属聚合物增加，聚乙酸乙烯酯的泡胀速率明显降低。

泡胀率计算公式如下：

$$Q = \frac{V_r - \Phi}{1 - \Phi}$$

式中，V_r 为聚合物原来的体积分数；Φ 为填料的体积分数。

该公式假设聚合物结合键完全破坏时，聚合物表观泡胀急剧增大。按照该公式得到的理论计算值和实验值列于表 5-6 中。

表 5-6　不同 Pd 含量聚乙酸乙烯酯基金属聚合物的泡胀率

金属聚合物中的 Pd 含量/%	Q/%（实测值）	Q/%（理论计算值）
0	127.0	127.0
2.80	113.2	127.5
4.18	109.2	128.0
8.13	98.9	131.0
11.35	77.4	177.0

可见聚乙酸乙烯酯基 Pd 金属聚合物的理论泡胀率比实测值大，并且金属聚合物里 Pd 含量越高，两者差距越大。从测得的结果可以推测，聚

乙酸乙烯酯大分子和 Pd 粒子表面之间产生的化学吸附键在溶剂泡胀的过程中未遭到破坏。这种化学吸附键阻滞聚合物大分子向表层的迁移，随着金属聚合物里 Pd 含量增加，金属聚合物泡胀倾向明显减小，屈服温度和玻璃化温度提高。

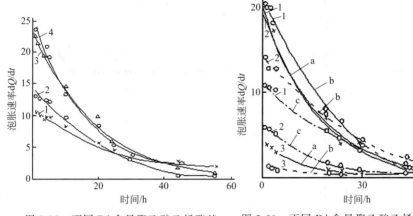

图 5-28 不同 Pd 含量聚乙酸乙烯酯基金属聚合物材料泡胀速率随时间的变化
1—56.11%Pd；2—47.25%Pd；
3—30.50%Pd；4—无

图 5-29 不同 Pd 含量聚乙酸乙烯酯基金属聚合物经 150℃（1）、200℃（2）、250℃（3）处理后泡胀速率随时间的变化
a—0；b—22.45%Pd；c—47.25%Pd

热加工对聚合物泡胀也有很大影响（见图 5-29），纯聚乙酸乙烯酯加热到 200℃其泡胀速率没有明显减小；而含 22.45%Pd 的金属聚合物加热到 200℃泡胀速率明显降低，含 47.25%Pd 的金属聚合物加热到 150℃泡胀速率就明显降低了。因为聚乙酸乙烯酯受热后产生如下反应，使侧链—OCOCH₃ 发生离解：

$$-CH_2-\underset{OCOCH_3}{CH}-CH_2-\underset{OCOCH_3}{CH}- \xrightarrow{CH_3COOH} -CH=CH-CH_2-\underset{OCOCH_3}{CH}-$$

反应后聚合物结构会发生变化。侧链—OCOCH₃ 离开主链形成游离基，加热温度不同，聚合物里游离基浓度不同（见表 5-7）。

表 5-7　Pd 金属聚合物里—OCOCH₃ 游离基的测定

金属聚合物中的 Pd 含量/%	游离原子团浓度/（自旋数/g）	原子团出现温度/℃
22.45	4.75×10^{17}	180
47.25	2.19×10^{18}	100
80.00	3.40×10^{18}	30

随着聚乙酸乙烯基 Pd 金属聚合物里超细 Pd 含量增加，游离基浓度增大，游离基原子团出现的温度降低，Pd 含量高的金属聚合物产生明显的结构化所需加热的温度降低。低温下就有游离原子团产生表明，在金属聚合物生成条件下 Pd 粒子表面和聚乙酸乙烯酯大分子发生了化学吸附作用；也证明随着金属聚合物里 Pd 含量增大，聚乙酸乙烯酯基 Pd 金属聚合物的热力学性能获得显著改善，泡胀速率减小。

5.2.7　天然橡胶、聚异丁烯基微纳米铁金属聚合物的制备

电解槽有机层是天然橡胶、聚异丁烯的苯、甲苯、二甲苯及四氯化碳溶液；电解液是 5% $FeCl_3$ 水溶液，在下层；当有机层采用 CCl_4 时，有机层处在电解液层下面。所采用的电解装置如图 5-30 所示。

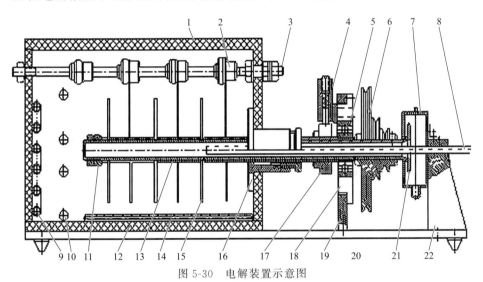

图 5-30　电解装置示意图

1—电解槽盖；2—阳极螺母；3—副轴；4—制动器；5—滚动轴承；6—皮带轮；7—集水管；
8—进水管；9—冷却器；10—阀门；11—螺母；12—电解槽；13—联轴器；14—控温器；
15—阴极；16—密封盖；17—继电器；18—轴承；19—支座；
20—空心轴；21—封盖；22—支架

本电解槽壳体和盖是用耐有机溶剂（二甲苯、甲苯、四氯化碳、煤油）的酚醛树脂制造的，为了防止泄漏，壳体上的每个缝隙都要进行密封，总容积 7L；不锈钢阴极圆盘安装在空心轴上，依靠止推螺母、联轴器固定，利用不同长度的螺母可以安装不同数量的阴极圆盘，可以随需要改变阴极电流密度；利用进水管 8 向空心转轴里通水降低阴极的温度；阳极用可移动螺母固定在副轴上；电流经继电器 17 通入转动轴。电解槽装有

四个阀门用于有机层和电解液的输入和放出；采用泵出能力为 40L/h 的小型循环泵使溶液循环；电解停止，把有机层和水层分开，再用 10％酒精洗涤产物去除 Fe^{2+} 和 Cl^-，接着用 96％酒精沉积出有机溶胶，最后经离心分离和真空干燥。

阴极电流密度大，阴极生成的金属粒子就细，大电流密度会使电解液产生局部过热，易造成金属粒子发生氧化，必须对电解槽进行充分冷却。

有机层溶剂性质对金属聚合物生成有重要作用，芳香烃溶剂对金属聚合物生成有利，脂肪烃溶剂不利于金属聚合物的生成，带苯环的烃化合物尤其是二甲苯和甲苯，特别有利于聚合物在金属粒子表面上的吸附，并且吸附层具有良好的润湿性和抗凝聚的稳定性，所以选用二甲苯作为有机层溶剂。

为了制备胶体 Fe 和天然橡胶或聚异丁烯相互作用的稳定产物，即天然橡胶或聚异丁烯基 Fe 金属聚合物，下层电解液是 5％$FeCl_3$水溶液，pH＝3，上层有机层是含 0.5％天然橡胶或聚异丁烯的对二甲苯溶液，还添加了 0.3％油酸。阳极是纯 Fe，阴极是不锈钢，阴极转速 100r/min，电解槽温度 10～15℃，阴极电流密度为 5A/dm²。阴极转速高时形成油包油型不导电乳液。本工艺最终平均电流效率为 33％。

制得的 Fe 金属聚合物里 Fe 含量主要取决于电解时间。含 60％Fe 的金属聚合物是胶状的，更高 Fe 含量的为粉状。

图 5-31 是 Fe 粒子表面天然橡胶、聚异丁烯的脱附曲线，用甲苯脱附后 Fe 表面上仍然残留一定量的天然橡胶，并且原始产物里天然橡胶含量越少，脱附越难。含 82％Fe 的产物，吸附的天然橡胶根本脱附不掉，把这种经过完全脱附处理后留下的不溶物叫作金属凝胶。

铁盐水溶液采用双层电解槽法电解获得的产物是疏松的树枝形粒子，粒子上每个细枝都同时和几个聚合物大分子的支链相连，所以，金属含量较低时，天然橡胶大分子形成较稳定的立体结构，金属含量高时，树枝形金属粒子浓度大则形成线型结构，强度明显下降，粒子分离，最终形成粉状。铁凝胶里天然橡胶牢固地吸附在 Fe 粒子表面上，在甲苯中几个月也未发生脱附。

金属聚合物里金属 Fe 含量越高，泡胀速率越小（图 5-32），含 82％Fe 的金属聚合物根本不发生泡胀（曲线 6）。这说明橡胶大分子和 Fe 粒子表面结合得非常牢固。含 67％Fe 的金属聚合物里的橡胶既不会脱附，也不会泡胀。含 53％Fe 的金属聚合物（曲线 5）仅产生局部泡胀。

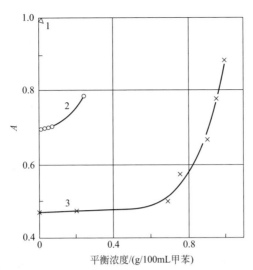

图 5-31　Fe 金属聚合物材料里有机物的甲苯脱附
1—天然橡胶＋82％Fe；2—天然橡胶＋23％Fe；3—聚异丁烯＋43％Fe；
A—材料脱附前后吸附量之比

泡胀速率即甲苯最大吸收速度，随着 Fe 含量增加而减小（曲 线 1、3、4、5），泡胀动力学服从下式：

$$\lg i = \lg B + \nu \lg \tau$$

式中，i 为浸泡吸收值；τ 为浸泡时间，min；B、ν 为常数。

从图 5-32（b）看出各条曲线斜率彼此接近，表明泡胀的规律是一样的。

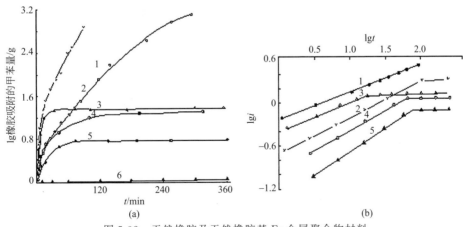

(a)

(b)

图 5-32　天然橡胶及天然橡胶基 Fe 金属聚合物材料
在甲苯中的泡胀动力学（a）以及 i 和 t 对数关系（b）
1—天然橡胶（小块）；2—天然橡胶（大块）；
3～6—依次加 2.9％、6.5％、67％、82％Fe 的金属聚合物；
i—橡胶吸收甲苯量；t—浸泡时间

提高橡胶里 Fe 含量其导电性增大（图 5-33），天然橡胶电导率为 10^{-12} S/cm，在加 45％Fe 之前，其导电性能基本不变，电导率为 $10^{-11} \sim 10^{-10}$ S/cm，当 Fe 含量大于 45％，树枝状 Fe 粒子彼此互相串通，形成线型结构，含 50％～80％Fe 金属聚合物电导率急剧增大，达到 10^{-4} S/cm，其电导率温度系数是正的，具有半导体性质，含 85％Fe 时就具有了导电性，和金属的导电性相近。

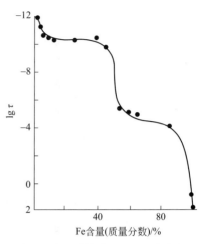

图 5-33　天然橡胶基 Fe 金属聚合物材料电导率随 Fe 含量的变化

5.2.8　有机硅基微纳米铁金属聚合物的制备

采用旋转阴极双层电解槽电解法来制备具有催化功能的超细铁粉，其工艺如下：电解液是 35g/L $FeCl_3$ 水溶液，pH＝4.0～5.5，上层有机层为含 0.3％油酸甲苯溶液，阴极旋转角速度 600°/s，电解时间 60min。电解完后，把有机层和电解液分开，采用离心机把 Fe 分散相分离出来，用乙醇洗涤几次除掉残留的杂质，再离心处理，在 100℃ 以下真空脱水 5～6h。获得的超细铁粉为黑色。在温度 40～50℃，阴极电流密度 40～50A/dm² 工艺条件下，制得的 Fe 粉比表面积最大，随着电流密度增大，Fe 粒子尺寸达到最小，为 12nm（电流密度 50A/dm²），电流密度增至 25～30A/dm² 时，Fe 粒子尺寸达到 24～27nm，再提高电流密度 Fe 粒子尺寸基本不变。电流密度不同，生成的超细 Fe 粒子细度、形态和凝聚状态也不同。阴极电流密度为 40～45A/dm² 时，生成的 Fe 粒子基本上呈现独立粒子的分散状态，比表面积高达 53～60m²/g，当电流密度提高到 100A/dm² 时，生成的 Fe 粒子却呈树枝干状，变成粗大粒子的凝聚状态。

电解槽温度对生成物比表面积有重要影响，如表 5-8 所示。

表 5-8　电解槽温度对阴极沉积物 Fe 粒子比表面积的影响

$t/℃$	15～20	20～30	30～35	40～45	50～55	55～60	80～85
$S/(m^2/g)$	31	35	36	56	45	45	27

从表看出，随着电解槽温度提高，阴极沉积物比表面积增大，在 40～

45℃达到最大（56m^2/g）。低温时生成的 Fe 粒子易产生凝聚，温度提高有利于凝聚体分散和生成大量细枝，使比表面积增大。因此，在某合适温度范围能生成大比表面积的 Fe 粉；温度太高生成粗实的树枝体，还会产生粒子表面严重氧化，导致比表面积下降。

采用电解法制备的超细 Fe 粉在 250℃真空中加热 8～10h，其细度和形态均无变化，因此，该 Fe 粉可作为温度不高于 250℃条件下长期使用的催化剂。

在使用过程中发现存在以下缺点：产生严重烧结使比表面积从 53.0m^2/g 降到 6.0m^2/g，催化剂也从原来的深黑色变为亮灰色，从原来的超细粉烧结成粗大的粒子（>100nm）。

为了解决上述问题，研制出一种新型的以二甲基苯基聚硅氧烷为基的 Fe 金属聚合物，来提高催化剂的使用寿命。之所以选用二甲基苯基聚硅氧烷是因为它耐温高达 400℃，又含有芳香族原子团，热稳定性好；聚硅氧烷易溶于很多溶剂，尤其是甲苯，这样对采用电解法非常有利；很重要的一点是聚硅氧烷膜具有很好的透气性，不会把金属粒子表面全部屏蔽起来。

用双层电解槽法制备以二甲基苯基聚硅氧烷为基的 Fe 金属聚合物时，电解槽上层是含不同浓度的二甲基苯基聚硅氧烷的甲苯溶液，二甲基苯基聚硅氧烷不含极性官能团，阴极析出的超细 Fe 粉自身不能转移到有机层甲苯中，为此必须在有机层里添加油酸。下层电解液是 35g/L FeCl$_2$ 水溶液，pH＝3～4。

具体电解工艺如下：阴极电流密度 40～45A/dm^2，电解槽液温度 40～45℃，电解时间 100～120min。电解结束后，采用甲苯把阴极析出物从甲苯里沉积出来，利用离心机把分散相分离出来，在 150℃真空中干燥 3～5h，排除全部水分和甲苯。

已证明，用二甲基苯基聚硅氧烷把超细 Fe 粉包覆，随其含量增加其屏蔽作用增强，但比表面积减小。作为催化剂在 N$_2$＋H$_2$ 混合气中加热到 500℃，纯 Fe 粉发生烧结，比表面积从 50m^2/g 降为 2～4m^2/g；含有 4.2%的二甲基苯基聚硅氧烷的 Fe 金属聚合物也一样，比表面积减小，含 5%二甲基苯基聚硅氧烷的 Fe 金属聚合物的比表面积从 58m^2/g 降为 24m^2/g，只有硅氧烷含量大于 15%，催化前后比表面积才没有变化，还是 50～60m^2/g，也没有产生再结晶。

二甲基苯基聚硅氧烷会使阴极极化提高，有利于制得更细的 Fe 粉，同时，产物里铁氧化物含量急剧减少，只要金属聚合物里的二甲基苯基聚硅氧烷的含量大于 6%，就不会生成 Fe_2O_3。

纯铁在催化过程中会发生烧结，比表面积从 $50m^2/g$ 会急剧降低到 $3\sim6m^2/g$，还发生熔融结块，粒子尺寸从 20nm 长大到 100nm；含有 5% 聚合物的也产生局部烧结，比表面积从 $58m^2/g$ 下降到 $24m^2/g$，粒子尺寸从 20nm 长到 77nm；含有高于 10% 聚合物的就不会发生再结晶。含有 15% 二甲基苯基聚硅氧烷的 Fe 粉催化生产率最高，所以有机硅可作为 $300\sim500℃$ 条件下使用的金属粉的表面保护剂。

5.3 工业放大制备微纳米金属聚合物电解槽

采用电解法制备微纳米金属聚合物所需要的工业放大电解槽应该满足如下要求：①结构简单；②电路接触可靠；③电解液和阴极能进行冷却；④阴极转速可调；⑤设备大修期间产品清除、设备拆卸和安装简便。

工业上采用的电解槽种类很多，图 5-34 是一种能在电解时连续不断清除金属超细粉的电解装置。该双层旋转阴极电解槽设计能力为每天生产含3%有机溶胶或金属的悬浮体 40L。它由槽体、阳极、阴极、输电装置、有机溶胶取样装置和阴极旋转装置组成。

电解槽1空心轴上安装四片阴极6，阴极用 2mm 厚铁板制成，彼此间保持平行，和阴极平行安装半圆形铁阳极2，安装阴极的轴是用铜管 5 制作的，它内部插管 4，其直径为 10mm，是固定不动的。它要穿过电解槽两端，其一端利用密封轴套3固定，并用硬质橡胶垫与电解槽壁绝缘。内管4只安装四片阴极，其一端借助轴套7插入轴承8中，另一端安装在电解槽壁上，这个轴承也要用硬质橡胶与槽体绝缘。最后，通过转动装置9连接马达10带动阴极转动；利用安装在轴套7尾部的电刷给

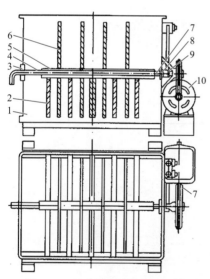

图 5-34 具有连续清除金属溶胶功能的双层旋转阴极电解槽
1—电解槽；2—阳极；3，7—轴套；
4—内管；5—铜管；6—阴极；
8—轴承；9—转动装置；10—马达

阴极输电，向阳极供电通过配电盘及导线、夹具进行。

悬浮金属粉通过内管上的五个孔排出，外管也有五个孔和内管等距离分布，孔径为5mm。这样分布的孔在阴极转动时内外孔可以周期相遇，这时生成的金属溶胶和超细金属粉就通过内管的孔收集到有机介质中，电解时水和有机介质分界面应该处在轴线上面，电解温度要通过电解槽外壳通水控制。

电解槽工艺指标：电流强度60A，阴极电流密度15A/dm^2，平均电解槽压3.8V，电流效率70%～75%，阴极转速100r/min。

由于圆盘阴极转动时，表面上发生电解生成的超细金属粉从金属离子放电区离开进入有机介质的过程较慢，因此，旋转阴极电解槽主要特性是要能连续地均匀地使金属溶胶分散相从旋转阴极轴上的孔排出，孔要呈螺旋线分布，管上孔直径要相同。

工业上采用的容积500L(1200mm×900mm×600mm)电解槽示于图5-35。

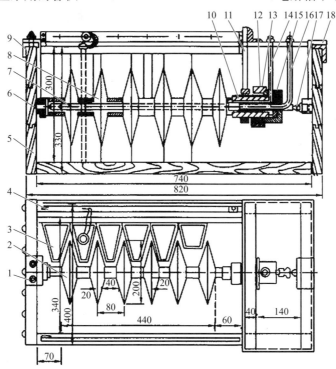

图5-35　水冷式旋转阴极制备金属溶胶电解槽

1—电极吊架；2—锥形阴极；3—阳极筐；4—阳极母线；5—外壳；6—轴颈；7—内管；
8—外管；9—弯头；10—轴套；11，18—支架；12—填料函压盖；13—填料函填料；
14，16—水管；15—轴承套；17—螺母

电解槽内部衬有机玻璃，使槽体与电解液绝缘，电解槽部分无盖，便于把导线和变速箱、电机连接，专门做的弯头 9 和支架 11 用来安装旋转阴极。六个旋转阴极穿在外管 8 上，并用内管 7 通水，冷却阴极圆盘表面和轴，旋转阴极表面能得到充分冷却是本装置的最大优点，这样能确保阴极析出的金属超细粒子分散性非常好。

该装置利用 10、12、13、15 组成的专用装置来实现冷却水的通入。阴极轴用轴颈 6 安装在支架 11 上，借助安装在支架 18 上的制动螺母 17 防止阴极沿轴滑动。阳极用铁板或铁网做成。

具有水冷和振动功能的电解槽示于图 5-36。

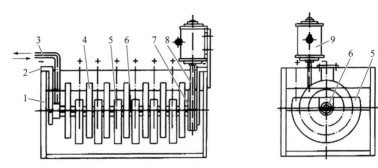

图 5-36　具有水冷和振动功能的电解槽示意图
1—外壳；2—阴极轴支架；3—进水和出水管；4—阴极圆盘；5—阳极；
6—阴极轴；7—蜗轮；8—蜗杆；9—电机

该装置采用阴极内部冷却的阴极轴，并且阴极轴具有振动功能，依靠蜗轮、蜗杆装置把被动轴的转动转变为阴极轴的振动。电机转速 1400r/min，阴极振动次数为 32 次/min，阴极轴振幅大约 $180°\sim190°$，该电解槽与其他电解槽无不同之处，它仍然是双层电解槽，下层是电解质，上层是有机分散介质。

阴极内部冷却有助于提高结晶中心数量，有助于金属离子在阴极上放电，采用振动代替阴极转动大大改善液面层交换条件，并有利于上层有机层离开表面，这样使电流强度降低，也就是电解槽生产率提高了，表明阴极轴振动对超细金属粉生成非常有利。该电解槽的生产率和电流效率比旋转阴极电解槽高，尤其是该电解槽生产的铁溶胶细度不低于旋转阴极电解槽。

电解槽衬里采用塑料和抹灰衬砖。阴极冷却可以采用工厂水网的自来水。电解采用 12V 直流电，电流强度 800～1000A。

6

力化学法制备钛纳米聚合物

6.1 制备原理

6.1.1 概述

固体物质参与下的反应速率同固体颗粒的表面积成正比，正因为如此，随着颗粒细度的增加，反应速率将会急剧增加。同时磨细也会提高固体的分散性，可提高相应材料的质量。填料颗粒越细，比表面积越大，与高分子聚合物接触面积越大，填料与高分子聚合物的结合强度将越高，可防止填料迁移，填料分散性更稳定，从而可提高塑料和橡胶制品的机械性能。

固体磨细理论同固体破坏理论一样，已成为物理化学力学的重要组成部分。大规模的粉体制备都离不开机械力的作用，机械力的作用对粉体的制备过程和粉体的最终性能都会产生重要影响。物料粉碎时，物料受到外界输入的冲击、摩擦、剪切等机械能作用，使固体原有的结构缺陷急速发展而碎化，当被磨得更细时，颗粒上的缺陷就越来越少，而颗粒本身就越来越硬，磨细的难度急剧增大。值得指出的是，不能仅认为超细粉碎是一种单纯的机械物理过程，它是一个复杂的物理化学力学过程。机械作用使颗粒积聚了大量的破坏能，导致颗粒出现晶格缺陷、晶格畸变、非定型化，同时还可能伴随游离基形成，表面自由能增大。粉碎过程还会在颗粒形成的断面上出现不饱和断键，导致颗粒处于亚稳态的高能状态。由于断裂面存在重新愈合的倾向，颗粒也可能又聚结在一起，而颗粒的聚结会严重制约其高活性表面作用的发挥。

金属的粉碎过程与金属的塑性、强度、硬度、微裂纹、晶格缺陷有重要关系。塑性最好的金属是碱土金属铝、银、金、铜、Ⅷ族金属和具有立方晶格的金属。塑性最差、脆性最高的金属是锰。

金属的塑性与温度、变形方式和变形速率有关。在某条件下为塑性的金属，在另一条件下可变为脆性金属，原则上讲，金属塑性随变形速率提高而降低，这些情况在粉碎过程中均会发生。

金属强度是金属完整性开始破裂时所需的极限应力。实际金属的结构存在缺陷，在形变过程中发展着的缺陷尺寸有大有小，随应力增大，这些缺陷都成为应力集中的地方；既然极限应力发生在那些最危险的缺陷上，那么用公式按整个断裂面积计算的平均应力，就比这些缺陷上的实际应力低得多。实际固体的强度大约只有理想晶体强度的几千分之一，甚至几万分之一。

因为金属在频率相当高的周期性负荷作用下，其强度会下降，即产生疲劳。这种现象使金属的结构沿着最弱的地方（最危险的缺陷）破坏，并且当强度已经降低时，由于来不及发生形变，就如同迅速增大的力量作用下发生的"突击式"破坏一样，而使金属（甚至是塑性金属）过早地发生脆性破坏。因此，用振动法来进行固体材料的细磨和其他的机械破碎加工是最有效的。而且振动频率越高，则破碎的颗粒越细。

另外还要考虑到，实际固体的强度还与物体的尺寸有关系。在几分之一毫米到一微米范围内，强度反而随尺寸的减小而增高。这说明随着磨细颗粒上缺陷越来越少，颗粒本身越来越硬，因此机械粉碎细度的实际极限约为 $0.1\sim1\mu m$。

所有各种实在的固体（包括单晶体在内）都是由超倍显微裂缝所组成的缺陷作为表现形式的独特的胶体结构。这些裂缝的平均间距为 $0.01\sim0.1\mu m$，也就是原子尺寸的几百倍。在形变的固体中，超倍显微裂缝就像植物的肉芽一样，在形变过程中，从裂缝中新的表面逐渐发展起来，卸掉载荷后，在分子力作用下，它们又重新愈合。而在个别薄弱的地方，也就是缺陷最大的地方会发生突变，物体就会破坏。

如果物体周围存在表面活性物质，这些介质就会吸附在物体的表面上，被吸附的物体表面能就会降低，新的表面就比较容易发展，这样就增大了金属的分散性，而在极端的情况下，也就是当表面能急剧降低，以至于降低到几乎等于零的情况下，就会引发胶溶现象，也就是固体在十分微小的外力作用下，或者在热（布朗）运动作用下也会产生破碎。另外，周围介质的吸附层沿着变形固体的表面缺陷以二维移动方式渗入，使这些缺陷稳定下来。卸载时，渗入缺陷内的表面活性物质延缓了缺陷的愈合过程，这样就大大地降低了固体的疲劳强度，大大地降低了固体在周期性（反复循环的）荷载作用下的韧性。

由于形变固体表面吸附了表面活性物质，其表面自由能降低，这样形变固体在表面活性物质存在的的介质中产生新表面所需要的功比在真空中产生新表面所需要的功要小，也就是说，在吸附作用影响下，固体强度降低，形变增大。

新表面基本上都形成在金属表面上的缺陷处，表面活性物质的分子或离子在新形成的这些表面上沿着表面滑动，并且从这些表面形成的那一瞬间起，就以吸附层的形式覆盖在这些表面上。吸附作用究竟能使强度降低多少？究竟能使形变增大多少？这在很大程度上取决于温度高低、应力大小、应力状态特点、多晶体化学组成及结构等。

在形变过程中，新表面形成瞬间，吸附效应在破坏前那一瞬间为最大。即使在破坏过程中，介质仍具有作用，也就是说，吸附层来得及覆盖住粉碎过程中新生成的表面。只要力学作用条件合适，介质的吸附作用要多大就有多大。

即使表面活性物质加入量极少，仍然会使形变固体的力学性能产生质变。例如，采用某种碳水化合物作为惰性物质，若是在这种碳水化合物中加入某种能够吸附在金属表面上的表面活性物质，即使加入量很少，也会使介质具有活性。最有效的表面活性外加剂是 0.2% 油酸（$C_{17}H_{33}COOH$）或烷醇（如 $C_{16}H_{33}OH$），这样少量的物质已能使它们以单分子层充分地覆盖住发展着的金属表面。而且在新形成的表面上，当氧化层还来不及覆盖住这些表面的时候，吸附层已抢先形成了。

在活性介质中，断裂前的伸长几乎看不出来，它只有百分之几，而呈现脆性断裂。

工业上，将颗粒粉碎到粒径几百微米尽管要消耗大量能量，不过这总还是比较容易办到的事。要进一步提高粉碎细度，所需能量就会大大提高，而且粉碎机的有效利用率与生产率也会大大降低。想要将颗粒粉碎到

粒径 $50\mu m$ 以下，就必须采用振动作用。这种作用有利于使被粉碎材料块沿着最弱的结构缺陷产生疲劳破坏。粉碎粗的颗粒所需频率不高，但是要进一步减小粒径时，为了提高粉碎效能，就应该不断地提高振动频率。因此，单一的机械粉碎还不能生产出小于 $1\mu m$ 的金属颗粒，更无法生产只有十分之几微米的胶体金属颗粒。然而采用助粉碎剂的力化学粉碎技术为制备微纳米金属颗粒提供了可能。

6.1.2 表面活性物质对金属粉碎过程的影响

已知，金属粉碎所需的功 $A = \sigma\Delta S + q$，其中 $\sigma\Delta S$ 为生成新表面所需做的功，表现为表面自由能的增加；q 为弹性或塑性形成功，与被粉碎金属体积成正比。若是金属粉碎后颗粒较大，那么，$\sigma\Delta S < q$，并且可以认为 $A = q = K\Delta V$，即金属粉碎功与粉碎金属体积成正比。如果粉碎后是超细金属粉，那么 $q < \sigma\Delta S$，则粉碎功 $A = H\Delta SI$，系数 H 代表该金属硬度，与金属单位面积表面能成正比。

已经知道，介质的性质对固体的硬度和强度有重大影响。块状固体在形变中容易被破坏，并不是固体形变时就产生了微裂纹，而是逐渐发展，和周围介质相互作用形成新的界面。尤其是在形变固体表层形成许多裂纹区，即所谓的预裂纹前驱。微裂纹从表面开始产生，随后裂纹逐渐向固体内延伸，裂纹逐渐变细，整个裂纹呈尖楔形。随着预裂纹前驱内表面发展，也就是随着裂纹的拉伸变长，表面能急剧增大。由于介质和表面活性物质对形变的影响及对固体的破坏作用，预裂纹前驱中介质和表面活性物质渗入非常深。这导致被粉碎金属硬度下降，当金属硬度下降非常厉害而微裂纹又吸附了表面活性物质时，其相应表面自由能降低也非常大，结果固体表面就发生碎化。

通常，表面活性物质的分子会把所有它能达到的微裂纹表面全面覆盖，形成吸附层。该吸附层非常有利于微裂纹表面的亲液，结果在微裂纹壁上形成足够厚的溶剂化层，这时吸附作用降低金属强度的效应非常明显。微裂纹中的液体形成 $1\mu m$ 厚的膜时，就具有了准弹性行为，对微裂纹产生辅助的楔开应力，随着微裂纹劈开增大，楔开应力相应增大。纯液体或含表面活性物质的溶液的楔开应力实验可以测定。如果金属形变没有达到破坏的程度，那么卸载后所有新生微裂纹在金属晶格原子力作用下逐渐闭合，并且吸附层和溶剂化层中的液体被挤到微裂纹外面。毫无疑问，吸附层和微裂纹表面结合得越牢固，液体被挤出和微裂纹闭合越难也越慢。在接近金属极限强度时，微裂纹达到最大，并且不能再闭合，因为微裂纹两壁间原子闭合力减弱。

不同金属塑性形变时都出现了预裂纹前驱，锡、铅和铜发生塑性形变时，在整个形变范围内都存在预裂纹前驱。在含少量表面活性物质（硬脂酸、油酸等）的液体石蜡中，上述金属的塑性变形都变得容易了。这些现象在任何固体粉碎过程中以及用粉碎法制备胶体金属颗粒时均存在。

需要注意，用粉碎法制备胶体金属颗粒的主要过程是大金属颗粒和小金属颗粒表面间的研磨，其他的机械作用如撞击、切削和剪切作用，即使金属的强度很大，也不影响粉碎。因此，向粉碎金属的液体中添加表面活性物质，可以急剧降低金属硬度，这对胶体颗粒制备过程非常有利，这就是现代强化粉碎过程的力化学方法的原理。

在该情况下，合理选择介质和表面活性剂起着非常大的作用。选择的准则就是能在粉碎的新生金属颗粒表面上生成化学吸附层。这才有利于预裂纹前驱产生新的裂纹。微裂纹表面上的化学吸附层具有亲液性，这自然提高了分散介质的楔开作用，吸附表面活性剂使胶体金属颗粒表面具有亲液性，这有利于提高胶体金属微粒的分散稳定性。

将上述的力化学原理用于微纳米金属聚合物的制备已获得巨大成功。

采用性质上与待用聚合物相近的低分子化合物；在金属表面上能聚合的单体；或者直接用聚合物本身作为表面活性剂；和粗金属颗粒表面相互作用；经机械、辐射或其他方法处理；均能提高聚合物和金属颗粒间的亲和力。

在这些作用中，机械作用尤为重要，它能使高分子聚合物大分子产生断裂，形成游离大原子团，和新生金属颗粒表面相互作用，使金属颗粒和聚合物间产生牢固的化学吸附键。这就是力化学法制备微纳米金属聚合物的理论基础。

在此过程中，机械力一方面使粗金属粉细化，另一方面又使高分子聚合物大分子断裂，形成游离大原子团。两个方面又相互作用，最后形成双向稳定的高度分散的聚集体，即微纳米金属聚合物。

力化学粉碎法的特点如下：

① 在聚合物单体中粉碎金属时，新生金属颗粒表面上的活化中心引发单体在其表面上产生聚合；

② 单体也能在高真空（在惰性气体或能防止细粉氧化条件下）中粉碎的金属颗粒表面上产生聚合；

③ 金属先在低分子表面活性剂中粉碎，随后加入含有官能团或双键的聚合物，这些聚合物在金属颗粒表面上也能产生化学吸附；

④ 在聚合物介质中粉碎有利于金属的细化；

⑤ 在真空条件下，金属和单体聚合物同时蒸发，也能形成化学吸附聚合物大分子的超细金属粉。

把金属、金属盐和金属氧化物放到乙烯单体中进行粉碎，发现粉碎后形成的填料表面反应活性增强，其物理吸附和化学吸附能力都增强。当活性表面生成瞬间存在单体时离子型或原子型表面活化中心就诱发单体分子聚合，形成新的大原子团。

在苯乙烯、甲基丙烯酸甲酯、α-甲基苯乙烯、丙烯腈和乙酸乙烯酯的溶液中，粉碎铁、镍、铬和钛时，已证明聚合物在化学上已接枝到磨细的金属粉上。随粉碎时间延长，单体转化率提高。在粉碎初始，聚合物收率不大，而后则明显增加。此外，当粉碎时间固定，则单体转化率就和溶液组成比有关，单体加入量较少时，聚合物收率最高，这时粉碎条件也最合适。

把粗铁粉和少量酚醛一起粉碎，由于发生酚式羟基与铁粉的化学吸附作用，使得制得的聚合物固化速度加快，热力学性能也得到改善。

但是，向聚乙烯和聚苯乙烯中加入大量的铁粉对其性能没有明显影响。只有当聚乙烯和聚苯乙烯溶液和铁粉一起进行机械粉碎后，聚合物大分子遭到机械破坏，金属颗粒被粉碎产生新的表面，这时新生的大原子团和金属粉新生表面的活化中心相互作用，致使该混合物的热力学性能和机械性能发生明显改变，这种改变不仅与力化学处理条件有关，还与铁粉的形态有关，以树枝状金属粉作为聚合物填料最好。

已确定，金属粉与聚合物一起粉碎存在一个最佳处理时间，过长时间机械粉碎不仅会使聚合物遭到严重的机械破坏，而且还会使金属粉发生氧化。

笔者研究了钛粉在环氧树脂中的粉碎过程，在粉碎过程中环氧树脂的结构发生明显变化，同时钛粉细度也明显变大，比表面积增大，环氧树脂和钛粉间发生化学键合。

已证明，向球磨机中加入聚合物对金属粉（如铁粉）的细磨有利。因为在动负荷作用下，聚合物分子被机械活化，和新生金属粉的表面发生作用，降低了表面自由能，这就有利于金属粉的细化过程。

不同的聚合物对金属粉粉碎过程的影响是不一样的。高分子表面活性剂（如聚甲基丙烯酸甲酯）对金属粉的细化作用大大地超过低分子化合物（如油酸）。

把胺类表面活性剂和金属粉一起粉碎为生成化学稳定吸附层创造了有利条件。吸附层主要是 M—NH₂ 或 M—NH—M 型化合物。这不仅使金属粉和胺类聚合物大分子间的相互作用更易发生，还有利于金属粉在聚合物里的均匀分布。把超细金属粉加到极性橡胶里，金属粉和双键打开的聚合物大分子之间的相互作用，不但使橡胶强度提高还加快了硫化速度。

力化学法制备微纳米金属聚合物所用设备简单，可获得广泛应用。

6.2 钛纳米聚合物的制备

6.2.1 概述

笔者曾对国际上多个国家钛的应用情况进行过较全面的了解，与同事合作编写了《钛的腐蚀、防护及工程应用》一书。钛密度小，比强度高，耐腐蚀，无毒，是世界卫生组织公布的金属中唯一对人的植物神经和味觉没有任何影响的金属，与人的机体具有终生兼容性。钛作为耐蚀材料在化工、冶金、航空、海洋及食品等行业已获得广泛应用。但钛材昂贵，严重影响其大面积多领域的应用。随着钛材应用的拓展，废钛材逐渐增多，对废钛材的回收利用也引起人们的关注，将钛材制成钛粉，进而制成涂料无疑是解决上述问题的一种合理选择。

钛活性高，采用电解和电浮选法制取超细钛粉是不可能的，把钛氢化物热分解和真空脱氢可制得超细钛粉，但工艺复杂，能耗高，同时也实现不了新生超细钛粉原位和聚合物产生相互作用。采用常规球磨法对于具有明显加工硬化性的钛粉细化显得如此无能为力。钛粉及其合金的塑性高，不能在通常的球磨机中进行机械粉碎，在普通球磨机中粉碎 4h，其比表面积仅增加 $0.2 \mathrm{m}^2/\mathrm{g}$，粉碎效率非常低，要是进行强化机械粉碎，就会产生局部过热，使钛粉重新和空气中的氧作用。正如海绵钛粉粉碎那样，会产生燃烧。为了克服钛的塑性高、导热性低、活泼、易和气体（氢气、氧气、氮气等）反应发生燃烧的缺点，在粉碎过程中都要添加分散剂。

分散剂能有效减轻钛粉的冷作硬化，减轻颗粒被压扁，同时，钛粉表面覆盖一层很薄的盐膜，会使钛粉爆炸极限浓度大大提高，明显降低钛粉的易燃易爆性。脱水没食子酸盐、碱金属盐（NaCl、NaF等）都可以当分散剂使用。采用氯化物或硼化物作分散剂，可以消除粉碎过程中的结块，采用低价氯化钛可提高粉碎效率，使0.25mm粒径的产率提高1.5～1.8倍，其不足是氯化物易水解，使钛粉含氧量偏高。

水也能强化粉碎过程。但是球磨机里加入水，随着金属（如锆、钽）细化，金属更容易发生氧化。在水中粉碎铍时，铍的活性表面就和水发生反应，生成氧化铍并放出氢气。

在水中粉碎钛粉，随着粉碎的进行，物料温度会提高，使得钛的氧化速度比在空气中高得多。钛和水在50℃就发生明显的氧化反应，而在空气中，钛粉需要在100℃以上才能发生氧化。为了降低粉碎过程中钛的氧化速度，可以在粉碎前把钛粉冷却到5℃，粉碎后把钛粉放到沉淀池用冰冷却。也有人建议把冰直接加到球磨机中，为了进一步降低粉碎温度还推荐采用液氮，但这些建议在工艺上和设备上都相当复杂。

为了制备超细金属粉可以采用高分子有机液体如正庚烷、环己烷、异辛烷、甲苯、四氯化碳作为分散剂。振动球磨机内要充满分散剂，还应该添加缓蚀剂，一般选用能在钛粉表面形成牢固油膜的润滑性物质作为防止钛粉黏结的缓蚀剂，如氯化烃、有机硫化物、磷化物和硫酸盐、磷酸盐等，加入缓蚀剂后还提高了粉碎效率。钛粉碎采用的分散剂是酒精。

填料和聚合物之间亲和力大小是决定细粉料添加到聚合物中能否起到增强作用的关键，对于细粉料尤其是金属粉料利用性质上和待添加聚合物相近的低分子有机物、单体预先进行表面改姓，有助于在固体粉料表面上发生聚合和促进自身聚合的作用，这一处理方法有着特殊的意义。填料表面经过改性可以大大提高填料和聚合物之间的润湿性，增强聚合物-填料界面间的相互作用，从而改善填料在聚合物中的分布。添加改性填料可以改善油漆、聚合物涂层、黏合剂、填料橡胶及其他聚合物材料的性能。因此，利用含有官能团的低聚物作为粉碎助剂来强化金属粉碎的力化学法有着重要意义。采用添加这些有机物的原子团和官能团在新生钛粒子表面上的化学吸附有助于钛粉进一步改性，有利于钛粉的细化和防止钛粉的氧化。

钛粉当作填料添加到树脂中，其耐蚀性是不容怀疑的，但对聚合物性能的改性作用与添加其他无机填料无本质差别，也就是说机械地将工业钛粉作为一般填料来用，无论从技术观点，还是从价值上看都是不合理的。

钛韧性好，有黏性，与氧亲和力大，导热性差，超细钛粉易燃易爆，在正常情况下采用通常机械粉碎方法制备超细钛粉是相当困难的。因此，研究低聚物对钛粉粉碎过程的影响和研究金属-低聚物的界面处力化学作用规律，对金属粉碎动力学研究、对制成的金属聚合物结构研究、对超细钛粉表面改性的研究都有重要意义。

粒径在 $100\sim1000nm$ 之间的超微金属粉，对聚合物的改性作用具有普遍性，其作用中虽然化学作用占据主导地位，但物理作用仍然显著存在。当金属粉转化为近纳米数量级时，其作用性质较超微粒子会有质的突变，这已被试验所证实。因此，全面系统地研究在不同性质聚合物中粉碎钛粉时，钛粒子和低聚物界面处发生的力化学反应过程的规律，以及采用低聚物混合物来改性钛粉表面的处理方法具有重大的科学意义和实际意义。

6.2.2 高效能粉碎机

工业上，把固体物质粉碎到几百微米，尽管消耗能量较大，总还是比较容易做到的。要进一步进行超细粉碎，所需能量就会大大提高，粉碎效率也会明显降低。若想将固体粒子粉碎到 $50\mu m$ 以下，最好采取振动作用，它非常有利于被粉碎材料块沿着最弱的结构缺陷处产生疲劳破坏，粉碎粗的粒子所需频率不高，对于超细粉碎就应该提高振动频率，单一的机械粉碎不能产生小于 $1\mu m$ 的超细粉。在钛粉细化过程中钛粉硬度显著提高，钛粉导热性差，易黏结成团，堆积在设备偏角处，单靠球体研磨作用已达不到进一步细化的目的。作者提出流态化粉碎动力学概念：一要改变粉碎方式，把球磨粉碎为主转化为冲击粉碎为主；二是保持钛粉在粉碎过程中处于悬浮状态，不产生黏结并有利于散热。为此，必须使球研磨体具有足够高的冲击线速度，必须保证球磨筒内有充分空间，通常球磨机珠子装载量为全充满装载量的 2/3 左右，而该装载量实现不了上述目的。珠子的配伍是影响粉碎效率的重要因素，通常球磨机都有最佳配伍。而高效能粉碎机则不然，对珠子密度有严格的要求，为了避免球磨体在球磨机中贴壁运行，珠子密度、直径和转速三者间存在制约关系。该设备采用二次加速的方式运行，为了进一步强化粉碎效率，设计了高频软支撑，其设计原理图如图 6-1 所示。

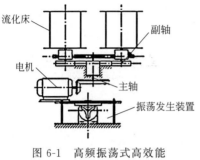

图 6-1　高频振荡式高效能粉碎机示意图

流化床　副轴　电机　主轴　振荡发生装置

工作原理：电动机经过变速箱使主轴达到设计要求的转速，主轴通过变速齿轮使副轴增速到所需的转速，副轴和反应器流化床直接相连。反应器流化床是一个可拆卸的独立结构。辅助振动发生装置赋予反应器流化床以高频振荡。单机处理能力为 $15 \sim 20 kg/d$。

6.2.3　表面活性剂对钛粉粉碎的影响

当金属粉和聚合物一起进行粉碎时，聚合物的加入对球磨机中金属粉的细磨非常有利。在动负荷条件下，聚合物大分子被化学活化，与金属粉新生的表面相互作用，降低了钛粉的表面自由能，有利于金属粉的细化。

在环氧树脂或聚硫橡胶存在下进行粉碎时，相界面处会发生一系列机械化学反应，使得钛粉比表面积急剧增大，红外光谱和 X 射线能谱分析表明，在对钛粉进行机械化学粉碎过程中，发生了环氧基开环、环氧树脂结构化和再聚合、环氧树脂遭到机械破坏生成游离原子团，以及其在钛粉表面产生化学吸附。采用聚硫橡胶粉碎钛粉时，聚硫橡胶分子—S—S 和—C—S 产生断键，形成的游离基吸附在钛粉表面上。机械力对聚合物的破坏作用导致的化学反应对钛粉的细化非常有利。与此同时，聚合物里存在具有活性表面的钛粉也有利于上述化学反应的进行。因此，金属机械化学粉碎过程和用聚合物改性金属表面的过程是相互联系又相互依赖的。粉碎的结果不仅使得单个的组分发生巨大变化，而且使得整个体系的化学结构和金属粉细度都发生巨大变化。

钛粉粉碎时添加聚合物会使得钛粉表面能降低。要想制备多组分金属聚合物，最重要的是所要选用的低聚物或聚合物必须具有反应活性。采用低聚物或聚合物及其混合物来改性金属填料时影响金属粉机械化学改性的主要因素有聚合物加入量、组成比、粉碎时间等。

低聚物加入量对钛粉比表面积的影响见表 6-1。

表 6-1　环氧预聚物加入量对钛粉比表面积（S）的影响

环氧预聚物加入量/g	0	5	7	9	10	12	15	20
$S/(m^2/g)$	0.2	4.8	5.7	6.0	5.6	4.6	4.0	3.45

从表 6-1 看出，环氧预聚物加入量对钛粉粉碎后比表面积有很大影响，加入环氧预聚物后粉碎强度有明显提高，比表面积迅速增大，但是比表面积随环氧预聚物加入量提高并不呈线性关系，而是存在极值特征。表现为环氧预聚物加入量介于 7~10g 之间，比表面积最大。

从图 6-2 和图 6-3 看出，不管加入单一聚合物还是混合聚合物，其加入量都存在最佳加入量。在 100g 钛粉中加入 10g E-44 和 8g 聚硫橡胶相应最大比表面积为 $10.5m^2/g$ 和 $5.8m^2/g$（粉碎 1h）。可见，钛粉和聚合物共同粉碎过程中，钛粉强度下降程度及其粉碎难易程度和聚合物加入量以及聚合物大分子被机械破坏后生成的大原子团的量有直接关系。随着聚合物加入量增加，钛粉比表面积显著增大，当聚合物加到一定量时，金属粉粒子之间会形成一层有机层，不利于钛粉进一步粉碎，使粉碎效率降低。添加聚合物混合物进行粉碎时，随着混合物中环氧树脂浓度提高，钛粉比表面积下降，逐渐接近纯环氧树脂的值。采用混合物粉碎的钛粉比表面积比用单一聚合物的大，高分子量的聚合物对钛的粉碎更有利。 当环氧树脂和

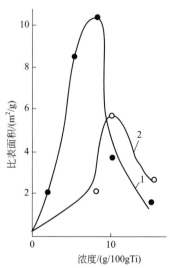

图 6-2　钛粉比表面积与
单一聚合物加入量的关系
1—E-44；2—聚硫橡胶（粉碎时间 1h）

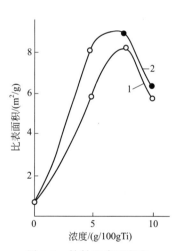

图 6-3　钛粉比表面积和
混合物加入量的关系
1—E-44∶聚硫橡胶＝4∶6；
2—6∶4（粉碎 1h）

聚硫橡胶组分比接近 1:1 时,二者相互作用会形成立规式共聚物,同时该混合物中共聚物含量最高,立规式共聚物大分子很容易被机械破坏,形成的大原子团非常有利于钛粉的粉碎。但是,钛粉比表面积的极值稍向聚硫橡胶浓度低的方向移动,并且产生最大极值（$10.5 m^2 / g$）。

在这里强调指出,低聚物或聚合物的添加量必须要严格控制,如果添加量不足以用来包覆超细金属粒子,那么它们一旦接触空气就会燃烧或爆炸。

6.2.4 机械作用对表面活性剂的影响

大量试验证明,在机械力作用下高分子化合物都会发生断键,生成游离原子团。图 6-4 示出了环氧树脂经不同时间研磨后的红外光谱,从图中看出,研磨后环氧树脂的红外光谱和未研磨的有很大差别。

环氧树脂-钛粉混合物经不同时间粉碎后的红外光谱示于图 6-5。

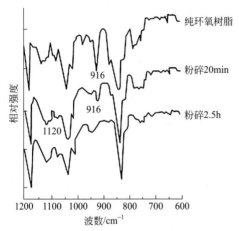

图 6-4　经不同研磨时间后
环氧树脂的红外光谱

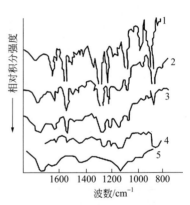

图 6-5　环氧树脂-钛粉混合物
经不同时间粉碎后的红外光谱
1—纯 E-44;2—10min;3—20min;
4—30min;5—纯钛粉

从图中看出,经不同时间粉碎后,环氧树脂化学结构发生很大变化,环氧树脂 $920 cm^{-1}$ 吸收峰相对强度随粉碎时间延长大大降低,即使粉碎时间很短（<30min）,混合物中环氧基含量也会降低很多,而同时 C—O—C键的 $1120 cm^{-1}$ 吸收峰相对强度则显著增强。这表明粉碎过程中机械化学作用有利于环氧基的开环。

笔者还研究了研磨粉碎时间对钛粉比表面积的影响。将低聚物和钛粉比例固定的混合物进行不同时间的研磨，测定其研磨产物比表面积随研磨时间的变化，结果如图 6-6 所示。

从图 6-6 和图 6-7 看出，不管是添加单一聚合物，还是聚合物混合物，随粉碎时间延长钛粉比表面积都明显增大，在相同粉碎时间内 E-44 的助粉碎作用比聚硫橡胶显著，但是添加混合聚合物时，橡胶含量增加反而使其助粉碎效率增大。在 3～4h 粉碎时间内，不管金属还是非金属当添加表面活性剂后进行粉碎，其比表面积随粉碎时间延长都呈单调增大。在达到极值之前，聚硫橡胶对钛粉的助粉碎作用比环氧树脂大。

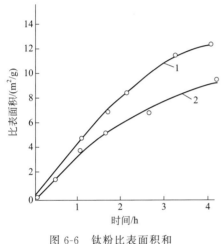

图 6-6　钛粉比表面积和
粉碎时间的关系（一）
1—E-44；2—聚硫橡胶

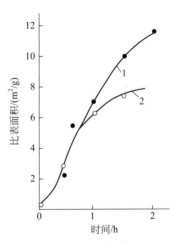

图 6-7 钛粉比表面积和
粉碎时间的关系（二）
1—E-44：聚硫橡胶＝4：6；
2—6：4

在此特别指出，向金属粉中添加聚合物的量必须要精确，聚合物对整个粉碎过程起着双重作用，一方面能降低固体粉的强度，另一方面还起到散热作用。

原始粗大的钛粉当添加聚合物后进行粉碎，钛粉细度都会明显增大，但是它的分散性不好，呈团聚状态。只有粉碎 2～2.5h 后，钛粉才呈现高弥散分布，由于粉碎过程中高频机械作用，超细钛粉在球接触处易生成团，仍然呈聚集状态。随着钛粉细度提高，球与球之间聚合物层厚度减薄，超细钛粉就更容易成团。但是，改性钛粉成团量很少，随粉碎时间延长其比表面积仍继续增大。X 射线衍射分析证明，粉碎时间也存在一个最佳处理时间，过长时间粉碎将导致钛粉氧化。

7

热分解法制备微纳米金属聚合物

7.1 金属甲酸盐热分解法

7.1.1 概述

一些有机和无机金属化合物在还原气氛中或真空中加热到一定温度就会发生分解，生成超细金属粒子，这些化合物在有机介质（油、高沸点溶剂）中加热不仅能发生分解，并且还能生成浓的金属溶胶。

热分解法制备微纳米金属聚合物原理是采用有机金属化合物（主要是金属甲酸盐）在有机聚合物存在下加热分解，微纳米金属粒子生成瞬间具有非常发达的活性表面，原位就和后添加的有机聚合物大分子发生化学反应生成稳定的微纳米金属聚合物。其具体方法如下：首先把有机金属化合物在有机物单体、初聚物、熔体或悬浮液中进行分散，然后脱除溶剂或水，随后在 30~300℃ 范围内渐次加热使有机金属化合物分解。为了保证生成的微纳米金属粒子均匀包覆有机聚合物，最好是先制成有机聚合物溶液，再把有机金属化合物分散到其中形成高分散悬浮液，而后采用共沉析法除掉溶剂，最后在相应最佳工艺条件和温度下进行真空还原。甲酸盐还原分解时必须进行强烈搅拌，确保还原反应均匀，此时会有气体放出。甲酸盐分解析出的气体要随着还原反应进行逐渐排出，否则会污染最终产品。加入的有机聚合物可以有效防止新生微纳米金属粉被氧化，微纳米金属粉生成瞬间反应活性非常高，可成为有机聚合物或树脂的硫化剂或固化剂，甚至引发或造成单体聚合。

分解温度较低的金属化合物大都是金属甲酸盐，它们加热分解时除了生成超细金属粉，还放出挥发性产物（CO_2、CO、H_2）。Ag、Cu、Ni、Co、Fe、Pb 的甲酸盐分解温度都没有超过 250℃。

差热分析证明，甲酸铁、甲酸钴、甲酸镍在 102～103℃加热先失掉未化合的水，115～137℃失掉结晶水，甲酸镍分解温度 192℃、甲酸钴分解温度 203℃、甲酸铁分解温度 216℃，生成的金属粉里金属含量都约为 96.3%。甲酸银在 64～67℃就发生强烈分解，甲酸铜在 186℃开始发生分解。

不同金属甲酸盐分解生成可燃性金属超细粉和金属氧化物，Co、Ni、Cu、Pb 的甲酸盐按下式分解：

碱金属甲酸盐分解生成草酸盐和碳酸盐：

$$2HCOOM \Big\langle {\ M_2C_2O_4 + H_2 \atop M_2CO_3 + H_2 + CO}$$

同时还发生如下副反应：

$$3H_2 + CO \longrightarrow CH_4 + H_2O$$

$$2H_2 + CO \longrightarrow CH_3COH$$

$$H_2 + CO \longrightarrow HCHO$$

$$2HCHO \longrightarrow HCOOCH_3$$

Co、Ni、Cu、Pb 的甲酸盐分解副反应不多，主要产物是 M、MO、CO、CO_2、H_2。甲酸盐热分解温度间隔如表 7-1 所示。

表 7-1　甲酸盐热分解温度间隔

甲酸盐	分解温度间隔/℃	气体产物
HCOONa	320～420	H_2、CO、CO_2、CH_4 等
HCOOK	360～480	H_2、CO、CO_2、CH_4 等
Ca(HCOO)$_2$	400～495	H_2、CO、CO_2、CH_4 等
Sr(HCOO)$_2$	340～500	H_2、CO、CO_2、CH_4 等
Ba(HCOO)$_2$	400～460	H_2、CO、CO_2、CH_4 等
Mg(HCOO)$_2$	330～460	H_2、CO、CO_2、CH_4 等
Mn(HCOO)$_2$	260～410	H_2、CO、CO_2、CH_4 等
Zn(HCOO)$_2$	210～360	H_2、CO、CO_2、CH_4 等
Cd(HCOO)$_2$	230～305	H_2、CO、CO_2、CH_4 等
Cu(HCOO)$_2$	170～225	只有 H_2、CO、CO_2
Co(HCOO)$_2$	245～300	只有 H_2、CO、CO_2
Ni(HCOO)$_2$	260～290	只有 H_2、CO、CO_2
Pb(HCOO)$_2$	260～340	只有 H_2、CO、CO_2

一些甲酸盐分解时分解产物数量比列于表 7-2。

表 7-2　几种甲酸盐分解产物数量比

甲酸盐	$[M^{2+}]/[M^{2+}+M]$	$[CO]/[CO+CO_2]$	甲酸盐	$[M^{2+}]/[M^{2+}+M]$	$[CO]/[CO+CO_2]$
Co(HCOO)$_2$	0.491	0.245	Cu(HCOO)$_2$	0.096	0.040
Ni(HCOO)$_2$	0.197	0.103	Pb(HCOO)$_2$	0.163	0.075

在较低温度能分解成超细金属粉的金属无机盐有：亚铁氰酸铁、铁氰酸铁。在 300℃ 以上的 N_2+H_2 混合气体中加热，亚铁氰酸铁就能分解生成 α-Fe 粉。此外，$Fe_2^{II}[Fe^{II}(CN)_6]$、$Fe_4^{III}[Fe^{II}(CN)_6]_3$、$Fe_3^{II}Fe_2^{III}[Fe^{II}(CN)_6]_3$、$Fe_3^{II}[Fe^{III}(CN)_6]_2$ 和 $Fe_3^{II}Fe_4^{III}[Fe^{III}(CN)_6]_6$ 在 180～240℃ 下加热都能发生分解，所得固体产物含有 30%～80% 超细铁粉和部分碳化铁，大部分固体产物在初始 1h 就生成了。

热塑性聚合物有机溶液作为有机介质已获得成功应用。

在有机介质中金属有机化合物分解瞬间，生成的超细金属粒子表面非常发达，活性也非常高，有利于金属表面原子和聚合物官能团双键以及聚合物大分子受热部分分解生成的原子团之间发生相互作用。采用热分解法制备金属聚合物的实质就是：把易分解的有机金属盐磨细后加入有机聚合物介质中，进行强烈搅拌，让聚合物把金属有机盐粒子包覆起来，制成金属有机盐的浓溶胶，经过干燥处理，在专用的加热炉抽真空条件下，在最佳分解温度加热处理。在聚合物介质里金属有机盐完全分解所需时间比纯盐长得多，因为聚合物导热性低。

随着温度提高，甲酸铅按照如下反应发生分解：

$$Pb(HCOO)_2 = Pb + 2CO_2 + H_2 \tag{7-1}$$

$$Pb(HCOO)_2 = PbO + CO_2 + HCOH \tag{7-2}$$

$$Pb(HCOO)_2 = Pb + CO_2 + HCOOH \tag{7-3}$$

反应式（7-1）是主反应，但是这个反应并不是一开始就发生，在240~260℃加热时，初始反应是式（7-2），随着反应进行，式（7-3）反应速率急剧下降，反应式（7-1）占据优势。除上述主反应外，还发生以下次级反应：

$$PbO + HCOH = Pb + HCOOH \tag{7-4}$$

$$PbO + H_2 = Pb + H_2O \tag{7-5}$$

实验测定甲酸铅起始分解温度为220℃，甲酸铅分解能约20kcal/mol。

采用差热分析法可以求出金属甲酸盐的最佳分解温度，几种甲酸盐差热分析曲线示于图7-1，可见，在甲酸铅的差热分析曲线上有几个吸热反应，其中162℃是脱结晶水反应，186℃是热分解开始的吸热反应，240℃和249℃是甲酸铅热分解反应生成微纳米铅。从表7-1甲酸铅分解动力学数据得出，甲酸铅的最佳分解温度为240℃。

甲酸镉具有相似的差热分析曲

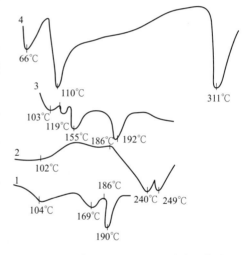

图7-1　不同金属的甲酸盐差热分析曲线
1—铜；2—铅；3—镍；4—镉

线（图7-1，曲线4），100~110℃是脱结晶水反应，311℃是甲酸镉分解生成微纳米镉。从图7-1中曲线1看出，甲酸铜起始分解温度是150℃，完全分解温度是190℃。

甲酸镍分解反应比较复杂，主分解反应生成摩尔比为 $H_2 : CO_2 = 1 : 2$ 的混合气体［见式（7-6）］和摩尔比为 $H_2O : CO : CO_2 = 1 : 1 : 1$ 的混合气体［见式（7-7）］：

$$Ni(COOH)_2 = Ni + H_2 + 2CO_2 \tag{7-6}$$

$$Ni(COOH)_2 = Ni + H_2O + CO + CO_2 \tag{7-7}$$

除此之外，还有副反应生成少量的有机酸、酯及其他成分。在真空条件下热分解，有75％甲酸镍按式（7-6）进行反应。在160℃甲酸镍分解完全需要50min左右，如果把甲酸镍放到油里加热分解，实际分解温度要提高50℃。实验证明与干粉甲酸盐一样，随温度提高达到最大分解速度所需时间缩短，例如，在200℃加热达到最大分解速度需要50min，240℃时仅需要8min。甲酸盐在油中分解温度要提高，但是油能阻碍新生高活性微纳米金属粒子的团聚和再结晶，这样制得的粉更细，同时油还能有效防止金属粒子被氧化。作为脂肪加氢催化剂，在油中甲酸盐分解制得的催化剂活性实际上超过了干粉甲酸盐。实验表明甲酸镍分解温度介于160～240℃，在190℃出现最高吸热峰。

7.1.2 环氧树脂和聚苯乙烯基微纳米金属聚合物的制备条件

在有机聚合物介质中制备超细金属粉时，由于新生超细金属粒子表面存在活化中心，又处于加热状态，超细金属粒子表面活化中心和有机聚合物大分子之间非常容易发生化学吸附反应。热分解法制备微纳米金属聚合物的装置示意图见图7-2，生产装置设计特别要考虑以下几点：①甲酸盐的分解区温度范围要宽而且必须连续可调；②设备要具备抽真空或充氮气的条件。

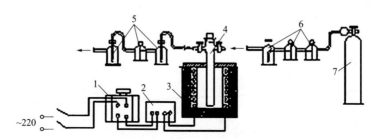

图 7-2 热分解法制备金属聚合物装置示意图
1，2—稳压器；3—加热炉；4—反应器；5，6—吸收剂；7—氮气瓶

甲酸铅、甲酸铜热分解温度为190～240℃，热分解反应如下：

$$M_e(HCOO)_2 \Longrightarrow M_e + 2CO_2 + H_2$$

大家知道，聚苯乙烯受热会分解，为了使聚苯乙烯在甲酸盐热分解温度下降解最少，做了真空条件下聚苯乙烯热失重曲线（图7-3），可见初始2h热失重为11％～12％，在190～240℃加热4～6h，热失重基本未变。在280℃加热，热失重急剧增大。

甲酸铅、甲酸铜在聚苯乙烯中的还原动力学示于图7-4、图7-5。在聚苯乙烯存在下，甲酸铅、甲酸铜热分解最佳条件是190℃/5～6h或240℃/

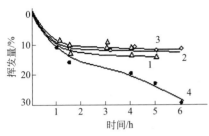

图7-3 不同温度下聚苯乙烯挥发量与温度的关系

1—150℃；2—190℃；3—240℃；4—280℃

1～1.5h。这时甲酸铅、甲酸铜还原最充分，热分解温度又低聚苯乙烯降解就少。聚苯乙烯降解会析出苯乙烯，苯乙烯具有很强的还原性，因此在聚苯乙烯中金属甲酸盐分解反应非常剧烈，反应进行得很完全。为了使金属甲酸盐能均匀分散在聚苯乙烯中，首先要把金属甲酸盐分散到聚苯乙烯的甲苯溶液里，形成均匀的悬浮液，然后再用甲醇进行凝

胶化处理，脱掉溶剂甲苯，最后进行热分解，这样制得的铅或铜粒子大小为20～100nm。把该产物放在溶剂中，底部沉淀是含8%～15%微纳米金属聚合物，上部是聚苯乙烯稳定化的微纳米金属聚合物的悬浮液，放置几个月也不会再产生沉淀，凝聚后金属聚合物里含有15%Pb。

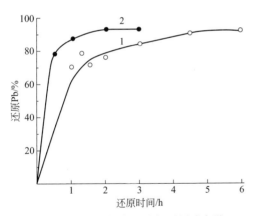

图7-4 聚苯乙烯中甲酸铅还原动力学

1—190℃；2—240℃

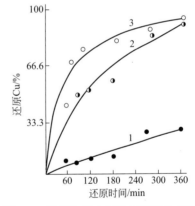

图7-5 聚苯乙烯中甲酸铜还原动力学

1—150℃；2—190℃；3—210℃

该方法可使聚苯乙烯具有导电性，提高了聚苯乙烯的强度、耐磨性、耐热性。聚苯乙烯加入2.5%Pb使玻璃化温度提高19℃，流变温度提高30℃。添加4.2%Cu玻璃化温度提高17℃，流变温度提高21℃，随Cu含量增加，玻璃化温度和软化温度都急剧提高，含Cu达到70%时，聚苯乙烯发生快速结构化，这时加热到250℃也不软化。

采用热分解法在256℃制备了以己内酰胺为基的Pb、Cu金属聚合物，

纯己内酰胺、己内酰胺-甲酸铅、己内酰胺-甲酸铜的聚合动力学曲线示于图 7-6。从图可见随金属含量提高聚合产率提高，己内酰胺里添加 9.8％胶体铅，聚合速度就急剧加快，聚合 40min，尼龙产量为 20％；聚合 80min，为 40％；聚合 200min 达到 90％。加入 0.5％胶体铜，就明显使己内酰胺聚合加快。

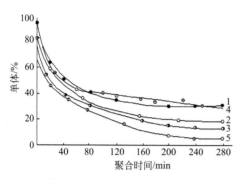

图 7-6　不同含量超细金属对
己内酰胺聚合的影响

1—纯己内酰胺；2—含 0.5％Cu；3—含 1.0％Cu；
4—含 1.4％Pb；5—含 9.8％Pb

X 射线分析表明，在胶体 Pb 或 Cu 存在下己内酰胺聚合生成的尼龙和纯己内酰胺聚合产生的纯尼龙的图谱不同，说明己内酰胺里氮原子和胶体金属粒子表面相互作用形成了配位键，尼龙的羰基中氧和金属表面原子反应还会形成离子-偶极子键。己内酰胺添加胶体 Pb 或 Cu 使尼龙的热力学性能获得显著改善，例如，纯尼龙熔融温度为 196℃，添加 9.8％Pb 的尼龙的熔融温度为 215℃。

含胶体铜的金属聚合物是红色，含胶体铅的金属聚合物是黑色。

环氧树脂基微纳米金属聚合物制备具有自身的特点：环氧树脂和新生微纳米金属粒子相互作用使环氧基开环，并和金属表层原子化合生成相应的金属聚合物，反应过程如下：

$$CH_2\!-\!CH\!-\!R\!-\!CH\!-\!CH_2 \longrightarrow CH_2\!-\!CH\!-\!R\!-\!CH\!-\!CH_2$$

而生成三维立体结构，微纳米金属粒子常常是环氧树脂的有效固化剂。

环氧树脂和环氧树脂-甲酸铅的差热分析曲线见图 7-7，从图看出，260℃环氧树脂也未发生明显变化，但是环氧树脂-甲酸铅混合物的差热分析曲线上在 240℃和 259℃处产生两个吸热峰，表明甲酸铅分解生成微纳米金属铅。曲线 3 是 110 质量份环氧树脂＋4.3 质量份甲酸铅混合物的差热分析曲线，开始的 190℃处放热峰表征甲酸铅分解产生的微纳米铅粒子和环氧树脂分子产生了化学反应，212℃放热反应达到极点，249℃峰值表征微纳米铅粉使环氧树脂产生了固化。

差热分析曲线上如果出现新峰就表明聚合物大分子和新生成微纳米金属粒子表面间产生一个新的反应过程，这时同时发生两个反应：一个是甲酸铅热分解的吸热反应；另一个是聚合物大分子和原位生成的微纳米铅粒子表面相互作用产生的放热反应，总的热效应表现是放热，因此，差热分析曲线上240℃和259℃处的吸热峰均完全消失了。190℃和210℃条件下的金属聚合物生成动力学曲线示于图7-8，可见，环氧树脂中加入5%（质量分数）的铅金属聚合物，在240℃大部分环氧树脂（86%）经30min就固化了，45min有95%树脂固化。随着温度下降，固化速度急剧减慢，190℃经90min仅有68%树脂固化。

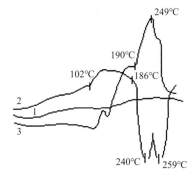

图 7-7　环氧树脂（1）、甲酸铅（2）
及二者混合物（3）的差热分析曲线

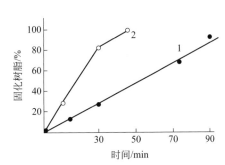

图 7-8　甲酸铅还原过程中
环氧树脂固化动力学曲线
1—190℃；2—240℃

7.1.3　环氧树脂基微纳米铜金属聚合物的制备

已经知道，胶体金属的交联作用和环氧树脂采用固化剂——聚酰胺固化的作用一样，通常环氧树脂固化都伴有热效应发生，环氧树脂 E-51 大分子和甲酸铜热分解生成的胶体铜粒子相互作用也伴有明显的热效应发生，其差热分析结果示于图 7-9。

从图 7-9 看出，甲酸铜热分解温度为 186～190℃。在 190℃存在非常明显的放热效应，其放热峰的强度随铜含量增大而增强，纯环氧树脂则没有明显变化（图 7-9，曲线 2），特别要注意，环氧树脂添加甲酸铜后，在 190℃甲酸铜分解生成胶体铜瞬间环氧树脂就产生了固化，红外光谱测定证明，胶体铜使环氧树脂固化过程伴随环氧基含量减少。含有 30%Cu 的样品 210℃/2h 处理后，残留的环氧基含量仅为初始含量的 16%。

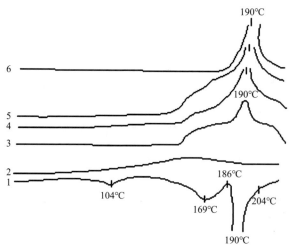

图 7-9　差热分析曲线

1—甲酸铜；2—环氧树脂 E-51；3—E-51＋20％胶体铜；
4—E-51＋30％Cu；5—E-51＋40％Cu；6—E-51＋50％Cu

环氧树脂和胶体铜粒子相互作用还可能生成新的大原子团，因此采用电子顺磁共振技术分析了甲酸铜热分解时生成的胶体 Cu 粒子和环氧树脂的瞬间作用。

对甲酸铜、环氧树脂及含不同浓度甲酸铜复合物，在 20～300℃温度范围内做了电子顺磁共振研究，确定甲酸铜（Cu^{2+}）常温电子顺磁共振信号幅宽 $\Delta H = 76 Oe$（$1 Oe = 79.5775 A/m$），190℃信号消失，表明甲酸铜全部生成了胶体铜。环氧树脂在 260～270℃信号幅宽 $\Delta H = 200 Oe$，进一步提高温度，信号幅宽变为常数，但是强度加大，表明环氧树脂可能发生了热氧化分解及碳化。

E-51-甲酸铜混合物加热到 190～210℃，表征 Cu^{2+} 的信号峰消失，纯环氧树脂 E-51 在此温度也无特征信号，取而代之出现一个新的信号，其强度随温度提高急速增大，峰宽保持不变，为 10.9 Oe（图 7-10），这表明在铜金属聚合物生成期间，环氧树脂发生了固化反应，生成了新的大原子团，并且具有稳定的三维结构。铜含量不同、加热温度不同，原子团生成量不同（见图 7-11），原子团生成量和温度成正比，也和 Cu 含量有重大关系，即 Cu 含量越高，在相同温度下

图 7-10　含 20％胶体铜环氧树脂 E-51 在不同温度的电子顺磁共振谱

a—190℃；b—230℃；c—250℃

生成的原子团越多，所以，和环氧树脂发生反应的胶体 Cu 粒子越多，环氧树脂生成新的大原子团越多，这已被实验所证实。图 7-10（b）提供了恒温条件下 Cu 含量不同样品中新原子团的生成动力学，表明 Cu 含量越高，生成的原子团越多，并且很稳定，室温下可存在几个月。

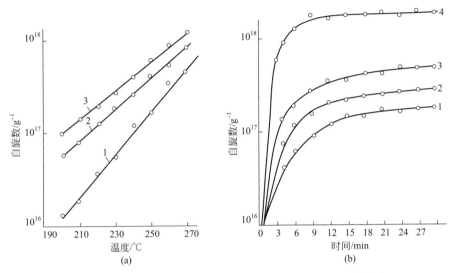

图 7-11　原子团浓度随温度的变化（a）和 230℃原子团生成动力学（b）
铜含量：1—5％；2—10％；3—20％；4—30％

7.1.4　环氧树脂基 Fe、Co、Ni 金属聚合物的生成条件

很早已证明，Fe、Co、Ni 的甲酸盐在高沸点有机溶剂中加热可分解生成金属有机溶胶。甲酸盐分解瞬间生成的超细金属粒子具有非常发达的活性表面，会和周围介质产生相互作用。如果金属盐在极性聚合物里进行热分解，那么聚合物就和热分解产生的超细金属粒子表面相互作用形成双相稳定的金属聚合物，聚合物和金属粒子表面的相互作用是化学吸附作用。

为了制备金属聚合物，首先要把金属甲酸盐粉碎，通过 $45\mu m$ 筛网，再将其加入环氧树脂溶剂里制成金属甲酸盐悬浮液，放到加热炉中进行加热，严格控制温度。

采用差热分析法和脱吸法可以确定金属聚合物生成的最佳条件和分析环氧树脂与新生胶体金属粒子间的相互作用过程。图 7-12（a）示出了甲酸铁含量不同的环氧树脂混合物的升温曲线。可以看出，含 5％甲酸铁的环氧树脂混合物在 218℃出现一个很窄的强放热峰（曲线 2），这时纯甲酸铁的分解，伴随很强的吸热效应（曲线 1）。升温曲线 2 出现的放热效应，就是超细铁粒子表面和 E-51 环氧环发生的化学吸附反应的表征，该反应进行得如此强烈，以至于其反应热效应盖住了甲酸盐热分解的吸热效应。

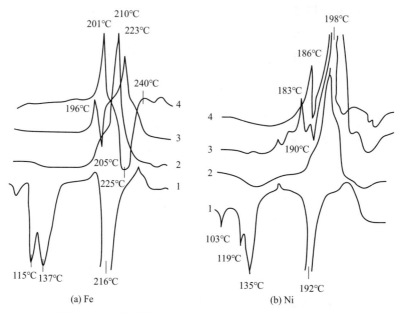

图 7-12　纯甲酸盐（1）、环氧树脂里添加 5％金属（2）、
添加 10％金属以及添加 20％金属（4）混合物升温曲线

特别指出，提高环氧树脂里甲酸铁含量其升温曲线和含 5％甲酸铁的稍有不同，如含 10％甲酸铁的升温曲线在 196～223℃ 出现一个新的放热峰，205℃ 还出现一个吸热峰。196℃ 放热效应是表征甲酸铁开始分解和热分解生成的铁粒子与环氧树脂开始相互作用；经过一定时间，甲酸铁分解效应和环氧树脂混合物与热分解生成的金属粒子相互作用效应的总热效应变为负值，导致在 203℃ 出现吸热效应；再提高温度，甲酸铁完全分解，生成的大量活性金属铁粒子和环氧树脂相互反应，导致升温曲线上 223℃ 出现放热效应。

甲酸盐含量并没有影响升温曲线的基本形态，初始出现的 201℃ 强放热峰被随后 225℃ 出现的放热峰所覆盖，在 240℃ 又出现一个放热峰。

Co、Ni 和环氧树脂发生相互作用时也产生强烈的放热效应，环氧树脂-甲酸钴混合物升温曲线和环氧树脂-甲酸铁混合物的升温曲线相似，看上去几乎没有区别；环氧树脂-甲酸镍混合物升温曲线和甲酸铁的稍有区别，如图 7-12（b）所示，186℃放热效应不太强烈，190℃甲酸镍分解产生的吸热效应也比较弱。应该指出，环氧树脂和原位热分解出的 Fe、Co、Ni 粒子相互作用，使环氧树脂产生交联转变成不溶、不熔的固体产物。三者生成的金属聚合物都是黑色的。

采用甲苯萃取出未交联环氧树脂的方法来研究金属聚合物的生成动力学。样品在甲苯中搅拌萃取 30min，用红外光谱法测定甲苯中树脂浓度，结果示于表 7-3。

表 7-3　交联树脂量随金属含量、加热时间的变化

金属	金属聚合物里金属含量/%	不同加热时间(h)交联树脂量/%		
		2	6	12
Fe	10	98.27	99.84	99.40
	20	98.32	99.03	99.48
	30	98.30	99.08	99.49
Ni	10	75.80	96.39	98.30
	20	94.00	97.40	98.60
	30	94.40	97.80	98.88

从表 7-3 看出，交联树脂量随金属含量、加热时间延长而增加。对于铁金属聚合物加热 2h 和 12h 交联树脂量绝对值差别不大，确保有 99% 树脂被金属交联的最佳时间是 6h。然而，镍金属聚合物交联的树脂量比铁的低很多，同样含 10% 金属加热 2h，镍金属聚合物交联的树脂仅为 75.80%，随加热时间延长，交联树脂量明显提高。Ni 金属聚合物交联树脂量比 Fe、Co 低，是因为它们都是过渡族元素，d 层电子未充满，当产生化学吸附时，聚合物就和金属 d 层电子结合生成金属表面化合物。Fe、Co 处于过渡族元素前面，化学活性相对较高，可以想象，在金属浓度、加热温度和加热时间相同的条件下，Fe、Co 粒子表面较容易产生环氧树脂的化学吸附，即使少量 Fe、Co 也几乎能把所有环氧树脂交联在一起。

温度升高，吸附量增加，证明该吸附是化学吸附。

7.1.5　环氧树脂-聚硫橡胶基 Pb 金属聚合物的制备

环氧树脂-聚硫橡胶在室温就具有很好的互溶性，按下式反应生成新的聚合物：

$$2R-CH_2-CH-CH_2 + 2RSH \longrightarrow$$
$$O$$

$$-R-CH_2-CH-CH_2-S-S-CH_2-CH-CH_2-R-$$
$$OH \qquad\qquad\qquad OH$$

其混合物可以采用聚酰胺固化。液体聚硫橡胶对金属的粘接性较差，而环氧树脂却能和超细金属粉表面相互反应导致自身环氧基开环生成表面化合物，为此，采用差热分析、电子顺磁共振、脱附和溶胀来分析混合物基甲酸盐热分解过程具有实际的应用意义。

绘制升温曲线的升温速度为 10℃/min。图 7-13 是纯环氧树脂、聚硫橡胶和二者不同质量配比混合物的升温曲线，可见，随着升温过程的进行，都产生固化和部分氧化分解，出现放热效应，并且随着混合物中聚硫橡胶含量增加放热效应出现温度向低温方向移动，例如，纯 E-51 放热峰温度是 370℃，添加 10％（质量分数）聚硫橡胶后降为 355℃，添加 25％（质量分数）和 50％（质量分数）聚硫橡胶后降为 305℃。

图 7-14 是以环氧树脂-聚硫橡胶混合物为基的金属聚合物材料的升温曲线。240℃和259℃存在两个吸热效应（曲线5），它代表甲酸铅分解生成了金属铅；曲线 4 上 238℃存在放热峰，显然是析出的铅粒子和树脂大分子

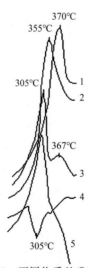

图 7-13　不同物质的升温曲线
1—纯环氧树脂；2—环氧树脂：聚硫
橡胶＝100：10；3—环氧树脂：聚硫
橡胶＝100：25；4—纯聚硫橡胶；
5—环氧树脂：聚硫橡胶＝100：30

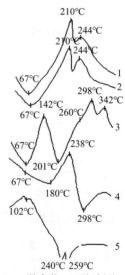

图 7-14　混合物（环氧树脂：聚硫
橡胶＝100：25）升温曲线
1—含 20％Pb；2—含 30％Pb；
3—含 30％Pb＋10％聚酰胺；
4—含 10％Pb；5—含甲酸铅

发生了化学吸附反应所致。在此指出，甲酸铅在 240℃是有很强烈吸热效应的，但其吸热峰却消失了，因为此时同时进行两个过程：甲酸铅热分解的吸热和生成的胶体铅与树脂大分子发生化学吸附作用，伴随强烈的放热。随甲酸铅含量增加上述放热峰温度下降到 210℃。存在 210℃和 244℃两个放热效应证明甲酸铅还原分为两个阶段，这和升温曲线相吻合。从曲线 3 看出，添加聚酰胺在 142℃出现第一个放热峰，这是聚酰胺使环氧树脂和聚硫橡胶混合物固化造成的。添加聚酰胺使得甲酸铅分解过程以及生成的铅粒子和该混合物相互作用过程都受到抑制，只能在更高温度下才能进行，因此在 298℃和 340℃出现两个新的放热峰。

7.2 金属草酸盐热分解法

7.2.1 金属草酸盐分解过程

金属草酸盐热分解划分为如下三种类型：

① 碱和碱土金属的草酸盐 它们的分解产物是碳酸盐和气体一氧化碳，反应式如下：

$$MC_2O_4 \longrightarrow MCO_3 + CO$$

② 过渡金属的草酸盐 它们热分解生成固体金属氧化物和气体一氧化碳及二氧化碳，反应式如下：

$$MC_2O_4 \longrightarrow MO + CO + CO_2$$

③ 重金属的草酸盐 它们热分解生成固体金属和气体二氧化碳，反应式如下：

$$MC_2O_4 \longrightarrow M + 2CO_2$$

重金属银、汞、铜、镍的草酸盐就按上式进行热分解。各种金属在元素周期表里的相对位置见图 7-15。

草酸盐热分解温度间隔如表 7-4 所示。

表 7-4 金属草酸盐热分解温度间隔

草酸盐	分解温度间隔/℃	草酸盐	分解温度间隔/℃
$Mg(COO)_2$	390~430	$Cd(COO)_2$	200~290
$Mn(COO)_2$	340~370	$Cu(COO)_2$	270~330
$Fe(COO)_2$	320~340	$Ag_2(COO)_2$	100~160
$Co(COO)_2$	310~330	$Zn(COO)_2$	310~350
$Ni(COO)_2$	260~320	$Pb(COO)_2$	310~370

IA	IIA											IIIA	IVA	VA	VIA	VIIA	
							1 H										2 He
3 Li	4 Be	IIIB	IVB	VB	VIB	VIIB	VIII			IB	IIB	5 B	6 C	7 N	8 O	9 F	10 Ne
11 Na	12 Mg											13 Al	14 Si	15 P	16 S	17 F	18 Ar
19 K	20 Ca	21 Sc	22 Ti	23 V	24 Cr	25 Mn	26 Fe	27 Co	28 Ni	29 Cu	30 Zn	31 Ga	32 Ge	33 As	34 Se	35 Br	36 Kr
37 Rb	38 Sr	39 Y	40 Zr	41 Nb	42 Mo	43 Tc	44 Ru	45 Rh	46 Pd	47 Ag	48 Cd	49 In	50 Sn	51 Sb	52 Te	53 J	54 Xe
55 Cs	56 Ba	57 La	72 Hf	73 Ta	74 W	75 Re	76 Os	77 Ir	78 Pt	79 Au	80 Hg	81 Tl	82 Pb	83 Bi	84 Po	85 At	86 Rn
87 Fr	88 Ra	89 Ac															

图 7-15　金属草酸盐热分解分类元素相对位置

①类—Li、Na、Mg、K、Ca、Rb、Sr、Cs、Ba、La、Fr、Ra、Ac；

②类—Be、Sc、Ti、V、Cr、Mn、Fe、Co、Y、Zr、Nb、Mo、Tc、Ru、Hf、Ta、W、Re、Al、Zn、Ga、Ge、In、Sn、Sb、Pb、Bi；

③类—Ni、Cu、Rh、Pd、Ag、Cd、Os、Ir、Pt、Au、Hg、Tl。

表 7-4 中草酸盐很容易生成金属和其氧化物，其反应通式如下：

$$M(COO)_x \longrightarrow M + CO + CO_2 + M_nO_m$$

这个通式涉及以下反应历程：

$$M(COO)_2 \longrightarrow M + 2CO_2$$

$$M + CO_2 \longrightarrow MO + CO$$

$$M(COO)_2 \longrightarrow MO + CO + CO_2$$

$$MO + CO \longrightarrow M + CO_2 \text{等等}$$

例如 Fe、Ni 的草酸盐分解生成可燃物：

$$FeC_2O_4 \longrightarrow Fe + 2CO_2 (\text{或 } FeO + CO + CO_2)$$

$$NiC_2O_4 \longrightarrow Ni + 2CO_2$$

碱金属和碱土金属草酸盐分解转变成稳定的氧化物例如：

$$MgC_2O_4 \longrightarrow MgO + CO + CO_2$$

其他金属化合物分解也会产生金属及其氧化物，并伴随放出不同气体产物。羰基、环戊二烯基、芳烃基金属化合物热分解会生成纯的超细金属，例如五羰基铁在 200℃分解可制得金属铁：

$$Fe(CO)_5 \longrightarrow Fe + 5CO$$

二苯基铬在300℃以上热分解生成易燃的铬和苯：

表 7-5 列出了一些化合物的离解键能。

表 7-5　M-CO、M-C$_5$H$_5$、M-C$_6$H$_6$的离解键能（D）

化合物	键型	D/(kcal/mol)
Ni(CO)$_4$	M-CO	35.5
Fe(CO)$_5$	M-CO	28.1
Mn(CO)$_{10}$	M-CO	23
Cr(CO)$_6$	M-CO	29.5
Mo(CO)$_6$	M-CO	36.2
W(CO)$_6$	M-CO	42.4
Ni(C$_5$H$_5$)$_2$	M-C$_5$H$_5$	60.8
Fe(C$_5$H$_5$)$_2$	M-C$_5$H$_5$	74.1
V(C$_5$H$_5$)$_2$	M-C$_5$H$_5$	88
Ti(C$_5$H$_5$)$_2$	M-C$_5$H$_5$	108
Cr(C$_5$H$_5$)$_2$	M-C$_6$H$_6$	40
Mo(C$_5$H$_5$)$_2$	M-C$_6$H$_6$	51
V(C$_5$H$_5$)$_2$	M-C$_6$H$_6$	68

7.2.2　二价金属草酸盐的热脱水和热分解反应

表 7-6 列出了氮气中室温至 1000℃金属草酸盐的热失重、差热分析的热力学数据和金属离子半径。$CaC_2O_4 \cdot H_2O$ 热失重 TG 曲线分成三段，相应地，在差热分析曲线 DTA 上，290℃有一个小放热峰而没有失重。$SrC_2O_4 \cdot 2H_2O$ 脱水分解成 $SrCO_3$，$SrCO_3$ 不能再分解了，在 875℃从 γ-$SrCO_3$ 相转变成 β-$SrCO_3$ 相。在差热分析曲线上，259℃ $SrC_2O_4 \cdot 2H_2O$ 的放热峰比 $CaC_2O_4 \cdot H_2O$ 更明显。$BaC_2O_4 \cdot H_2O$ 的失重及其差热分析曲线和 $SrC_2O_4 \cdot 2H_2O$ 非常相似。

表 7-6　热分析数据和金属离子半径

化合物	脱水过程			草酸酐分解				金属离子半径 /Å
	t_{H_2O}/℃	失重/%		t_d/℃	产物	失重/%		
		观测值	计算值			观测值	计算值	
$MgC_2O_4 \cdot 2H_2O$	157	23.6	24.3	380	MgO	46.4	48.5	0.78
$CaC_2O_4 \cdot H_2O$	100	12.5	12.3	418	$CaCO_3$	19.1	19.2	0.99
$SrC_2O_4 \cdot 2H_2O$	93	16.8	17.0	403	$SrCO_3$	14.0	13.2	1.27
$BaC_2O_4 \cdot H_2O$	97	6.2	7.4	395	$BaCO_3$	10.3	11.5	1.43
$MnC_2O_4 \cdot 2H_2O$	95	20.5	20.1	290	MnO	41.6	40.2	0.91
$FeC_2O_4 \cdot 2H_2O$	116	20.2	20.0	310	FeO	39.9	40.0	0.83
$CoC_2O_4 \cdot 2H_2O$	118	21.0	19.7	338	Co	47.0	48.1	0.82
$NiC_2O_4 \cdot 2H_2O$	137	18.6	19.7	310	Ni	46.7	48.2	0.78
$CuC_2O_4 \cdot 1/2H_2O$	—	—	—	235	Cu	59.8	60.2	0.72
$ZnC_2O_4 \cdot 2H_2O$	92	18.7	19.0	329	ZnO	39.3	38.0	0.83

注：t_{H_2O}为脱水失重开始温度；t_d为热分解失重开始温度。

离子半径比钙离子半径小的那些金属草酸盐分解成金属氧化物或金属。Mg、Mn、Fe 和 Zn 的草酸盐，随着金属离子半径增大，分解温度降低，它们分解生成金属氧化物和 CO、CO_2 平衡混合物，然而，Co、Ni 和 Cu 的草酸盐则随金属离子半径增大，分解温度提高，最终生成金属和 CO_2。

对不同的二价金属，其草酸盐按下式进行反应：

$$MC_2O_4 \longrightarrow MCO_3 + CO \qquad M = Ca(\text{Ⅱ}), Sr(\text{Ⅱ}) \text{和} Ba(\text{Ⅱ}) \qquad (7\text{-}8)$$

$$MC_2O_4 \longrightarrow MO + CO + CO_2 \qquad M = Mg(\text{Ⅱ}), Mn(\text{Ⅱ}), Fe(\text{Ⅱ}) \text{和} Zn(\text{Ⅱ}) \qquad (7\text{-}9)$$

$$MC_2O_4 = M + 2CO_2 \qquad M = Co(\text{Ⅱ}), Ni(\text{Ⅱ}) \text{和} Cu(\text{Ⅱ}) \qquad (7\text{-}10)$$

这些化学式和表 7-7 气体产物分析结果相吻合。

表 7-7　金属草酸酐分解气体产物分析

化合物	分析温度/℃	高温气体(括号中为摩尔分数,%)
MnC_2O_4	360	CO(48),CO_2(52)
FeC_2O_4	355	CO(44),CO_2(56)
CoC_2O_4	350	CO(17),CO_2(83)
NiC_2O_4	310	CO(0),CO_2(100)
CuC_2O_4	240	CO(0),CO_2(100)
ZnC_2O_4	350	CO(46),CO_2(54)

金属草酸盐脱水热 ΔH_{H_2O} 和分解热 ΔH_d 列于表7-8。

表7-8　金属草酸盐脱水热 ΔH_{H_2O} 和分解热 ΔH_d

化合物	$\Delta H_{H_2O}/(kcal/mol)$	$\Delta H_d/(kcal/mol)$
$MgC_2O_4 \cdot 2H_2O$	15.4	24.7
$CaC_2O_4 \cdot H_2O$	15.1	—
$SrC_2O_4 \cdot 2H_2O$	10.9	—
$BaC_2O_4 \cdot H_2O$	11.2	—
$MnC_2O_4 \cdot 2H_2O$	16.1	16.4
$FeC_2O_4 \cdot 2H_2O$	14.9	7.3
$CoC_2O_4 \cdot 2H_2O$	13.7	8.6
$NiC_2O_4 \cdot 2H_2O$	13.2	9.3
$CuC_2O_4 \cdot 1/2H_2O$	—	
$ZnC_2O_4 \cdot 2H_2O$	15.1	19.6

碱土金属草酸盐脱水热 ΔH_{H_2O} 几乎和脱水失重开始温度 t_{H_2O} 提高呈平行升高，然而，过渡族金属草酸盐脱水热 ΔH_{H_2O} 却随 t_{H_2O} 提高而降低。金属草酸酐分解当其产物是金属氧化物或金属时金属草酸盐 ΔH_d 和开始失重温度 t_d 没有特定关系。生成产物是碳酸盐的金属草酸盐的 ΔH_d 值没有精确测量出来。

金属草酸盐里结合水和金属离子键能很强，M—OH_2键能按以下顺序提高：Mn＜Zn＜Fe＜Co＜Ni。脱水热 ΔH_{H_2O} 等于含水和无水金属草酸盐位能之差。过渡金属 ΔH_{H_2O} 几乎与金属离子半径倒数 $1/r$ 增大呈平行下降。另外，酸酐里M-O$_{(OX)}$键能按下面排序提高：Mn＜Zn＜Fe＜Co＜Ni。在金属酸酐中M-O$_{(OX)}$键能比较大，络合金属离子的比较小，因此，草酸盐分解成氧化物开始是M-O$_{(OX)}$键断裂，因为这些金属草酸盐分解温度随着金属离子半径 $1/r$ 增大而提高。另外Co、Ni和Cu的草酸盐热分解温度随 $1/r$ 增大而降低，这时分解是酸根电子迁移到金属离子。

金属草酸盐有的能分解成金属，有的不能分解成金属，但是分解出的产物都具有很高的活性，对400℃以上耐热聚合物的稳定和作为填料使用将有很大的用途。

与通常把金属粉直接和聚合物机械混合不同，不管采用热分解法还是采用电解法制备微纳米金属聚合物最大优点是细度高、分散性好，而且金属粒子表面牢固地吸附了聚合物大分子，这样，大大改善了填充金属聚合物材料的物理化学、力学及其他性能，尤其是当采用电解法遇到聚合物溶解度低或阴极上难以生成超细金属粉时，这时采用热分解法就具有特殊的意义，热分解法制得的金属聚合物可直接使用，无须溶剂清除处理，因此金属甲酸盐在聚合物中热分解制备微纳米金属聚合物获得了广泛应用。该方法设备简单，无繁重劳动，经济实用。

8

微纳米金属粒子表面和聚合物的相互作用

8.1 钛纳米聚合物的物理化学表征

聚合物大分子和新生金属粒子表面相互作用的特点与很多因素有关，诸如聚合物和金属的性质、金属超细粉表面化学状态、聚合物和金属超细粉的接触条件。

本章主要讨论金属聚合物的生成机理，重点论述各种制备方法所获得的超细金属粉表面和不同聚合物大分子相互作用的机理。

8.1.1 钛纳米聚合物的红外光谱表征

经 1.5h 粉碎制得的钛纳米聚合物的红外光谱示于图 8-1 中。

将纯环氧树脂 E-51 和钛粉混合，在高效能粉碎机上粉碎不同时间，然后用溶剂从粉碎物中萃取，进行红外光谱分析。检测发现：①随着粉碎时间延长，萃取出来的树脂黏度逐渐增大，经过 3h 粉碎后萃取物的形态发生重大变化，环氧树脂结构产生了重大变化；②从图 8-1 看出，波数为 $3600 \sim 3300 cm^{-1}$ 的吸收峰是代表 C—OH 羟基的伸缩振动；$1180 \sim 1100 cm^{-1}$ 处的峰代表 C—O—C 醚键的伸缩振动；$916 cm^{-1}$ 处的峰代表环氧基的伸缩振动。这些典型原子团的吸收峰，经不同时间的粉碎处理后，均发生了明显变化。

正如图 8-2 所示，随着研磨时间增长，$3440 cm^{-1}$ 吸收峰强度急剧增长。羟基含量随研磨时间的变化列于表 8-1 中。

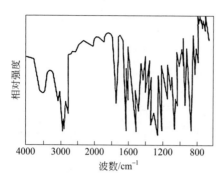

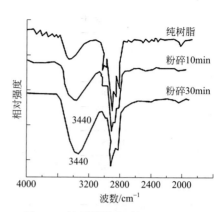

图 8-1 钛纳米聚合物的红外光谱　　　　图 8-2 经不同粉碎时间 3440cm⁻¹
　　　　　　　　　　　　　　　　　　　　　　　吸收峰强度变化

表 8-1　羟基（3800～2000cm⁻¹）含量的测量

处理时间 /min	D_1 3440cm⁻¹	D_2（CH 链不变） 2962cm⁻¹	D_1/D_2	平均值
0	0.142	0.742	0.191	0.19
	0.221	1.147	0.193	
10	0.149	0.374	0.398	0.42
	0.373	0.840	0.444	
20	0.344	0.623	0.552	0.54
	0.218	0.407	0.536	
30	0.294	0.455	0.646	0.65
	0.274	0.419	0.654	
60	0.273	0.380	0.718	0.92
	0.215	0.320	1.125	
150	0.217	0.320	0.678	0.67
	0.213	0.325	0.655	

注：D_1、D_2 分别表示环氧树脂在 3440cm⁻¹、2962cm⁻¹ 吸收峰处的羟基含量。

这表明随着粉碎时间延长，羟基含量增加。

与此同时，环氧基 916cm⁻¹ 吸收峰强度则随粉碎时间延长而大大降低（如图 8-3 和表 8-2 所示）。

表 8-2 中数据证明，粉碎 10min 就已有 55.0% 的环氧基开环，粉碎 30min 已有 85.2% 的环氧基开环，混合物里环氧基含量已减少很多。

表 8-2　环氧基含量测定（1400～600cm^{-1}）

处理时间/min	D_1 1250cm^{-1}	D_2 916cm^{-1}	D_2/D_1	环氧基开环相对量/%
0	1.518	0.440	0.290	0
10	0.896	0.118	0.132	55.0
20	1.076	0.315	0.293	58.6
30	0.820	0.035	0.043	85.2
60	1.067	0.0406	0.038	86.9
150	0.450	0.016	0.036	89.0

环氧基 916cm^{-1} 吸收峰强度减小，而羟基 3440cm^{-1} 吸收峰强度急剧增加，这证明是环氧基断裂生成了 $\overset{-CH-CH_2}{\underset{OH}{|}}$ 基团所致。

伴随 916cm^{-1} 吸收峰强度的减弱，单一的醚键 1120cm^{-1} 处的吸收峰强度却显著增强（见表 8-3）。

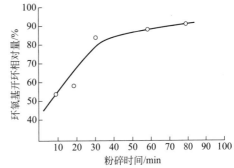

图 8-3　环氧基开环相对量随粉碎时间的变化

表 8-3　C—O—Ti 和 C—O—C 基醚键含量测定

处理时间/min	D_1 1250cm^{-1}	D_2 1120cm^{-1}	D_2/D_1
0	1.518	0.288	0.19
10	0.896	0.179	0.20
30	0.820	0.246	0.30
150	0.556	0.215	0.39

可以想象出，研磨时生成的游离原子团 $\overset{H}{\underset{OH}{\overset{|}{-C-CH_2-}}}$ 发生了再化合，形成 C—O—C 和 C—C 键。

实验测定物料比表面积随时间的变化表明，粉碎 20min 钛粉比表面积基本没有增加，而粉碎 30min 后，物料比表面积才有明显增加，这表明对钛粉粉碎起强化作用的不是原始加入的环氧树脂本身，而是环氧树脂断键后生成的再结构化的新聚合物大分子。

根据聚合物-钛粉混合物一起研磨后的红外光谱分析和长时间萃取实验可以确定环氧树脂分子和钛粉表面间结合键的性质。$1120cm^{-1}$醚键吸收峰强度的增加有两个原因：一是混合物经粉碎后，使其单一的醚键强度的增加；二是环氧基开环再化合的新产物和钛粉新生表面活化中心相互作用，出现的 Ti—O—C 新键也在此处做出贡献（表 8-3）。萃取试验证明，树脂分子和钛粉表面间结合力，不仅具有物理吸附的性质，还具有化学吸附的性质，在二者共同作用下，化学吸附作用随混合物组成比和粉碎时间变化而有差异。

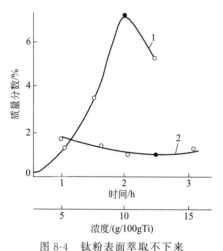

图 8-4　钛粉表面萃取不下来
的 E-44 树脂量
1—粉碎时间；2—组成比的关系（粉碎 1h）

钛纳米聚合物制备过程中，随着粉碎时间的延长，聚合物（例如环氧树脂 E-51）产生断键和再化合生成新的聚合物，强化了粉碎过程，与此同时，钛粉的超细化过程中，钛粉断裂面上的新生活化中心与具有游离特征的新的聚合物原位产生化学作用，生成一种稳定的混合物体系，称为钛纳米聚合物。

钛粉表面吸附的树脂采用萃取的方法是无法脱除的，这一方面证明环氧基已开环，另一方面证明钛粉表面确实化学吸附了游离原子团（见图 8-4）。

粉碎 2h 的钛粉表面化学吸附的树脂量最高，当钛粉和树脂组成比为 1：10 时化学吸附量达到 7%，再延长粉碎时间化学吸附的树脂量反而降低，但是组成比的变化对粉碎过程中钛粉的化学吸附量没有实质影响。

8.1.2　钛纳米聚合物的 XPS 表征

X 射线光电子能谱仪（XPS）测定中，大部分有用信息是从样品表面的 1～10 个单原子层中得到的，因此，XPS 主要是一种表面元素分析仪。XPS 可以检测出（除 H 和 He 以外的）几乎所有元素，而且无须使用标样，表面灵敏度在 0.5～10nm，大约为 10 个原子层。XPS 还可以用于元素的化学状态分析和样品的深度分析。例如，图 8-5、图 8-6 是采用 XPS 测定的金属钛、钛纳米聚合物和氧化物 TiO_2 中的 Ti2p、O1s 光电子谱。

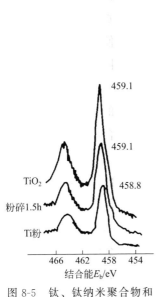

图 8-5　钛、钛纳米聚合物和 TiO_2 的 Ti2p X 光电子谱

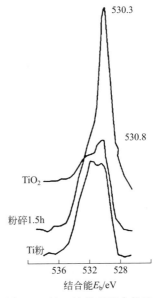

图 8-6　钛、钛纳米聚合物和 TiO_2 的 O1s X 光电子谱

作者以 TA2 钛粉和金红石型 TiO_2 为参照物，对聚合物和钛粉混合物进行不同时间研磨后的样品做了 XPS 表征研究。经不同时间粉碎的样品的 Ti2p、O1s 光电子谱示于图 8-7 和图 8-8。

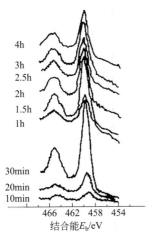

图 8-7　经不同粉碎时间的钛粉的 Ti2p X 光电子谱

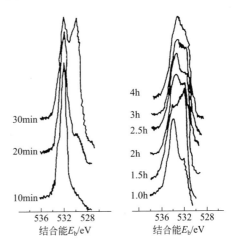

图 8-8　不同粉碎时间钛粉的 O1s X 光电子谱

对纯钛粉、研磨 30min 和 90min 样品的 O1s 光电子谱进行了谱图解析，其计算机解析谱示于图 8-9。

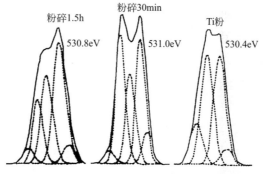

图 8-9　钛粉碎 30min、1.5h 后的 O1s 解析谱

为了验证钛粉超细化过程中断裂面活化中心与聚合物大分子间的相互作用，还对研磨 90min 的样品做了 Ar$^+$ 刻蚀，刻蚀后的 O1s 光电子谱见图 8-10。

研磨样品、TiO$_2$ 和钛粉的 XPS 测定值列于表 8-4。O1s 的解析数据列于表 8-5。

表 8-4　不同研磨时间样品、TiO$_2$ 和 Ti 粉的
Ti2p$_{3/2}$、O1s 结合能

样品	峰位/cm^{-1}	Ti2p$_{3/2}$ 半峰宽/eV	峰强	O1s 结合能 /eV
Ar$^+$ 刻蚀 10min	459.1	10.2	—	530.7
TiO$_2$ Ti	459.1 458.8	8.8 8.5	—	530.3 530.4 解析值
研磨 10min	458.8	8.5	80	
20min	458.8	8.4	175	
30min	459.0	9.0	825	
60min	459.1	10.0	415	
90min	459.1	10.0	537	
120min	459.1	10.0	504	
150min	459.1	10.0	485	
180min	459.1	10.2	379	
240min	459.1	10.2	370	

表 8-5 钛粉、研磨 30min 和 90min 样品 O1s 结合能（eV）解析结果

样品	1	2	3	4	5
钛粉	—	533.8 (12.9%)	532.2 (44.3%)	530.4 (40.2%)	529.1 (2.5%)
研磨 30min	535.2 (3.81%)	533.6 (35.85%)	532.3 (21.57%)	531.0 (34.39%)	530.4 (4.35%)
研磨 90min	534.9 (4.4%)	533.7 (19.0%)	532.4 (29.1%)	530.8 (41.67%)	529.7 (5%)

将表 8-5 钛粉表面 O1s 的解析数据和表 8-4 中 TiO_2 的 O1s 值对照，可以看出，钛粉表面 530.4eV 的那种 O1s，即是 TiO_2 的 O1s，说明钛粉在和聚合物混合前表面主要是 TiO_2。研磨开始以后，正如图 8-5 所示，样品中钛粉的 Ti2p 光电子谱强度不断增加，随着钛粉的连续细化，O1s 光电子谱的变化很大。研磨至 30min 时，Ti2p 峰值明显增大，其 $Ti2p_{3/2}$ 结合能值由 458.8eV 升至 459.0eV，半峰宽由 8.5eV 扩至 9.0eV。而在低结合能一侧出现一个明显的强峰，其结合能为 531.0eV。正如红外光谱分析结果那样，研磨 30min 后，绝大部分环氧基已开环，916cm^{-1} 吸收峰强度明显减弱，然而醚键（C—O—C）的 1120cm^{-1} 吸收峰明显增强。这说明粉碎过程中环氧基开环形成的游离原子团发生了再化合，生成醚键化合物。此时钛粉已粉碎到一定细度，但新生断裂面上接枝的树脂量并不多，从表 8-5 中的数据可判断，这时钛粉表面上尚有氧化物存在。

当研磨 60min 后，发现 Ti2p 峰强度明显降低，O1s 结合能从 531.0eV 转化为 530.8eV，此时 $Ti2p_{3/2}$ 结合能为 459.1eV，半峰宽变为 10.0eV，与纯钛粉相比已有很大变化。这种变化归结为环氧基开环生成的游离原子团在继续研磨过程中与钛粉断裂面新生活化中心相互作用，生成稳定的钛纳米聚合物所致。

研磨进行到 90min，$Ti2p_{3/2}$ 峰强度达到最高，与此同时，图 8-7 中 530.7eV 的 O1s 峰也达到最大，因为 $Ti2p_{3/2}$ 结合能 459.1eV 和半峰宽 10.0eV 以及 O1s 结合能均发生变化，说明钛粉新生断裂面与游离原子团之间相互作用仍在进行。研磨继续进行到 2h、2.5h、3h 直至 4h，其 $Ti2p_{3/2}$ 光电子的结合能仍无变化（见表 8-4），而半峰宽增加到 10.2eV。相应的峰强度有所下降，而且 530.7eV 的 O1s 峰强度也有下降，这表明二者间有对应关系。这是同一种物质变化后的反映，这也为化学吸附作用的存

在提供了间接证明。

为了验证研磨过程中钛粉表面是否接枝了聚合物，对研磨的样品进行了多次萃取，但钛粉表面上仍然存在聚合物，说明钛粉新生表面接枝了游离原子团。为了进一步验证这一问题，对样品进行了氩离子刻蚀试验，其结果见图 8-10。

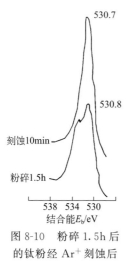

图 8-10　粉碎 1.5h 后的钛粉经 Ar⁺ 刻蚀后的 O1s 光电子谱

可见，经 Ar⁺ 刻蚀后，O1s 结合峰中高结合能部分明显消失，低结合能部分明显增高，消失的高结合能部分 O1s 是钛粉物理吸附部分树脂中的结合氧，而低结合能一端刻蚀不掉那部分 O1s，其结合能为 530.7eV，它和 TiO$_2$ 中的 O1s 结合能（530.3eV）不同，也不同于游离原子团化合后生成的醚键中的 O1s 结合能（531.0eV），因此断定经研磨钛粉新生断裂面与新生游离原子团确实产生了相互作用，生成了一种稳定的物质。

从测定的结果判断，钛纳米聚合物中 O1s 结合能为 530.7eV，而 TiO$_2$ 中 O1s 结合能为 530.3eV。如果环氧基开环后再化合形成的 C—O—C 键中的 O1s 结合能为 530.0eV，由于钛电负性大于碳，则化学生成物中存在 C—O—M 键是完全可能的，则钛粉超细化后生成的钛纳米聚合物的空间构型如下：

$$—CH_2—CH—R—CH—CH_2—$$
$$\begin{matrix} & | & & | & \\ & O & & O & \\ & | & & | & \end{matrix}$$
$$—Ti—Ti—Ti—Ti—Ti—$$
$$\begin{matrix} & | & & | & \\ & O & & O & \\ & | & & | & \end{matrix}$$
$$—CH_2—CH—R—CH—CH_2—$$

该结构更合理些。该物质的 Ti2p$_{3/2}$ 结合能为 459.0eV，这和 TiO$_2$ 的相同，但 Ti2p$_{3/2}$ 的半峰宽（10.0～10.2eV）比 TiO$_2$ 的（9.0eV）大，说明生成的钛纳米聚合物的空间构型并非是一种形式。

8.1.3　钛纳米聚合物的 X 射线分析

对金属钛粉、树脂和钛粉混合物（未进行研磨）以及经不同时间研磨后的样品，采用 X 射线衍射仪绘制的衍射谱图示于图 8-11。可以看出，钛粉经过研磨，钛粉晶体结构基本没有发生明显的变化，只是衍射强度会发生变化，随研磨时间延长，与纯钛粉比较，衍射强度逐渐增强，研磨 1.5h 衍射强度最大。衍射强度随研磨时间延长快速增强表明钛粉研磨过程中，钛粉快速细化且很好地弥散到树脂中，超细钛粒子增多，参与衍射的钛粒子就增多，从而提高了衍射强度。进一步延长研磨时间衍射强度逐渐递减，研磨 4h 衍射强度变化很大。这时衍射强度的降低，是钛粉进一步超细化的表征，生成了 X 射线无定形物质，原本深灰色钛粉转变成黑色的超微粒子。当研磨 4h 时不但衍射强度有明显变化，而且还出现钛氧化物衍射峰。同时钛粉晶格会产生畸变，衍射峰更加弥散而且宽化。

X 射线衍射分析证明，钛粉在研磨过程中存在 3h 的稳定时间，不发生氧化，可推测生成的钛金属聚合物是稳定的物质。

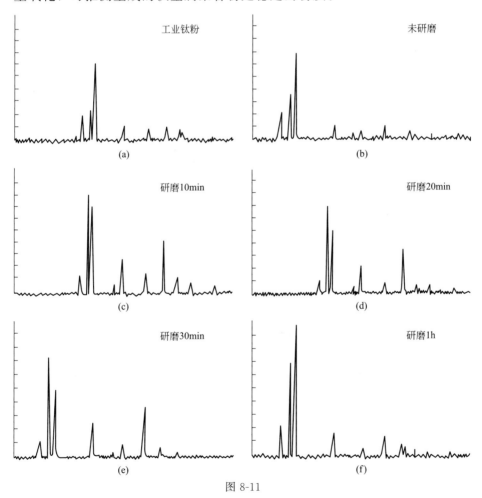

图 8-11

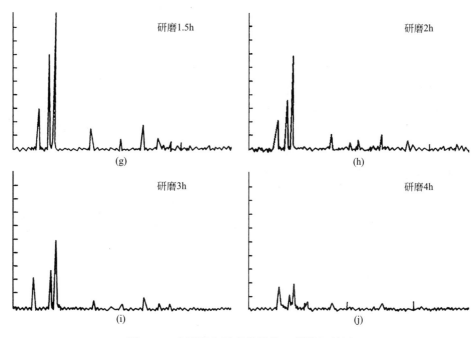

图 8-11　未研磨和研磨钛粉的 X 射线衍射图

8.2　金属粒子表面与聚合物的相互作用

8.2.1　环氧树脂与金属粒子表面的相互作用

实验证明，在不同聚合物存在下进行电解时，环氧树脂 E-44 和不含官能团的聚合物聚异戊二烯、天然橡胶不同，环氧树脂有利于阴极沉积的金属粉转移到有机层中，形成稳定的金属溶胶，而且很容易被有机分散剂润湿。E-44 和阴极沉积超细金属粉（Fe、Pb）相互作用，使得环氧基 $915cm^{-1}$ 吸收峰强度大大降低，表明金属聚合物制备期间超细金属粉和环氧基已开环的环氧树脂大分子发生了化学作用。作用结果是生成立体网状结构，超细金属粒子占据骨架结点，比如 E-44 添加 12% 电解铅粉，210℃/90min 就完全固化，而纯环氧树脂在该温度下加热 10h 也没有固化。

环氧树脂和电解的超细钯粉形成的金属聚合物也具有同样的性质，在钯金属聚合物的红外光谱上，在 $440\sim420cm^{-1}$ 范围内产生一个新的吸收峰，其强度随钯含量提高而增大，这说明金属聚合物固化过程中不仅生成

C—O—M键，还生成了C—M吸附键。

环氧树脂和任何超细金属粉相互作用都会产生强烈的热效应，产生热效应的温度分别是：铜在190℃，铅在280～300℃，钯在293℃、322℃和380℃，铁和钴在196～223℃，镍在186℃、198℃。随着金属聚合物里金属含量提高，在大多数情况下，热效应强度也相应增大，但是出现热效应的温度会降低。

在环氧树脂E-44中加入铜、钯或铅金属聚合物后，在200～210℃生成游离原子团，它们大多数是在初始30～60min加热就生成了。其电子顺磁共振峰强度随温度提高而增大，峰宽保持不变，为10.6～10.9Oe，该峰的出现表明金属聚合物生成时，产生新的游离环氧树脂的大原子团，而纯环氧树脂即使加热到260℃，也不产生游离原子团。环氧树脂基金属聚合物里生成的游离原子团很稳定，室温寿命可达几个月，这为聚合物形成牢固的三维结构创造了有利条件。

金属聚合物里大原子团产生的温度比纯环氧树脂里产生的温度低，这不仅说明金属聚合物里有类聚物的转化，而且还说明超细金属粉加快了聚合物的热分解。采用不同的金属聚合物来固化环氧树脂的动力学研究得出结论，金属聚合物里金属结合的树脂量不仅与金属含量 C_m 和固化温度下的加热时间有关，还和金属的性质有关（见表8-6）。固化温度和金属含量尽管相同，但金属不同，金属结合树脂量也不一样，实质上是与金属原子的电子结构有关。金属粒子表面产生聚合物化学吸附是聚合物与金属原子的d电子化合生成了表面化合物。从表8-6看出，金属粒子表面吸附树脂后，其活性随金属原子d层电子的递增而下降。虽然钯是变价金属，但钯和镉一样，化学吸附性也比较低。对比之下，铁的化学吸附性是最高的，铁原子具有形成共价型化合物的倾向。实际上，环氧树脂和金属粒子表面生成的表面化合物就是共价型化合物。

表 8-6　金属性质和结合树脂量的关系

金属	金属含量 C_m/%	$T_{固化}$/℃	结合树脂量（质量分数）/%		
			2h	6h	12h
Fe	10	230	98.27	98.84	99.40
	20		98.32	93.03	99.48
	30		98.30	99.08	99.49

金属	金属含量 C_m/%	$T_{固化}$/℃	结合树脂量（质量分数）/%		
			2h	6h	12h
Ni	10	230	75.80	96.39	98.30
	20		94.00	97.40	98.60
	30		94.40	97.88	98.88
Pd	11	225	8.60	74.00	—
	21.9		27.50	92.70	—
	26		79.30	94.00	—
Pb	12	240	92.00	—	—
Cd	10	220	21.00	—	—
Cu	10	240	57.00	—	—
	20	210	30.50	—	—
	30		60.20		

8.2.2 聚乙酸乙烯酯与金属粒子表面的相互作用

聚乙酸乙烯酯基铅、钯金属聚合物的生成过程是聚乙酸乙烯酯的羰基和胶体金属粒子表面相互作用形成离子-偶极子型的结合键，在红外光谱上是位于 $1714cm^{-1}$ 处的吸收峰位移到 $1711\sim1706cm^{-1}$ 处（含有 5%～10%Pd）。聚乙酸乙烯酯基金属聚合物受热时，乙酸取代基断裂形成的原子团和超细金属粒子表面相互作用，两者间形成化学吸附键 M—C，结构化倾向非常明显。

随着聚合物里金属粉含量提高（尤其是钯）游离原子团浓度大大增加，而且游离原子团生成温度还下降，在较低温度下就能产生游离原子团（表 8-7），证明金属聚合物制备期间超细钯粒子表面和聚乙酸乙烯酯大分子之间就已存在化学吸附作用。

表 8-7 金属聚合物制备期间聚乙酸乙烯酯和超细钯粒子表面的化学吸附作用

Pd/%	C/(自旋数/g)	温度 T/℃
22.45	4.75×10^{17}	180
47.25	2.19×10^{18}	100
80.00	3.40×10^{18}	30

8.2.3 聚硫橡胶与金属粒子表面的相互作用

聚硫橡胶和超细金属粒子表面相互作用时，温度升高，—S—S—键断裂，在红外光谱上表现为 $400\sim500\text{cm}^{-1}$ 吸收峰消失。游离原子团 R-C-S 很容易和超细金属粒子表面发生作用，生成 R-C-S-M$_e$ 型表面化合物，与此同时，将聚硫橡胶-铅金属聚合物在 150℃ 以上加热，就会生成一种新的固体相——硫化铅。

升高温度促进上述游离原子团与金属粒子表面间的相互作用，生成硫醇盐型化合物。

$$2RS + Pb \longrightarrow Pb(SR)_2$$

还有一部分发生如下反应：

$$Pb(SR)_2 \Longrightarrow PbS + R-S-R$$

聚硫橡胶和钛粉一起进行机械化学粉碎时，钛粉超细化的同时其表面也被聚硫橡胶所改性，经红外光谱和 X 射线研究证明，热分解法和机械化学法制备金属聚合物的机理是一样的。

8.2.4 聚元素硅氧烷和聚硅氧烷与金属粒子表面的相互作用

聚元素硅氧烷和聚硅氧烷基金属聚合物材料因选用的聚合物热稳定性高而具有特别重要的意义。

乙基聚铝硅氧烷具有如下的线型结构：

羟基含量高，可以据此用电解法制备金属聚合物。乙基聚铝硅氧烷有利于超细的镉粉转移到有机层，促进羟基和镉粉表面的相互作用。其红外光谱 $1130\sim1000\text{cm}^{-1}$ 处强的吸收峰是 Si—O—Si 和 Si—O—Al 键，稍弱的 1260cm^{-1} 峰是 Si—C$_2$H$_5$ 键，$880\sim840\text{cm}^{-1}$ 峰是弱偶极子 Si—OH 键，$3600\sim3200\text{cm}^{-1}$ 峰代表 Si—OH 共价键。

可以推测，乙基聚铝硅氧烷是通过羟基和新生金属粒子表面发生化学吸附作用的，在图 8-12 的红外光谱上观测到偶极子（电子对）$880\sim840\text{cm}^{-1}$ 吸收峰的位置移向高波数方向，移到 $910\sim860\text{cm}^{-1}$ 处。

图 8-12 中的曲线 2 表征金属粒子与聚合物发生了相互作用。添加油酸制备金属聚合物可见到这个峰位的移动。乙基聚铝硅氧烷 200℃ 加热 2h，硅原子连接的乙基原子团断开，生成硅氧烷，失去可溶性。

乙基聚铝硅氧烷加入胶体镉后，在 200℃ 加热生成的游离原子团通过氧桥和镉粒子表面产生化学吸附作用。但是用红外光谱法没有检测出存在 Si—O—Cd 键，因为该键和 Si—O—Si 及 Si—O—Al 重合。

用热分解法在苯基聚铬硅氧烷中利用亚铁氰酸铁、甲酸铅加热分解制备了铁和铅的金属聚合物，还用电解法制备了苯基聚硅氧烷基铅金属聚合物。

不同方法制备的金属聚合物的红外光谱均具有三元环状硅氧烷 Si—O 键在 1050cm^{-1} 处和 1010 cm^{-1} 处吸收峰强度下降，而线型结构硅氧烷的 Si—O 键在 1090cm^{-1} 和 1080cm^{-1} 处吸收峰强度却大大增强（图 8-13）。而且随金属聚合物中金属含量增加（尤其是铅），这种倾向更明显。

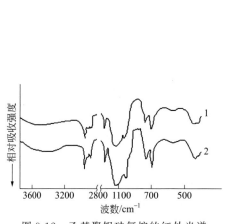

图 8-12　乙基聚铝硅氧烷的红外光谱
1—纯树脂；2—树脂＋20％Cd

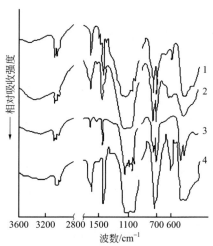

图 8-13　苯基聚铬硅氧烷（1，2）和
苯基聚硅氧烷（3，4）的红外光谱
1，3—纯树脂；2—树脂＋20％Pb；4—树脂＋20％Fe

显然，这是由于金属聚合物制备温度下，新生成的超细金属粉起催化作用，促使苯基聚铬硅氧烷和苯基聚硅氧烷分解所致。聚合物分解所生成的原子团和金属粒子表面发生相互作用，生成在主链含有金属原子的线型大分子。以苯基聚铬硅氧烷和苯基聚硅氧烷为基的金属聚合物的红外光谱也证明，相应 900～920cm^{-1} 和 630～620cm^{-1} 处的吸收峰表征 Si—O—Fe 和 Si—O—Pb 键的存在。吸收峰强度和聚合物中金属含量有直接关系（见图 8-13）。这些吸收峰在纯树脂中不存在。

另外需指出，超细铁粉使聚合物分解成原子团所需温度比铅粉要低。

我们可以看出，以有机聚元素硅氧烷和有机聚硅氧烷为基的金属聚合物生成的机理如下：首先是环形或线型聚合物在超细金属粉的催化作用下分解，生成活性游离大原子团，再和金属粒子表面相互作用生成 Si—O—

M_e 型化学吸附键。

8.2.5 混合聚合物与金属粒子表面的相互作用

金属聚合物采用两种方法制备，一种方法是使用双层电解槽电解法制备环氧树脂基铅金属聚合物，然后再添加聚硫橡胶。电解槽有机层不能加入聚硫橡胶，否则，电解会使橡胶分解析出单质硫，通常脱硫温度在 80～150℃，但是，电解时，析氢的过程伴有脱硫：

$$R-C-S-S-C-R \longrightarrow 2R-C-S \longrightarrow 2R-C+2S$$

除此之外，还发生和化学还原一样的电解还原，使聚硫橡胶分子断键生成两个新分子：

$$R-C-S-S-C-R+2H \longrightarrow 2R-C-SH$$

每种金属聚合物制备都有其各自的特点，但是金属聚合物生成机理却是一样的。

另一种制备环氧树脂-聚硫橡胶混合物基铅金属聚合物的方法是热分解法，在纯聚合物混合物里加入 10%聚酰胺，经 240℃固化作为对照（见图 8-14）。

从图看出，纯聚合物体系加热 3h 失重为 24%～25%，加热到 4～5h 几乎没有失重。初始 3h 聚合物生成游离原子团和进行交联反应，生成的互溶聚合物还没有发生降解，这时失重主要是环氧树脂、聚硫橡胶低馏分和残留聚酰胺的挥发。制备含 10%金属的金属聚合物时，在聚合物介质里甲酸铅被还原，失重为 13%（未考虑甲酸铅失重），在 240℃甲酸铅还原所需时间 3～3.5h。含 60%Pb 金属聚合物材料失重为 6%～8%（见图 8-15），这时铅起着辅助固化剂的作用，使挥发物减少。

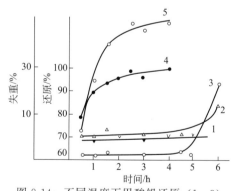

图 8-14 不同温度下甲酸铅还原（1～3）
和失重（4、5）动力学
1—190℃；2—210℃；3—240℃；
4—纯聚合物；5—含 10%的金属聚合物

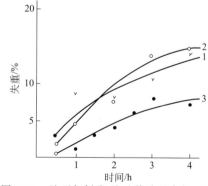

图 8-15 纯环氧树脂-聚硫橡胶混合物（1）
及添加 10%甲酸铅（2）和 60%甲酸铅（3）
混合物在 240℃的失重动力学

为了详细了解多组分混合物组分间的相互作用，就要对纯聚合物和其混合物的热学性质及其铅金属聚合物生成过程分别进行研究。

环氧树脂升温曲线（图 8-16，曲线 1）上存在放热峰，对应温度为 370℃，环氧基异构化反应形成羰基，还发生热聚合反应，并有气体析出，反应过程如下：

$$-CH-CH_2+CH_2-CH\cdots \longrightarrow \cdots C-CH_2-CH_2-C-+H_2$$

应指出，环氧树脂升温曲线 350～400℃ 处放热峰并不全是环氧树脂的高温分解，这时存在两个效应：环氧基异构化及随后的异构体聚合的放热效应和环氧树脂部分热分解的吸热效应。

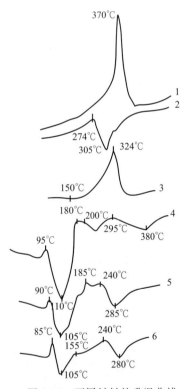

图 8-16 不同材料的升温曲线
1—环氧树脂；2—聚硫橡胶；
3—环氧树脂＋聚硫橡胶混合物；
4—环氧树脂＋10％聚硫橡胶混合物；
5—环氧树脂＋25％聚硫橡胶混合物；
6—环氧树脂＋40％聚硫橡胶混合物
（4、5、6 中均加入 18％Pb）

聚硫橡胶升温曲线（图 8-16，曲线 2）特征是 270～350℃ 温度区间内存在吸热峰，表征聚合物分解。该图还示出了纯环氧树脂-聚硫橡胶混合物（曲线 3）和以不同配比混合物为基、含 18％Pb 的金属聚合物材料的升温曲线（曲线 4、5、6）。

把纯聚合物混合物和含铅聚合物混合物升温曲线进行对比看出，在橡胶的分解温度没有看到吸热效应，树脂聚合的放热温度位置产生移动，证明组分间相互作用生成了新相，形成了一个新的热稳定体系。

金属聚合物升温曲线由于溶剂挥发在 105～110℃ 处出现一个吸热峰，要特别关注 75～85℃ 和 155～190℃ 两处出现的放热峰，在纯聚合物混合物升温曲线上是没有的，前者是聚合物间相互作用的效应，后者是聚合物与胶体金属粒子表面相互作用的效应。随着聚硫橡胶含量增加，这些特征温度都降低。反应初始是聚硫橡胶的—SH 和部分开环的环氧基与金属粒子表面相互作用；随着温度提高，聚硫橡胶和环氧树脂相互作用增强，橡胶分子 R—S—S—R 发生断键，在金属粒子表面生成表面化合物。

X射线分析证明，冷固化前金属聚合物里存在金属铅，经150℃处理后则存在一个新相PbS，随温度升高PbS含量增大，所以在较低温度（90～150℃）下，聚合物和金属粒子表面按下式发生相互作用，使两个端基—SH和—CH$_2$—CH$_2$—接枝到金属上。

$$R\text{—}SH + Pb \longrightarrow PbS\text{—}R$$

$$CH_2\text{—}CH\text{—}R' \cdots + Pb \longrightarrow CH_2\text{—}CH\text{—}R'$$

把电解法和热分解法制备的金属聚合物加热到150℃，聚硫橡胶—S—S—键断裂过程增强，生成硫醇型化合物：

$$2RS + Pb \longrightarrow Pb(SR)_2$$

进一步吸附在铅粒子表面上，生成金属表面化合物：

$$R\text{—}S\text{—}S\text{—}R \longrightarrow 2RS\cdot$$

$$RS\cdot + Pb \longrightarrow Pb\text{—}SR\cdot$$

部分表面化合物还会分解，生成PbS：

$$Pb\text{—}SR \longrightarrow PbS + R\cdot$$

互混聚合物反应的产物和金属粒子表面相互作用，生成复杂的金属表面化合物：

$$R\text{—}S\text{—}CH_2\text{—}CH\text{—}R'\text{—}CH\text{—}CH_2 + Pb \longrightarrow R\text{—}S\text{—}CH_2\text{—}CH\text{—}R'\text{—}CH\text{—}CH_2\text{—}S\text{—}R$$

这一结果和黄铜与橡胶粘接是靠亚硫酸铜搭桥作用的理论相一致。反应结果形成三维立体结构。随聚硫橡胶含量增加耐热性从380℃降到280℃，说明金属聚合物分解是一个吸热过程。

热分解法制备金属聚合物时，甲酸铅在聚合物溶液里发生分解。图8-17示出了甲酸铅和不同组成比聚硫橡胶-环氧树脂混合物的升温曲线，在甲酸铅升温曲线上240℃、259℃处两个吸收峰（曲线5）表征甲酸铅分解生成金属铅。

含10%甲酸铅的升温曲线（曲线4）与混合物和纯甲酸铅的都不一样，在238℃出现一个新的放热峰。随甲酸铅含量增加，该放热峰温度降低。含 30% 和 45% 甲酸铅的放热峰温度为 210℃（曲线 1、2），升温曲线上存在两个吸热峰（210℃、244℃），说明甲酸铅的分解过程分两步进行，这和纯甲酸铅相吻合。假如在聚酰胺存在下（曲线 3）制备金属聚合物，那么 142℃ 第一个放热峰表征的是聚酰胺与环氧树脂-聚硫橡胶混合物的固化反应。在固相状态下，甲酸铅分解，无大分子和甲酸铅分解析出的胶体铅粒子表面相互作用的过程，这两个过程只有在较高温度下才能发生，因此，在升温曲线上出现两个放热峰（298℃ 和 340℃）。

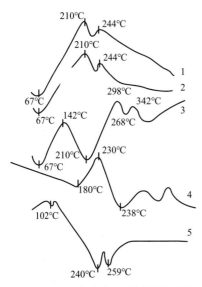

图 8-17　含聚酰胺、不同量甲酸铅的环氧树脂-聚硫橡胶混合物及纯甲酸铅的升温曲线
1—30% 甲酸铅；2—45% 甲酸铅；
3—聚酰胺；4—10% 甲酸铅；5—纯甲酸铅

环氧树脂、聚硫橡胶的混合物大分子和在它们中甲酸铅分解析出的胶体金属粒子表面的相互作用具有明显的化学吸附特征，放出大量的热量，并且随着温度和金属含量提高，反应过程更加强烈。

表 8-8 列出了环氧树脂、聚硫橡胶红外光谱基波说明。

表 8-8　环氧树脂、聚硫橡胶红外光谱基波说明

波数 ν/cm^{-1}	代表的键型
420～480	$\gamma(-S-S-)$
620	$\nu(-C-S-)$；$\nu(-C-SH-)$
1060～1150	$\nu(CH_2-O-CH_2)$；$\nu(-O-CH_2-O-)$
1380	$\gamma_w(CH_2)$
1420～1470	$\delta_s(CH_2)$
2810	$\nu(CH)$
2880	$\nu_s(CH_2)$
2950	$\nu_a(CH_2)$

应指出在聚硫橡胶红外光谱中没有发现—S—H 的吸收波，它处在 2500～2550cm^{-1}，但是采用化学分析方法检测出确实存在，含量大约为 3.8%。

在室温聚合物混合物的红外光谱上，915cm^{-1}处积分强度下降，3500cm^{-1}处积分强度增强（见图 8-18）。

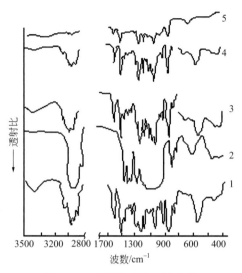

图 8-18　不同物质的红外光谱
1—环氧树脂；2—聚硫橡胶；3—环氧树脂＋聚硫橡胶的混合物；
4—混合物基金属聚合物，20℃；5—混合物基金属聚合物，100℃

从图可以看出，温度 100℃、915cm^{-1}处积分强度急剧下降，延长加热时间该峰就消失了，但是 3500cm^{-1}处峰强却增强，峰位移到 660cm^{-1}处。这表明加热使相互作用加强。互溶聚合物使得代表聚硫橡胶特征键（—S—C 和 C—SH）的 620cm^{-1}峰消失了，而在 660cm^{-1}处出现一个新的吸热峰，代表 C—S—C 键。加热到 200℃以上还使 420～450cm^{-1}处峰强下降，峰位从 620cm^{-1}移到 700cm^{-1}，峰位变化表明—S—S—键有部分断裂。

把电解法制得的金属聚合物添加到聚合物里制得金属聚合物材料，从其红外光谱（图 8-18，曲线 4、5）看出，由于金属的作用使聚合物大分子结构发生根本性变化，例如，加入 7％Pb 就使 915cm^{-1}和 3500cm^{-1}处峰强大大下降，增加金属含量到 26％之前，峰强变化更大。环氧基和羟基峰强的这些变化证明，聚合物大分子和胶体金属粒子表面在胶体粒子生成瞬间相互作用形成化学吸附键，金属聚合物材料加热时发生剧烈反应是聚合物和金属发生化学吸附作用的有力证明。金属聚合物材料加热使 915cm^{-1}吸收峰几乎完全消失，使 3500cm^{-1}吸收峰强度增强，峰位移向低频180cm^{-1}处（曲线 5）。此外，1120～1130cm^{-1}处峰强急剧增强，表明生成

M—O—C 键。金属聚合物和聚合物体系一样，加热时都表现出 420～450cm⁻¹ 峰强降低，很明显是—S—S—键被破坏；620cm⁻¹ 处峰消失；700cm⁻¹ 处出现新峰，表明生成的游离基都积极参与了和金属粒子表面的反应。峰位的移动说明二硫化物的—S—S—化合键断裂，转化成硫醇化合物。

采用电子顺磁共振法来进一步说明互溶聚合物大分子和胶体铅粒子表面间的相互作用。金属聚合物加热时，其电子顺磁共振谱上出现峰宽为 (8.5 ± 0.5)eV 的波峰，而在室温环氧树脂中就没有，随温度提高波峰强度急剧增强，并和金属含量有关。金属含量提高，金属聚合物波峰出现温度显著降低，含 50%Pb 金属聚合物材料出现顺磁共振信号温度为 60℃，然而纯聚合物顺磁共振信号出现温度是 230℃。表 8-9 是采用顺磁共振法测得的金属聚合物制备过程中生成的游离原子团。

表 8-9　环氧树脂-聚硫橡胶混合物及其金属聚合物材料加热时生成的游离原子团

纯聚合物和金属聚合物	$\Delta H/\text{eV}$	游离原子团出现温度/℃	未成对电子浓度/（自旋电子数/g）
聚硫橡胶	6.5 ± 0.5	$270\sim300$	—
环氧树脂	7.5 ± 0.5	$300\sim350$	—
聚硫橡胶∶环氧树脂＝10∶90	8.8 ± 0.5	230	1.5×10^{17}
环氧树脂＋27%Pb	8.0 ± 0.5	160	1.2×10^{18}
环氧树脂∶聚硫橡胶＝90∶10＋27%Pb	8.5 ± 0.5	210	2.2×10^{17}
环氧树脂∶聚硫橡胶＝90∶10＋50%Pb	—	60	—

在环氧树脂的体系中，采用热分解法制备金属聚合物时，300～350℃是游离原子团生成的最佳条件（表 8-9，图 8-19），在聚硫橡胶里最佳温度是 270～300℃，其游离原子团吸收峰宽分别是 15.8eV 和 14.4eV；环氧树脂∶聚硫橡胶＝100∶25 混合物游离原子团生成的最佳温度是 (240 ± 10)℃，吸收峰宽为 17.0eV（图 8-20）。

向该混合物里添加胶体铅会使峰宽增至 19.1eV，表明金属粒子表面和混合聚合物大分子发生了强烈的相互作用，采用常用的固化剂聚酰胺也具有相似的作用，把峰宽拉宽到 19.33eV。顺磁共振信号峰宽加宽说明不同组分自旋电子交互作用增强。正如图 8-20 所示，环氧树脂-聚硫橡胶混合物里游离原子团生成速度随加热时间成比例增大，加热 4h 后游离原子团生成速度趋缓，变成常数，这时游离原子团的生成和再化合达到平衡。游离原子团生成的速度随铅含量增加而增大，大约可增大一个数量级，这说明添加金属聚合物促进环氧基开环生成原子团，加入聚酰胺也是促使环氧基开环。

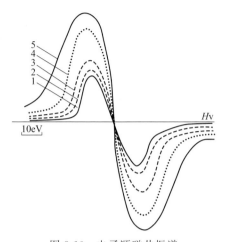

图 8-19　电子顺磁共振谱
1—环氧树脂；2—聚硫橡胶；
3—环氧树脂＋聚硫橡胶；
4—环氧树脂＋聚硫橡胶＋30％Pb；
5—环氧树脂＋聚硫橡胶＋10％聚酰胺

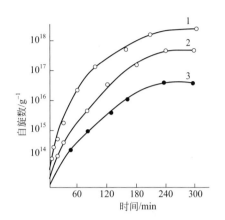

图 8-20　（240±10）℃游离原子团
生成数量与时间关系
1—环氧树脂＋聚硫橡胶；
2—环氧树脂＋聚硫橡胶＋60％Pb；
3—环氧树脂＋聚硫橡胶＋60％Pb＋10％聚酰胺

生成的原子团非常稳定，表明这个体系形成了牢固的三维立体结构，铅粒子正是位于三维结构的结点上，这时原子团再化合就非常困难，因此在常温下该结构是很稳定的。对不同铅含量金属聚合物材料的解吸和泡胀试验证明该结构材料即不溶也不熔，经三天甲苯脱吸后，该材料就不再溶解了。

图 8-21 提供了聚酰胺固化的环氧树脂-聚硫橡胶混合物及其金属聚合物材料吸收甲苯的量和泡胀试验时间的关系，可见，随着金属含量提高，泡胀率大大降低，含 60％Pb 金属聚合物材料在甲苯里泡三天也没有发生泡胀。

所以，采用热分解法制备金属聚合物材料时，对混合聚合物和胶体铅粒子表面相互作用的红外、差热分析，以及对 240℃下游离原子团的测定，都证明这种相互作用具有明显的化学吸附特征。

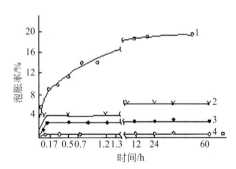

图 8-21　不同聚合物固化体系
泡胀率随时间的变化
1—环氧树脂＋聚硫橡胶混合物；
2—以混合物为基的含 10％Pb 的金属聚合物材料；
3—以混合物为基的含 30％Pb 的金属聚合物材料；
4—以混合物为基的含 60％Pb 的金属聚合物材料

聚乙酸乙烯酯-环氧树脂互溶混合物为基的金属聚合物是采用电解法制备的。聚乙酸乙烯酯的升温曲线示于图 8-22，曲线 1，可见 28℃吸热峰

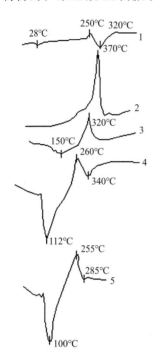

图 8-22 不同物质
的升温曲线
1—聚乙酸乙烯酯；2—环氧树脂；
3—环氧树脂-聚乙酸乙烯酯
混合物；4—混合物为基
含 18％Pb 金属聚合物材料；
5—聚乙酸乙烯酯为基的
含 18％Pb 金属聚合物材料

是聚乙酸乙烯酯的软化点，250℃放热峰是聚乙酸乙烯酯自交联析出乙酸和部分热氧化分解两个反应过程的总效应。在 200℃聚乙酸乙烯酯开始自交联，250℃会有部分聚乙酸乙烯酯降解，热固化活化能等于 25.4kcal/mol。320℃吸热效应是聚乙酸乙烯酯的分解。聚乙酸乙烯酯-环氧树脂混合物升温曲线和单一纯组分有很大区别（图 8-22，曲线 3），主要区别是 250℃放热峰、28℃和 320℃吸热峰都消失了，而在 150～160℃处出现一个新的吸热峰。原始组分基本的热效应温度发生了改变，表明互溶混合物具有了新的物理化学性能。

以聚乙酸乙烯酯为基的金属聚合物材料和聚乙酸乙烯酯-环氧树脂混合物为基的金属聚合物的升温曲线（图 8-22，曲线 4、5）都可看出：聚合物和胶体金属铅粒子表面的化学吸附反应是放热过程，以聚乙酸乙烯酯为基的金属聚合物在 300℃已发生热氧化降解，以互溶聚合物为基的金属聚合物材料直到 400℃也没有发生热氧化降解，215℃和 255℃出现的两个放热峰是聚合物官能团和超细金属粒子表面相互作用造成的。

图 8-23 的红外光谱图也证实了上述看法。

加热时聚乙酸乙烯酯按以下两个反应析出乙酸：

$$
\begin{array}{c}
-CH_2-CH-\cdots \\
| \\
O \\
| \\
O=C-CH_3
\end{array}
\longrightarrow CH_3COOH + -CH=CH-
$$

$$
\begin{array}{c}
-CH_2-CH- \\
| \\
O \\
| \\
O=C-CH_3
\end{array}
\longrightarrow CH_3COO^- + -CH_2-CH-
$$

前者析出乙酸形成双键，后者则生成游离原子团，使得红外光谱上605cm^{-1}、1740cm^{-1}和1245cm^{-1}主要吸收峰强度下降，还出现一个代表—C≡C—的新峰。

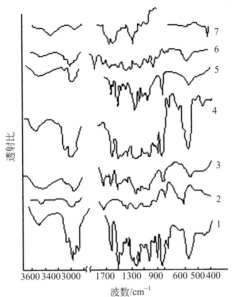

图 8-23　红外光谱图

1—环氧树脂；2—聚乙酸乙烯酯；3—环氧树脂-聚乙酸乙烯酯混合物，经 300℃处理；
4—以含 10％Pb 混合物为基的金属聚合物材料；5—以含 10％Pb 混合物为基的
金属聚合物材料，经 280℃处理；6—含 33％Pb 金属聚合物材料；
7—含 33％Pb 金属聚合物材料，经 280℃处理

在室温互溶范围内，聚乙酸乙烯酯和环氧树脂的红外光谱具有加成性，其混合物红外光谱是两个单独聚合物光谱的简单叠加。但是经加热处理后光谱形状发生巨大改变，以含 10％Pb 混合物为基的金属聚合物（图8-21，曲线 4）915cm^{-1}和 605cm^{-1}吸收峰消失，代表乙酸根的峰强急剧减弱，但是没有看到—C≡C—键的吸收峰。根据红外光谱这些变化可以推测聚合物混合物加热时发生了如下反应：

$$-CH_2-CH-CH_2-CH-+CH_2-CH-R-CH-CH_2\longrightarrow$$

（结构式）

金属聚合物材料和混合聚合物红外光谱存在着根本区别，证明在金属聚合物材料制备时聚合物大分子在胶体金属粒子表面产生了聚合物官能团的化学吸附，在金属聚合物材料的红外光谱上看到 $915cm^{-1}$ 和 $605cm^{-1}$ 吸收峰积分强度下降（图 8-23）。在 $20\sim30℃$ 室温条件下，聚合物之间不会产生相互作用，差热分析看不出明显差别。

环氧树脂的环氧基开环以及聚乙酸乙烯酯的羰基和阴极沉积出的金属粒子表面相互作用可以生成表面化合物。

加热温度提高（$180\sim200℃$）不仅促使环氧基开环，而且促使部分乙酸根分解，使得 $915cm^{-1}$ 和 $610cm^{-1}$ 处吸收峰积分强度急剧下降，并且和聚乙酸乙烯酯一样，未发现有—C≡C—键存在。可以确定，胶体金属粒子表面除了和纯聚合物产生化学吸附外，还和混合聚合物的复杂大分子产生化学吸附。

在红外光谱上，出现的新峰 $390cm^{-1}$ 代表 M—C 价电子共振键存在，此外，代表金属聚合物里羟基价电子共振键存在的 $3500cm^{-1}$ 峰位移到低频区（$180cm^{-1}$），和金属粒子表面形成了羟基键，其键能为 $4.3kcal/mol$，与氢键能相当。

当把金属粉添加到环氧树脂-聚硫橡胶混合物里时，两个组分就会发生反应：

$$2R^1{-}CH_2{-}CH{-}CH_2 + 2R^2SH \longrightarrow$$
$$\overset{\displaystyle |}{\underset{\displaystyle O}{}}$$

$$R^1{-}CH_2{-}CH{-}CH_2{-}S{-}R^2{-}S{-}CH_2{-}CH{-}CH_2{-}R^1$$
$$\underset{\displaystyle OH}{|} \qquad\qquad\qquad\qquad \underset{\displaystyle OH}{|}$$

此外，还会发生环氧树脂、聚硫橡胶及其上述反应产物在金属粉表面的竞争性化学吸附。聚硫橡胶在金属粉表面的吸附量是较少的，主要是环氧树脂和金属粒子表面发生化学吸附作用，形成相应的表面化合物。在较低温度下（$<150℃$），聚合物分子之间，聚合物与金属粒子表面之间发生的相互作用都是官能团—SH、≡CH—CH$_2$ 和≡CH—之间的交互反应。超细金属粉的加入还促使聚硫橡胶本身和聚硫橡胶-环氧树脂反应产物里—S—S—的断键过程加强，引发体系固化，金属粒子就占据立体网状结构的结点。E-44-聚硫橡胶-Pb 基金属聚合物就具有很坚韧的结构，添加 10％ Pb 的金属聚合物溶胀率仅为 6％左右，添加 60％Pb 实际上不发生溶胀。

不管添加多少金属粉，聚合物都不会发生溶解。添加铅粉后还会使聚合物混合物顺磁信号出现温度显著降低：E-44-聚硫橡胶混合物顺磁信号出现温度为230℃，当添加27%Pb后（E-44-聚硫橡胶-27%Pb）温度降为210℃，添加60%Pb温度降为60℃。

同样，含有20%（质量分数）Pb的不同配比金属聚合物的差热分析曲线和纯混合物的差热分析曲线有本质上的差别（图8-24）。

从含铅混合物的差热分析曲线看出，环氧树脂开环放热温度、环氧树脂和乙基聚铝硅氧烷官能团的反应温度以及与铅金属粒子表面发生相互作用的温度几乎都比纯聚合物的高（图8-25，曲线2、3）。

当混合物的组成比固定时（E-44：乙基聚铝硅氧烷＝7：3），金属聚合物差热分析曲线上第一个放热峰温度变化与金属含量存在对应关系。随着铅含量增加到15%，放热峰温度从185℃升到260℃，再提高铅含量，反而下降到210℃，大量添加金属填料使得金属聚合物导热性大大提高，放热温度随之下降。放热峰温度和聚合物组分比及铅含量的关系，主要由组分间作用和相界面性质所决定。

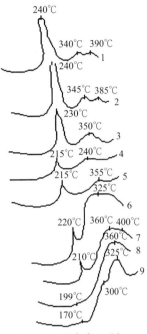

图8-24　以含有20%Pb不同组成比的 E-44-乙基聚铝硅氧烷混合物为基的金属聚合物的差热分析曲线
1—9：1；2—8：2；3—7：3；4—6：4；5—1：1；6—4：6；7—3：7；8—2：8；9—1：9

利用红外光谱可以了解常温条件下多元混合物界面处所发生的过程，并能求得第一放热峰温度等有意义的资料。从 $915 \sim 920 \mathrm{cm}^{-1}$ 处环氧基吸收峰相对强度的变化看出，室温放置75d后，环氧基浓度稍有降低，羟基浓度没有变化（图8-26，曲线1、2）。经过200℃/h处理后，红外光谱则发生很大变化，代表环氧基的吸收峰消失，羟基吸收峰强度急剧增强（图8-26，曲线1、3、5）。

环氧树脂加入有机胶体铅，促使环氧基开环，使得环氧树脂在170～190℃就能固化。向混合物里添加有机胶体金属后，极性聚合物——环氧树脂在金属粒子表面上最容易产生化学吸附，同时乙基聚铝硅氧烷的分子与环氧基可能相互反应生成分支型或局部交联型共聚物。

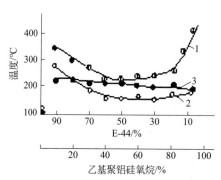

图 8-25　金属聚合物 T_T（1）、纯聚合物
升温曲线第一个放热峰温度（2）、
金属聚合物第一个放热温度（3）和
组成比的关系

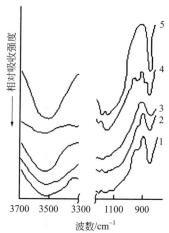

图 8-26　以含 20％Pb E-44：乙基
聚铝硅氧烷＝7：3（曲线 1～3），
8：2（曲线 4、5）的混合物为基的
金属聚合物的红外光谱
1，4—原始混合物；2—室温放置 75d；
3，5—200℃/h

　　与纯聚合物混合物相比较，添加有机胶体金属后，聚合物官能团和铅粒子表面相互作用产生化学吸附，抑制大分子迁移，导致金属聚合物第一个放热峰温度提高，而此时，环氧基和乙基聚铝硅氧烷的羟基还没有发生反应，只有在更高温度下才能发生反应。对于聚合物组分比固定的混合物，当铅含量提高为 15％～18％时，放热峰温度也同样提高。

　　在有限互溶的聚合物混合物里添加有机胶体金属，其性能-组成关系具有极值特征，在有些情况下，性能-组成曲线还会产生畸变。添加有机胶体铅一方面促进环氧基开环，有利于环氧树脂和乙基聚铝硅氧烷之间进行反应；另一方面铅金属粒子表面吸附了聚合物的官能团，降低了金属粒子和聚合物反应的活性，添加金属粉的这种双重作用决定了混合物性能-组成曲线具有极值特征。

　　对于添加金属粉的环氧树脂-聚乙酸乙烯酯互溶混合物，在 30～40℃条件下，环氧树脂环氧基开环和金属粒子表面相互作用生成金属表面化合物；聚乙酸乙烯酯官能团和金属粒子表面反应是离子-电子型反应，使新生共聚物链发生扭曲，在金属-聚合物界面处形成的是有缺陷的多相化学结构。在 200℃以上，聚合物和金属粒子表面间作用就会大大加强，这就使得纯聚合物混合物和以其为基的金属聚合物的红外光谱有很大不同。所以，不论在以互溶聚合物为基的金属聚合物材料界面处，还是在聚合物内部发生的化学作用都很复杂，这些作用所达到的程度、在化学结构和超分子结构生成过程中的贡献等由以下因素决定：聚合物组分的性质、组分比、反应活性、金属粉的性质和含量、金属聚合物制备条件等。当然，这些因素对金属聚合物复合材料的物理化学性能、力学性能及其他使用性能都有影响。对复合材料组分、配比及制备条件进行合理选择，可以有效调整聚合物复合材料的性能。

对聚合物、低聚物及其混合物和金属粒子表面作用过程的研究，以及对在聚合物介质中采用不同方法制备金属聚合物过程的研究，证明金属聚合物生成和有机胶体金属粒子制备方法无关，金属性质只对聚合物结构化倾向、对聚合物和低聚物在金属粒子表面上的吸附情况有一定影响。

9

微纳米金属溶胶的稳定性

9.1 水基微纳米金属溶胶的稳定性

9.1.1 水基微纳米金属溶胶的共性

几乎所有的金属表面在含水或水蒸气的空气中都会被氧化而覆盖一层氧化膜。若是金属处于超细状态或处于胶体状态，形成相应的微纳米金属溶胶时，氧化过程更明显。

氧化膜的生成将直接影响微纳米金属粉和金属水溶胶分散相的性质。不言而喻，金属本身性质起着决定性作用。在相同条件下，有的金属几乎完全被氧化，有些金属大部分被氧化，另一些金属，主要是贵金属（Ag、Au、V 等）会以胶体细度的粒子分布在水中，仍然保持原始金属的状态而基本没有发生氧化。

制备微纳米金属水溶胶的方法主要有电解法、金属蒸气在水介质中的凝聚法、固体金属胶溶法（腐蚀法）、机械粉碎法、还原法、力化学法等，这些方法中只有还原法、力化学法获得了广泛的实际应用，其余方法大多处于理论研究中。

把金属盐在水介质中进行还原生成微纳米金属水溶胶过程中，必须关注的过程是晶核的成核速度和晶核的成长速度之间的关系。在金属还原体系中，单位体积单位时间内成核数量越多，形成的微纳米金属水溶胶的细度越高。晶核生成瞬间对微纳米金属水溶胶细度和稳定性有重要影响。成核数量与还原剂性质有重大关系，例如，在其他条件相同时，在甲酸盐中单位体积金属成核数量比在 NH_4OH 中高 1000 倍以上，比在磷酸盐中高 24000 倍。

9.1.2 电解质对微纳米金属水溶胶稳定性的影响

不加稳定剂的微纳米金属水溶胶是典型的憎液溶胶，对电解质和杂质非常敏感，当分散相浓度提高、煮沸、振荡、受到光作用等都能使其很快产生凝聚，该过程具有明显不可逆性。因此，对其他物质憎水溶胶稳定性研究的许多结论和理论也完全适用于金属水溶胶体系。

现在着重研究电解质对憎水溶胶稳定性的影响。

所谓胶体体系的稳定性实际上是指胶体体系的某些性质，例如分散相浓度、粒子大小、体系黏度和密度等，存在一定程度的不变性。例如金属水溶胶，从本质上讲它是热力学不稳定体系，但是在实际情况中却总能稳定一定的时间，短则几分钟，长则数十年，才由金红色溶胶变为黑色沉淀。把金属溶胶分散相的分散性稳定程度叫作聚集稳定性，也就是说金属溶胶分散相粒子凝聚成大颗粒容易，就说其聚集稳定性差；而颗粒较细，长期不产生凝聚，则说它聚集稳定性高。学术上人为把无机电解质使金属溶胶产生沉淀的作用称为聚沉作用；把高聚物使金属溶胶产生沉淀的作用称为絮凝作用。

大家知道，若胶体粒子表面上带有解离性基团时，当这些基团在水里产生解离后，胶体粒子就会带上电荷；对于离子性晶态物质，其胶体粒子本身由于其组成荷相反符号离子的溶解性不同，会使胶体粒子荷上电荷；胶体氧化物表面与水接触后，产生水化作用而生成—OH 基团；当然金属固体表面还会释放出自由电子而带正电荷；胶体粒子表面由于吸附表面活性剂离子或其他杂质离子等原因均会发生荷电。这样带电胶体粒子之间存在着两种相互作用力：双电层重叠产生的静电斥力和粒子间长程范德华吸引力。它们相互作用决定了胶体的稳定性。当吸引力占优势时，溶胶将发生聚沉；而当排斥力占优势时，并且该排斥力足以阻碍胶体粒子布朗运动碰撞导致的聚沉，则胶体就处于稳定状态。换句话说，胶体粒子间既存在斥力位能，同时还存在着吸引力位能，两者的相对大小决定了胶体体系的稳定性。斥力位能、吸引力位能和总位能都随着粒子间距离而改变，因此，必然是在一定距离范围内出现吸引力位能占优势，而在另一距离范围内斥力位能占优势的现象。理论推导表明，加入电解质对吸力位能影响不大，但对斥力位能影响十分明显。所以加入电解质会导致胶体体系总位能发生很大变化，只要做适当调整就可以使胶体体系具有一定的稳定性。

胶体体系的总位能是由斥力位能和吸引力位能来决定的，它们除了受颗粒大小、形状和颗粒间距离的影响外，还受到哈梅克常数 A、颗粒表面电位 ϕ_0 以及电解质浓度 n_0 的影响。A 值越大，胶体稳定性越差。改变分散相和分散介质的性质可以控制 A 值，也就可以控制胶体的稳定性。颗粒表面电位主要影响斥力位能，ϕ_0 值越大胶体稳定性越好。改变定位离子浓度就可以改变 ϕ_0 大小。

电解质浓度主要影响斥力位能，对总位能的影响存在一个最佳值，只要控制好电解质浓度就能获得稳定的金属胶体。

人们早就知道，电解质能使胶体产生聚沉。对于同价正离子来说，离子半径越小，水化能力越强，水化后离子半径越大，吸附能力越小，聚沉倾向就越大。所以，对于正离子来讲，其聚沉值随离子半径增大而减小；对于负离子来讲，因为它水化能力弱，所以其半径越小聚沉浓度越小。据此可以排出一价正、负离子的聚沉能力大小顺序，如下：

$$Li^+ > Na^+ > K^+ > NH_4^+ > Rb^+ > Cs^+ > H^+$$

$$OH^- > SCN^- > I^- > NO_3^- > Br^- > Cl^- > F^-$$

胶体分散体系是热力学上不稳定的体系，虽然它可以通过加入适量的电解质或高聚物获得稳定，但是这个稳定是相对的、暂时的，它是属于动力学上的稳定。从根本和长远来看它终会产生聚沉。胶体分散体系是稳定和聚沉的矛盾统一体。如果稳定因素占优势，分散体系就处于稳定状态；如果聚沉因素占优势，分散体系就处于不稳定的状态。稳定因素和聚沉因素是可以相互转换的。吸附的电解质和吸附的聚合物可形成吸附层或空缺层，它们既是稳定因素也是聚沉因素。适当的电解质吸附和较高浓度的聚合物溶液有利于分散体系的稳定；而过量的电解质和低浓度的聚合物溶液却会使分散体系发生聚沉。

微纳米金属溶胶对电解质很敏感，向溶胶中加入少量电解质，尤其是加入高价电解质，往往会引起分散溶胶体系产生聚沉。微纳米金属溶胶发生聚沉所需加入电解质的最低浓度叫作聚沉浓度。它与溶胶性质以及电解质的性质有关，主要与反号离子的电荷数有关。

电解质不仅会使电解质稳定的金属溶胶发生聚沉，也可以使聚合物稳定的金属溶胶发生聚沉。而聚合物稳定的金属溶胶对电解质不太敏感，要想使其发生聚沉所需加入的电解质浓度必须高于甚至要达到饱和才行。电解质使聚合物稳定的金属溶胶发生聚沉是由于电解质的离子化使聚合物脱水引起金属溶胶聚沉。离子盐聚沉作用大小排序如下：

正离子　　$Al^{3+} > Mg^{2+} > Ca^{2+} > Sr^{2+} > Ba^{2+} > Na^+ > K^+ > NH_4^+ > Rb^+ > Cs^+$

负离子　　柠檬酸根 > 酒石酸根 > $SO_4^{2-} > CH_3COO^- > F^- > Cl^- > Br^- > NO_3^-$ > $I^- > CNS^-$

9.1.3　保护性高分子在制备稳定微纳米金属水溶胶中的应用

现在制备不同的微纳米金属水溶胶时都采用了大量的保护性高分子聚合物，它们对提高微纳米金属水溶胶稳定性起到了至关重要的作用，尤其会使微纳米金属水溶胶抗电解质的稳定性大大提高，这为制备具有可逆胶体行为的高浓度微纳米金属水溶胶提供了可能。所谓的可逆胶体行为就是将微纳米金属水溶胶中分散介质蒸发后所获得的干分散相再与分散介质接触时又可重新形成稳定的微纳米溶胶。但必须注意，只有金属分散相和高分子化合物间在某一最佳质量比条件下，才能产生这种作用。通常，对每种高分子聚合物都存在一个极值，高于此值，微纳米金属水溶胶稳定性不但不提高，反而急剧下降。

必须指出，高分子聚合物对微纳米金属水溶胶稳定性的巨大影响，不是金属水溶胶的特有性质，凡是憎液分散体系均有这个性质。如果高分子聚合物能阻碍金属水溶胶分散相的聚集，提高憎液分散体系的稳定性，我们把这一现象称为高分子聚合物的保护作用。例如，明胶、原蛋白和可溶蛋白酸的碱性盐、白蛋白、阿拉伯胶等，在工业、医学、生物学等领域，尤其在胶体金属制备中早已获得广泛应用。

保护作用和稳定作用在生物学中具有很大作用。在有机生命中发生和进行着的许多化学反应，有的反应产物甚至是不溶解的，在血液里既没析出也没排泄掉，而是在保护性高分子聚合物作用下形成了稳定的溶胶，例如生物体内生成的碳酸钙和磷酸钙就是这样。由此可以理解多组分高聚物的保护作用问题。也就是说，制备憎液型金属溶胶分散相时，首先要用保护性高聚物大分子把反应物包覆起来，而不是等制备好金属溶胶后再加入保护性高聚物。可想而知，这一多组分保护方法为制备超细且稳定的金属溶胶创造了非常有利的条件，这一点对工业上要求制备高浓度溶胶，尤其对要求制备高浓度金属溶胶更为重要。

在人体内如果因为某种原因导致高聚物的保护作用遭到破坏，那么就会引起机体内钙盐和其他难溶盐析出，这就使人患痛风和动脉硬化。在有机体中，高分子化合物如黏蛋白、尿色素等缺乏，憎液性溶胶就会使人患胆结石和肾结石。所以说保护性高分子化合物是控制人体血液的主要因素，直接影响心脏的正常工作。

因为高分子化合物的保护作用在工业和生物界都意义重大，具有保护作用的高分子化合物种类众多，为了建立一个比较标准，人们根据经验提出了保护标号的概念，其含义是选定某一个颜色如金黄色、刚果玉红色、银色、浅蓝色、氢氧化铁色、硫化砷色等，保持金属溶胶颜色不变，或者在电解质含量固定条件下，保持金属分散相不凝聚所需加入的高分子化合物的质量，通常以毫克（mg）计。

表 9-1　含 0.6mg Au 的 100mL 溶胶中保持金色和
刚果玉红色不变所需加入保护高分子化合物的量　　单位：mg

高分子化合物	金色	刚果玉红色
明胶	0.05～0.1	25
酪酸钠	0.1	4
甘氨酸钠	0.2～0.6	—
丙氨酸钠	0.3～0.8	—
白蛋白	1.0～2.0	20
球蛋白	0.2～0.5	—
无定形卵清蛋白	—	—
晶体卵清蛋白	20～80	—
鲜卵清蛋白	0.8～1.5	—
阿拉伯胶	1.5～2.5	—
油酸钠	4.0～10.0	—
硬脂酸钠	0.1(100℃)	100(60℃)
皂角苷 $C_{32}H_{54}O_{18}$	230.0	—
土豆淀粉	250.0	200
可溶性淀粉	—	100
小麦淀粉	50.0	—

高分子化合物	金色	刚果玉红色
淀粉糊精	100.0～120.0	—
糊精	50.0～70.0	—

尽管表 9-1 中的数据不能作为某种高分子化合物保护作用所需的标准加入量，但作为一种参考还是被许多研究者所采用。

保护标号与许多因素有关：溶胶分散相性质、细度、浓度、憎液型溶胶与高分子化合物的质量比以及杂质的性质等，举例来说，含金为 0.6mg/L 的金溶胶中，明胶的金色标号是 0.1mg，而金浓度为 100mg/L 的明胶金色标号则要增大几百倍。

如果在标准条件下把憎液型溶胶制作成极稀溶液，那么制得的溶胶的行为也完全不一样。由于憎液型溶胶本身性质的差异，难于区别高分子化合物的保护作用。因此，不能简单地采用保护标号来评价高分子化合物的保护作用。

高分子化合物对憎液型溶胶稳定性的影响主要与溶胶分散相和高分子化合物性质有关，并且主要与高分子化合物自身吸附特征有关，所以，寻找出高分子化合物保护作用的统一评价标准是不太可能的。

工业及研究中广泛采用的具有保护作用的高分子化合物主要有明胶、阿拉伯胶、琼胶、淀粉、清蛋白、球蛋白、西黄蓍胶、皂角苷、糊精、淀粉糊精、酪蛋白等。球蛋白的水解物——甘氨酸钠和丙氨酸钠也是非常有效的保护性高分子化合物。

这两种球蛋白碱性水解物如果碱过剩，就可以把银盐溶液还原析出银，生成非常稳定的纳米银水溶胶，且具有非常显著的可逆性质。

蛋白质的水解方法如下：

①把新鲜球蛋白进行过滤；②配制 20%～25%NaOH 溶液；③向①里加入含球蛋白 2.5%～3% 的②溶液；④将③混合液水浴煮沸几小时，不停搅拌，直至球蛋白完全溶解；⑤最后趁热过滤，存放在密封瓶中。该混合物可以存放几个月，其还原和保护性能不变。

采用这种还原混合物制备微纳米金属水溶胶有两种方法：①把 Ag、Au、Pb、V、Hg、Bi 等的金属盐溶液加入还原混合物里，水浴中加热还原，生成微纳米金属水溶胶，把该溶胶经过渗析处理和蒸发，获得相应的金属胶体；②采用稀乙酸或稀硫酸使上述还原出的金属水溶胶聚沉，把聚沉的金属分散相细心进行洗涤，除去杂质，再在 0.2%～0.5% 碱溶液里进行胶溶。

用其他保护性高分子化合物制备微纳米金属水溶胶可以采用与之相似的方法进行。

9.2 微纳米金属有机溶胶的稳定性

9.2.1 金属胶体粒子表面形成稳定溶剂化层的条件

在碳氢介质中，微纳米金属有机溶胶稳定性取决于金属粒子表面溶剂化程度和加入的保护性高分子化合物，但必须考虑到超细金属粒子表面存在着氧化膜，其在碳氢介质中呈惰性。所谓在碳氢介质中金属粒子溶剂化指的是：加入溶剂中的表面活性剂在金属粒子表面形成稳定吸附层的倾向和能力。对不同方法制备的各种金属有机溶胶的研究证明，吸附层性质对金属溶胶形成和稳定都起着非常重要的作用。吸附层形成机理、吸附层和金属粒子表面结合强度、在金属有机溶胶制备时所采用溶液及保护性高分子化合物和金属粒子表面的相互作用，这三者是表征金属有机溶胶制备过程和其稳定化的基本因素。

为了使金属有机溶胶分散相粒子表面上形成稳定的溶剂化层，必须具备如下条件。①选择的表面活性物质在有机溶胶分散介质中溶解性要好，在金属粒子表面-分散介质之间界面具有表面活性。能满足这点要求的有机物大都是金属分析采用的，合金分析时能形成内络合的试剂，如 α-羟基喹啉、苯肼、辛可宁、奎宁及硬脂酸，尤其是油酸。这些试剂能和金属粒子表面上的氧化膜反应，生成化学上牢固的吸附层，使金属粒子很容易分散到分散介质中。②表面活性物质和金属胶体粒子之间的相互作用必须是金属表层的价电子和表面活性物质相互作用，生成不具有标准化学计量的表面化合物，否则，一旦生成具有标准化学计量的表面化合物，则这样的吸附层就会很容易在分散介质中脱附，导致金属溶胶稳定性丧失。③在金属粒子生成瞬间其表面就应该同时生成稳定吸附层，否则，生成的胶体粒子就会凝聚，生成粗的凝聚体，再加表面活性物质也不可能把它们分散开。

在聚合物稳定的金属溶胶里，特别是非水溶胶里，主要稳定因素是聚合物的吸附层而不是扩散层重叠的静电斥力作用。聚合物吸附层在稳定微纳米金属胶体方面主要有三方面的作用：①吸附了带电聚合物使金属胶体粒子之间静电斥力位能增加；②聚合物的存在，使金属胶体粒子之间范德华吸引力位能减小；③吸附聚合物之后会产生一种新的斥力位能——空间位能。如果添加了非离子型表面活性剂或聚合物，那么，在非水介质中，空间斥力位能对稳定性的影响将起到非常重要的作用。也就是说这时金属微纳米胶体只靠吸附聚合物而稳定。

影响吸附聚合物稳定性的因素如下：

① 吸附聚合物分子结构的影响　吸附聚合物的稳定性取决于被吸附聚合物分子的稳定性，因此聚合物分子结构对其自身稳定性有很大影响。一般来说，对金属有机溶胶稳定最有效的聚合物是嵌段聚合或接枝聚合的高聚物。它们由两种不同类型的聚合物 A、B 组成。其中聚合物 A 对金属颗粒表面具有强烈的亲和力，使得共聚物一端吸附在金属表面上；而聚合物 B 则与溶剂有较好的亲和力，因而它伸入到溶剂中去，这样便提供一个空间位垒，阻碍金属颗粒彼此碰撞出现聚沉。例如，TiO_2 和 Fe_2O_3 粉放在分散介质苯中，采用己二酸-新戊基乙二醇聚酯作稳定剂，它的端基为羟基对金属颗粒表面亲和力小，是一种很差的稳定剂；若是用等价羧基取代羟基作为端基，则该聚合物在金属颗粒表面上具有强烈的吸附作用，它就是一种好的稳定剂。

② 聚合物分子量和吸附层厚度的影响　金属胶体的稳定性会随着吸附层厚度增加而增大，而吸附层厚度随着分子量增大而增加，聚合物稳定性随分子量增大而增加。在实际情况中，聚合物分子量的影响往往是很复杂的，并不是在任何情况下都是分子量越大对稳定金属溶胶有利，有时分子量的影响还与聚合物本身浓度有关。

③ 分散介质的可溶解度的影响　所谓分散介质可溶解度就是分散介质溶解聚合物的能力。因为吸附的聚合物分子通常是一端吸附在固体表面上，而另一端伸入分散介质中，因此，分散介质性质不仅影响聚合物在固体表面上的吸附，也影响聚合物在介质中的充分伸展，也就是影响吸附层的位垒高低。聚合物可溶性良好的溶剂和聚合物分子的链节间有较大的亲和力，溶剂和聚合物分子充分接触使聚合物分子在介质中能充分伸展开来。每当两个金属颗粒的吸附层发生重叠时，聚合物分子的链节不会发生相互吸引，这样就能确保金属胶体处于稳定状态。相反，如果分散介质溶解聚合物能力很差，与聚合物分子的链节间亲和力很小，这时两个金属粒

子的吸附层发生重叠，聚合物分子的链节必然要发生相互吸引，引发金属胶体絮凝。

高聚物能使金属胶体稳定，同时也能使金属胶体絮凝。通常，容易引起金属胶体絮凝的聚合物都是大分子量的线型聚合物，它可能是非离子型或离子型的，也可能是聚电解质，如天然鱼胶、明胶、藻朊酸盐等。合成的絮凝剂则以聚丙烯酰胺及其衍生物使用最广泛。

在大量实际应用中，稳定的憎液型的金属溶胶，尤其是保护浓金属溶胶稳定所需加入的保护性高聚物浓度都存在一个最佳值，高于该浓度稳定效果是非常好的，低于该浓度就基本失去了稳定作用，甚至使金属溶胶变成不稳定的。这时，单个的大分子热运动都会促使金属溶胶粒子聚结，生成金属粒子的聚集体而出现絮凝。

9.2.2　保护性高聚物在制备稳定微纳米金属有机溶胶中的应用

正如前面所述，若想制备稳定的微纳米金属溶胶，就必须使金属有机溶胶分散相的每个粒子表面都能形成稳定的溶剂化层，也就是说，制备稳定的微纳米金属溶胶最基本的条件就是确保金属胶体粒子生成的瞬间，要存在表面活性物质，即稳定剂。如果金属胶体粒子生成瞬间没有表面活性物质和它相互作用，那么金属胶体粒子间就会相互作用，有时甚至会形成牢固的凝聚体，这时，即使再加入表面活性物质也很难把它们解聚开。加入的稳定剂数量不够，金属溶胶就不会稳定。

要想保持金属溶胶稳定，就必须加入保护性高分子化合物如橡胶、羊毛脂等作为稳定剂。这种表面活性物质大分子游离键能和新生金属粒子表面相互作用，形成一个立体屏障，一方面阻碍金属粒子生长，另一方面防止金属粒子聚集，因此，这种保护性高分子化合物是最有效的金属溶胶稳定剂。但是需特别指出，这些物质对金属胶体粒子的保护作用非常强，以至于受这种物质保护的胶体粒子一旦凝聚在一起，再想把它们解聚开就非常困难，这一点在制备稳定浓金属溶胶时必须预先考虑到。

利用力化学法可以制备稳定的金属溶胶，方法是将金属放到苯、异戊二烯、己烷、三氯乙烷、四氯化碳、醚及其他有机介质中，再加入橡胶，而后进行粉碎。笔者用这个方法已制备出稳定的 Ti、Cu、Mn、Si、Fe 等溶胶。

需要提醒的是，如用还原法制备金属胶体，对以下方法要给予特别的关注。制备金属胶体时，首先要把金属浓溶液用羊毛脂进行乳化处理，随后进行分步或快速还原，还原后再用石油醚或其他加羊毛脂的溶剂进行处理，把多余羊毛脂置换掉，随后把还原生成的金属溶胶转移到有机溶剂中，然后羊毛脂稳定化的金属溶胶再用新煅烧的 $CaCl_2$ 脱掉残余的水分，最后蒸发到所需的浓度或完全排除有机溶剂，这就制得了由羊毛脂稳定的干有机溶胶分散相。用这个方法已制备出稳定的 Ag、Au、Pt、Hg 等金属有机溶胶。

清洗不掉而仍然保留在金属胶体粒子表面上的羊毛脂的高分子组分才是金属有机溶胶最有效的稳定剂。从下面的研究可见羊毛脂的作用。

把 100 质量份羊毛脂和 200 质量份浓度为 20％的 KOH 混合，在搅拌条件下，加热蒸发掉全部水分，制得干燥残余物，磨细成粉，用汽油或石油醚进行萃取，过滤，滤液蒸发后制得黄褐色蜡状物，它的主要成分是高分子醇，也含有羊毛脂。将它作为保护性高分子化合物和浓的相应金属盐溶液一起研磨至呈熔融状。

（1）微纳米银胶体的稳定性

例如，按如下方法制得的胶体银可在很多有机介质中形成稳定的金属溶胶。

把 4 质量份上述黄褐色蜡状物和 5 质量份浓度为 40％的 $AgNO_3$ 水溶液一起研磨，而后蒸发除掉水，冷却后研碎成粉，在黑暗处放置 10h，再和 1～1.5 质量份浓度为 50％的 NaOH 溶液一起研磨，加热至使银完全还原出来。冷却后用三氯甲烷：石油醚＝1：1 混合液洗涤，将胶体银转移到有机介质中，再用新煅烧 $CaCl_2$ 脱水，澄清后蒸发掉分散介质（三氯甲烷、石油醚），残余物是含银约 20％的脆性黑色碎片，如果用醇进行二次清洗和干燥，得到的是含银 74％的片状胶体银。

（2）微纳米钨胶体的稳定性

在不加稳定剂的甲苯溶液中，钨胶体粒子呈无序状态分布，许多个钨胶体粒子聚集在一起，形成粗大的聚集体。向甲苯溶液里加入保护性高聚物如橡胶后，钨、金和铂等金属胶体粒子则呈现短链形态分布，这表明同一个聚合物大分子可以同时和几个金属胶体粒子相连接，当保护性高分子浓度达到一定值时，金属胶体粒子不仅呈链状分布，还会形成网状结构。这时，金属粒子就像橡胶中添加的活性填料一样，依靠金属表面存在的氧化膜，成为把橡胶大分子连接起来的结点。把橡胶加到甲苯中，促使金属胶体粒子呈网状分布，这对金属胶体粒子的稳定非常有利。

（3）铋有机溶胶的稳定性

铋有机溶胶在医学上具有广阔的应用前景，铋在烃类介质中的稳定性非常重要。利用离心处理技术来研究铋有机溶胶的稳定性（见表9-2）。

表 9-2　铋有机溶胶的稳定性

溶胶组成					溶胶和分散介质界面移向离心机底部的距离/mm						说明
分散介质	Bi/%	橡胶/%	乙基纤维素/%	羟基喹啉/%	15min	30min	60min	90min	150min	180min	所处状态
甘油	1.25	0.01	—	—	完全析出	—	—	—	—	完全析出	不稳定
甘油	1.25	0.06	—	—	15	完全析出	—	—	—	完全析出	不稳定
甘油	1.25	0.06	—	0.06	32	完全析出	—	—	—	完全析出	不稳定
甘油	5.00	0.09	—	—	12	完全析出	—	—	—	完全析出	不稳定
甘油	5.00	0.09	—	0.06	27	—	—	—	—	完全析出	不稳定
甘油	1.25	0.30	—	—	未变	未变	2	3～4	4～6	未变	较稳定
甘油	1.25	0.30	—	0.06	未变	未变	3	3～4	6～9	未变	较稳定
甘油	5.00	0.60	—	—	未变	未变	未变	未变	未变	未变	稳定
甘油	5.00	0.60	—	0.06	未变	未变	未变	未变	未变	未变	稳定
甲苯	1.25	0.09	—	—	完全析出	—	—	—	—	—	不稳定
甲苯	1.25	0.30	—	—	未变	3	9～11	未变	未变	—	较稳定
甲苯	1.25	0.30	—	0.06	未变	7	20～25	未变	未变	—	不太稳定
甲苯	5.00	0.90	—	—	未变	未变	未变	未变	未变	—	稳定
甲苯	5.00	1.48	—	—	未变	未变	未变	未变	未变	—	稳定
苯	0.25	—	0.90	—	未变	未变	10～20	未变	未变	—	不太稳定
苯	0.50	—	0.90	—	未变	未变	20～30	未变	未变	—	不太稳定
苯	1.25	—	1.48	—	未变	未变	5～6	未变	未变	—	较稳定
苯	0.50	—	1.48	—	未变	未变	5～6	未变	未变	—	较稳定

从表 9-2 中看出，在含 0.90％～1.48％天然橡胶的甲苯中和含 0.30％～0.60％天然橡胶的甘油中铋有机溶胶最稳定。含 0.90％～1.48％

乙基纤维素的苯中铋有机溶胶受离心力作用分散相析出，而超细部分铋有机溶胶呈悬浮状态，即使长时间离心分离处理也不会析出。无论在甘油中还是在甲苯溶液中，在加入橡胶的同时，再加入羟基喹啉对铋有机溶胶稳定性提高没有什么作用，反而还有稳定性下降的情况出现。

实验表明，在含橡胶的甲苯溶液中，加入超细的金属铋其黏度增加，当铋含量从 0.50% 增至 1.25% 时黏度变化非常明显。不加超细铋，含橡胶的甘油溶液没有结构黏度特征；而加入超细金属铋后，结构黏度特征就明显显示出来。向含 0.30% 橡胶的甲苯和甘油溶液中加入超细铋，然后经 4000～4500r/min 离心处理 90～150min，既没有分散介质析出，也没有看到分散介质和溶液间出现界面，仅在底部析出少量的分散相（9%～15%），它们大多是很粗的粒子。经过离心处理的铋溶胶在磨口瓶中放置 5 个月都是稳定的。然而，对于没有结构黏度特征的含 0.06% 橡胶的甲苯和甘油溶液中的铋溶胶进行 30min 离心处理，几乎所有的铋分散相都析出来了。这种溶胶放置 2～3h 分散相就会沉降下来，这表明铋溶胶稳定性和溶胶结构黏度特征存在某种关系。

相反，加入乙基纤维素的苯溶液几乎见不到反常黏度现象，向该溶液中加入超细铋，其黏度还大大降低，但是乙基纤维素却提高了铋溶胶的稳定性。

（4）铁有机溶胶的稳定性

实验表明，加入橡胶的二甲苯溶液具有反常黏度特征，尤其含 1.8% 橡胶时最明显。随着橡胶含量提高，反常黏度增大：含 0.6% 橡胶溶液的黏度为 6cP（1cP=1mPa·s）；含 1.2% 橡胶的为 95cP；含 1.8% 橡胶的溶液达到 530cP。超细铁粉对含橡胶的二甲苯溶液黏度产生强烈影响，当橡胶含量低于 1.2% 时，溶液黏度降低；当橡胶含量为 1.8% 时，溶液黏度却明显提高，其反常黏度比纯的含橡胶二甲苯溶液黏度大 550cP，增加到 1080cP（Fe：橡胶=1：18）。这说明铁有机溶胶分散相能大大强化含橡胶二甲苯溶液的结构立体化，实际上它已成为橡胶的活性填料。

在含有 0.3%～1.0% Fe 的有机溶胶中，加入 0.1%～1.5% 橡胶，铁有机溶胶也没有获得稳定状态；含有 0.3% Fe 的有机溶胶，要加入 1.2%～1.6% 橡胶才能达到稳定状态。

（5）合金有机溶胶的稳定性

Pb-Sn、Ni-Cr、Ni-Fe 合金有机溶胶稳定性和保护性高分子化合物浓度、分散相与橡胶加入量比有重要关系。

在 Pb-Sn 合金有机溶胶中，当橡胶含量为 0.1%～1.2%时，随着分散相/橡胶之比值增大其稳定性下降。进一步提高橡胶含量到 1.2%～1.8%，随着分散相/橡胶之比值增大，合金有机溶胶稳定性却明显提高。

采用橡胶稳定的 Ni-Cr、Ni-Fe 合金有机溶胶具有相似的行为。随着橡胶含量增加，合金溶胶稳定性急剧增大。Ni-Cr 合金溶胶中合金含量为 0.5%～1.5%时最明显。例如，加入 0.1%～0.4%橡胶的溶胶稳定了 3h；加入 1.5%～1.8%橡胶的溶胶稳定了 300～350h。当 Ni-Cr 合金溶胶中 Ni-Cr 含量较低时（0.1%～0.3%），溶胶稳定性和橡胶浓度之间的关系就不那么明显了。采用橡胶稳定的 Ni-Cr 合金稳定性还和 Ni-Cr 含量/橡胶之比值有关；但是，Ni-Fe 合金有机溶胶稳定性和 Ni-Fe 含量/橡胶之比的关系不大。

当保护性高分子化合物含量较高时，橡胶大分子和合金溶胶粒子形成稳定的网状结构，合金溶胶粒子就处于网状结构的结点上，使合金溶胶稳定性提高。

综上所述，在烃介质中金属溶胶的稳定性主要取决于加入的表面活性物质。最合适的稳定剂是那些金属分析化学中经常采用的能和金属生成内络合物的试剂（奎宁、辛可宁、羟基喹啉、苯肼、苯酰丙酮等），以及能在烃介质中溶解的高分子化合物［橡胶、羊毛脂（含水）、乙基纤维素等］。

奎宁、羟基喹啉、苯肼和橡胶是苯和甲苯溶液中微纳米 W、Mo 和 Zr 有机溶胶的稳定剂，其中奎宁效果最好，它在 W 粒子表面形成不可逆吸附。而羟基喹啉和苯肼在 Mo 和 Zr 粒子表面可形成不可逆吸附。在其他条件下，这些试剂与金属形成可逆吸附，没有稳定作用。

吸附热测量证明，奎宁、羟基喹啉、苯肼是和 W、Mo、Zr 溶胶粒子表面氧化膜发生了化学作用而形成了稳定的表面内络合物。

这些化学固定在金属溶胶粒子表面上的吸附层，大大提高了金属溶胶粒子对羟基介质的亲液性。例如，W 溶胶分散相粒子表面的奎宁吸附层，以及 Mo 粒子表面的羟基喹啉吸附层，为这些金属粒子在二甲苯、甲苯和苯中溶剂化创造了前提条件，同时使金属粒子表面亲水性系数大大降低——W 亲水性系数从 2.283 降为 0.479；Mo 亲水性系数从 3.501 降为 0.562。很明显，化学固定吸附层的形成使橡胶大分子和金属溶胶粒子表面结合强度大大提高，这在 Zr、W 上表现最明显。

表面活性物质和金属溶胶粒子表面相互作用生成表面化合物，又能牢牢地与金属溶胶粒子基体连接在一起，这就能确保金属溶胶粒子表面形成的溶剂化层非常稳定。若生成的表面化合物具有严格的化学计量组成，那么它就会在溶剂中溶解，其所谓稳定性也是暂时的。只有生成的表面化合物在溶剂中不产生脱附，其稳定性才是最好的。

9.2.3 水对金属有机溶胶稳定性的影响

把明胶、大麦蛋白、淀粉的胶体在搅拌条件下分散到石油醚、苯、液体石蜡、三氯甲烷、四氯化碳、二硫化碳等有机介质中，都会产生凝聚。苯酚、戊醇和异丙醇中的银溶胶，乙酸乙酯和丙醇中的硫化砷溶胶，三氯甲烷和乙醇中的硫化锑溶胶经搅拌后都产生凝聚。实验还表明，把脱盐的血红蛋白和等体积甲苯混合，在搅拌条件下，胶体稳定时间可达 16h，随后血红蛋白全部凝聚。在低温水中不能溶解的水溶胶，升高温度可把水溶胶溶解到有机液体里，冷却后，会成为高分散的乳胶，并且溶胶粒子漂浮在乳胶液滴的表面上。金水溶胶放入戊醇中也产生凝聚，并且还和 pH 值有关，在强酸介质中凝聚最完全。此外，碘化银胶体在戊醇、石油醚和溶剂油中都产生凝聚。

看来碳氢介质中的金属胶体和水接触后，在搅拌条件下均会产生凝聚。例如，电解法制备的 Zn、Cd、Fe、Pb 及其他金属胶体均有这一现象。当有机溶胶和水共悬浮后，胶体稳定性急剧下降，导致分散相在水-甲苯界面处析出。

对于旋转阴极双层电解槽法制备的，采用油酸作为稳定剂，又加入 0.01% 橡胶的 Fe、Pb、Cd 有机溶胶，分别加入蒸馏水或含不同物质的水溶液，在静止条件下观察金属溶胶稳定性和观察有机分散剂与水界面的变化，结果表明，Fe、Pb、Cd 溶胶和不同水介质静止接触时，凝聚过程进行得比较缓慢，在界面处生成厚 3mm 的金属溶胶凝聚层有时超过 10d。水中的杂质影响溶胶的凝聚速度，尤其是在溶胶分散介质里有一定溶解性的杂质（乙醇、吡啶和丙酮）会大大加快溶胶凝聚过程，而吡啶是上述金属溶胶凝聚最有效的促进剂。

加入蒸馏水、0.15mol/L $Al_2(SO_4)_3$、0.12mol/L $CaCl_2$、0.2mol/L KCl、2mol/L 乙醇、0.5mol/L 吡啶、0.2mol/L 丙酮的 Fe、Pb、Cd 溶胶经搅拌后，放置 24h，几乎所有溶胶都在界面处析出凝聚相。凝聚相下面

是水介质，上面是无色透明的甲苯。可见搅拌大大加快了凝聚过程，因为搅拌增强了表面的接触机会。析出凝聚物的量和搅拌时间有关。在搅拌条件下，凝聚物主要是金属溶胶粒子，它们停留在有机溶胶和凝聚介质的界面处；在搅拌条件下，新生的粒子与凝聚物接触还产生共凝聚。这时，该体系为有机溶胶分散相粒子-有机溶胶-凝聚物构成的三相共存。搅拌使三相接触周边达到最大，凝聚剂作用达到最大，分散相粒子相对溶胶分散介质和凝聚剂都有憎液作用，这样，界面处溶胶粒子将凝聚，生成凝聚物。试验还证明，在蒸馏水中和甲苯不溶解的电介质中，凝聚剂是甲苯；在水中若是含有乙醇、吡啶或丙酮，那么凝聚剂就是水本身。

9.2.4　存储条件对碳氢介质中金属有机溶胶稳定性的影响

在太阳光下，金属溶胶稳定性会大大降低。表 9-3～表 9-5 列出了 W、Mo、Zr 微纳米溶胶的稳定性。

表 9-3　甲苯中 W 微纳米溶胶稳定性和溶胶组成及存储条件的关系

溶胶组成			W 溶胶储存稳定性	
W/%	奎宁/%	橡胶/%	暗室/d	阳光/d
0.207	0.02	0.01	31	3
0.636	0.02	0.03	37	3
0.649	0.02	0.04	42	3
0.672	0.02	0.05	41	3
0.667	0.02	0.06	42	4
0.254	0.03	0.01	36	3
0.489	0.04	0.01	45	5
0.478	0.05	0.01	46	9
0.505	0.06	0.01	45	11

表 9-4　甲苯中 Mo 微纳米溶胶稳定性和溶胶组成及存储条件的关系

溶胶组成			Mo 溶胶储存稳定性	
Mo/%	羟基喹啉/%	橡胶/%	暗室/d	阳光/d
0.295	0.02	0.01	18	9
0.376	0.02	0.02	21	10
0.583	0.02	0.03	27	14
0.633	0.02	0.04	30	—
0.653	0.02	0.05	31	12

溶胶组成			Mo 溶胶储存稳定性	
Mo/%	羟基喹啉/%	橡胶/%	暗室/d	阳光/d
0.658	0.02	0.06	30	10
0.579	0.04	0.01	33	14
0.592	0.05	0.01	36	18
0.583	0.06	0.01	39	20

表 9-5 甲苯中 Zr 微纳米溶胶稳定性和溶胶组成及储存条件的关系

溶胶组成			Zr 溶胶储存稳定性	
Zr/%	苯肼/%	橡胶/%	暗室/d	阳光/d
0.122	0.02	0.01	15	3
0.487	0.02	0.03	15	4
0.620	0.02	0.05	21	4
0.646	0.02	0.06	23	3
0.496	0.04	0.01	30	5
0.495	0.05	0.01	31	10
0.259	0.06	0.01	36	12

从表 9-3～表 9-5 可以看出，微纳米 W、Mo、Zr 溶胶对阳光都非常敏感，在阳光下其稳定性大大降低。对阳光最敏感的是 W，与暗室存储相比其存储稳定性下降 4～10 倍，其次是 Zr，也下降 3～5 倍，Mo 溶胶对阳光敏感性最低，在阳光下稳定性仅下降 2～3 倍。有趣的是，在阳光下溶胶的稳定性和稳定剂——奎宁、苯肼、羟基喹啉对光的敏感性相一致。

这三个表证明，在暗室中 W 溶胶储存稳定性最好，次之是 Mo，最差的是 Zr。

9.2.5　有机介质对金属溶胶稳定性的影响

许多人研究了金属有机溶胶稳定性和分散介质的关系，认为金属有机溶胶稳定性和分散介质的介电常数呈现舟形变化，即介电常数大的介质解离作用大，有利于形成稳定的金属溶胶。但是研究不同介电常数介质中金属溶胶稳定性发现，分散介质介电常数大小和金属胶体稳定性没有明显对应关系。例如，Pt 溶胶在介电常数为 35.4 和 28.8 的甲醇和乙醇中是不稳定的，而在介电常数为 4.81 和 6.11 的乙酸戊酯和乙酸乙酯中却是稳定的。

10

微纳米金属聚合物材料的物理化学性能

　　向高分子化合物里添加活性填料可以从根本上改善其物理力学性能。超细金属粉作为活性填料应用具有重大意义。合成树脂（环氧树脂、聚酰胺树脂）添加超细金属粉（例如 Pb、Cu、Fe、Ti）后，强度将获得显著改善，例如，压缩强度高达 $700kgf/cm^2$，拉伸强度超过 $700kgf/cm^2$，洛氏硬度为 93，人们把这种材料称为塑钢。

　　环氧树脂里加入较小量的超细 Fe 粉，就使环氧树脂强度有明显提高，随填料量加大，硬度达到最大值，压缩强度、弯曲强度、比冲击韧性也是如此。

　　酚醛树脂中添加铁粉后其物理力学性能也同样提高。向结晶型聚酰胺树脂里添加少量粉体（＜5％）其强度就提高了，添加太多的填料反而对强度没有作用；向结晶度为 50％～75％ 的聚乙烯里添加少量粉体对强度没有作用，只有添加 60％ 以上填料才表现出补强作用，同时铁粉对聚乙烯的补强作用还与铁粉粒子的形状有关，树枝状铁粉比光滑圆球形铁粉的补强作用高很多。采用金属粉作为活性填料来提高聚合物的强度和热稳定性，活性填料制作的力化学工艺和材料的化学结构化过程都起着重要作用。聚合物里添加金属粉填料不仅使聚合物力学性能获得改善，同时也使填料聚合物的热力学性能得到改善。例如，热缩性酚醛树脂里添加 10％ 铁粉其固化速度就明显加快，添加大量填料具有流动性的树脂就变成胶泥了，这时固化物变得非常坚硬，耐热性也非常好。说明铁粉和热缩性酚醛树脂在固化过程中发生了相互作用。聚苯乙烯添加低于 30％ 铁粉，它的玻璃化温度和流变温度都降低，只有填料添加到足够高，才能维持玻璃化温度不变，而其流变温度稍有提高。但是，金属填料对结晶聚合物转变温度的影响各研究者意见不一，笔者认为对于结晶聚合物只有聚合物和填料表面间产生化学吸附作用，不产生游离相，才能导致熔点发生变化；具有定向有序结构的聚合物添加金属填料才能使热稳定性提高。

10.1 胶体铅对聚苯乙烯和聚乙酸乙烯酯氧化热分解的影响

提高聚合物材料的热稳定性是聚合物化学研究最有实用意义的课题之一。使用中的聚合物材料和空气中的氧发生作用而产生老化，研究聚合物材料的热氧化分解过程对最佳的加工工艺的选择（如压注、热压、挤塑、压延等）和制成品的使用都有密切关系，聚合物添加金属聚合物填料对材料热稳定性有重要影响。

图 10-1 示出了纯聚苯乙烯、不同含量铅金属聚合物的聚苯乙烯和纯 Pb 的升温曲线，测试温度区间为 20～400℃，升温速度 10℃/min。

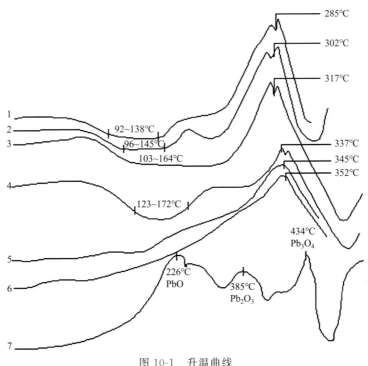

图 10-1　升温曲线

1— 纯聚苯乙烯；2—含 4.15%Pb 的金属聚合物；3—含 8.12%Pb 的金属聚合物；
4—含 15.34%Pb 的金属聚合物；5—含 38.32%Pb 的金属聚合物；
6—含 45.54%Pb 的金属聚合物；7—纯 Pb

在此注意，工业粉状聚苯乙烯软化温度为 92～138℃。从曲线看出纯聚苯乙烯氧化分解温度为 280～285℃，添加 4.51％（质量分数）Pb 金属聚合物后，初始软化温度向高温方向移动，软化温度范围为 96～145℃，氧化分解温度范围为 302～305℃；提高 Pb 金属聚合物含量到 8.12％（质量分数），软化温度介于 103～114℃，氧化分解温度介于 317～320℃；含 Pb 15.14％（质量分数）的金属聚合物的软化温度介于 123～172℃，氧化分解温度介于 337～340℃。而且，Pb 含量提高，氧化分解温度区间增大，含 38.82％Pb 的金属聚合物的氧化分解温度介于 340～346℃。

聚合物对铅热稳定性也有影响，纯 Pb 升温曲线上的四个放热效应代表 Pb 的分段氧化：226℃生成 PbO，385℃生成 Pb_2O_3，434℃生成 Pb_3O_4。在聚苯乙烯里的 Pb 金属聚合物粒子表面（最大粒径 $0.68\mu m$）由于吸附了聚苯乙烯，阻碍铅被氧化，直到 280℃也没有发生氧化。

从上述分析看出，聚苯乙烯软化温度和氧化分解温度与添加的超细 Pb 金属聚合物浓度存在一定关系，如图 10-2 所示，在 Pb 浓度较低时，软化温度和氧化分解温度都有很大提高；聚苯乙烯里每克超细 Pb 粉使氧化分解温度提高的平均值，随着聚苯乙烯里 Pb 浓度提高急剧下降。

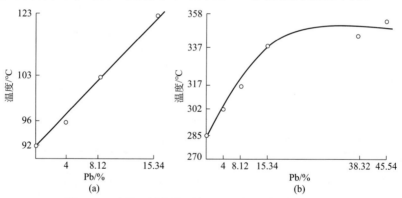

图 10-2　聚苯乙烯软化温度（a）、氧化分解温度（b）
与 Pb 金属聚合物加入量的关系

已经确定，当聚合物大分子和填料表面没有牢固的吸附键，也就是说所用填料是粗粉，在聚合物里分布也不均匀的情况下，添加填料会使聚合物软化温度降低。聚苯乙烯-胶体 Pb 金属聚合物体系则不同，当聚苯乙烯里加入胶体 Pb 之后，超细 Pb 粒子表面和聚苯乙烯大分子发生强烈的相互作用。在聚苯乙烯中，胶体 Pb 粒子生成瞬间产生的大量活化中心和聚苯乙烯大分子之间的相互作用，致使聚苯乙烯以胶体 Pb 粒子为结点形成牢固的网状结构，迫使聚苯乙烯大分子难以迁移，因此其软化温度和氧化分解温度都大大提高。在此提出，胶体金属都能有效破坏聚合物氧化过程中产生的过氧化物，这点对提高聚合物抗氧化性有利。

铅金属聚合物对聚乙酸乙烯酯也有相似的作用，聚乙酸乙烯酯的软化温度是 28℃，随着铅金属聚合物添加量增加，软化温度逐渐提高，含铅金属聚合物 35% 时软化温度升到 62℃，添加铅金属聚合物到 80.2% 已无软化现象。在 175～230℃ 聚乙酸乙烯酯发生交联反应，放热，乙酸基断开，聚乙酸乙烯酯在胶体铅表面上产生化学吸附，由于胶体铅有利于乙酸基断开，胶体铅含量高时放热更明显。在较低温度这个过程也能发生，纯的聚乙酸乙烯酯氧化分解温度是 280℃，发生吸热效应，随着铅金属聚合物含量增加，它的氧化分解温度高达 350℃。

聚乙酸乙烯酯的氧化分解温度和软化温度都和添加的铅金属聚合物量有关，已证明软化温度和氧化分解温度与铅含量成正比。金属胶体粒子表面和聚合物大分子个别链彼此发生强烈的相互作用，阻碍聚合物链的迁移，致使聚合物氧化分解温度有较大提高。

可以得出结论，聚合物里添加少量的胶体金属就能使聚合物热稳定性有明显改善，由于金属粒子位于金属粒子表面和聚合物相互作用生成的网状组织的结点上，因此聚合物结构得以显著增强。此外，铅金属聚合物材料受热时，按如下反应进行，生成过氧化物和新的原子团：

$$\underset{\underset{C_6H_5}{|}}{\overset{\overset{H}{|}}{-C}}-\underset{\underset{H}{|}}{\overset{\overset{H}{|}}{C}}- + O_2 \rightleftharpoons \underset{\underset{C_6H_5}{|}}{\overset{\overset{O-OH}{|}}{-C}}-C\underset{H}{\overset{H}{<}}$$

这些新生原子团发生如下断键反应生成羧基或羟基。

$$\underset{\underset{C_6H_5}{|}}{\overset{\overset{O-OH}{|}}{-C}}-\cdots-C\underset{H}{\overset{H}{<}} \longrightarrow \underset{\underset{C_6H_5}{|}}{\overset{\overset{O}{\|}}{-C}} + \underset{\underset{H}{|}}{\overset{\overset{OH}{|}}{H-C}}-$$

10.2 金属聚合物材料的热力学性能

在绝大多数情况下，把金属聚合物材料加工成成品都要经过加热过程，因此要求材料要具有易形变性和易成型性，显然，温度对聚合物材料的影响具有重大实用价值。随温度改变，聚合物材料的所有力学性能（机械性能、变形性、可逆与不可逆能力、多次加工能力等）都会发生改变。高分子材料的热稳定性是高分子材料的重要性能指标之一。采用电解法和热分解法制备的铅、镉金属聚合物作为填料，加工成的聚苯乙烯和聚乙酸乙烯酯基金属聚合物材料的热力学性能示于图10-3，可见随聚合物材料中金属聚合物含量增加所有热力学性能曲线都沿着X轴向着高温方向移动，对应相对变形50%的软化温度 T-50 急剧增高，添加 11% Pb 时，T-50 提高 12℃，软化温度提高 17℃，进一步提高铅含量，软化温度成比例升高，含有 53.1% Pb 时，软化温度 T_s 高达 155℃，T-50 升至 168℃。

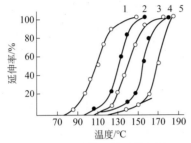

图 10-3 聚苯乙烯及其金属
聚合物材料的热力学性能曲线
1—0%Pb；2—11%Pb；3—19.4%Pb；
4—39%Pb；5—53.1%Pb

对比纯聚苯乙烯和其基金属聚合物材料的热力学曲线可以看出，随金属聚合物材料里金属含量增加，所有曲线都向高温方向移动，即使添加少量金属聚合物也能使金属聚合物材料的 T-50 和软化温度陡升，添加2.5% Pb 使 T-50 提高 12℃，软化温度提高 30℃。当达到 70% Pb 时，T-50 达到 165℃，软化温度达到 162℃（见表 10-1）。聚苯乙烯热力学性能改善完全是添加金属聚合物的结果，金属聚合物添加量越高，材料的性能越好。

表 10-1 聚苯乙烯基铅金属聚合物材料 T-50、
软化温度随铅金属聚合物添加量的变化

电解法制铅金属聚合物			热分解法制铅金属聚合物		
Pb/%	T-50/℃	T_s/℃	Pb/%	T-50/℃	T_s/℃
0	108	94	0	108	94
11.0	130	112	2.5	130	124
19.4	138	120	10.0	140	127
39.0	146	136	56.0	155.6	150
53.1	168	155	70.0	165	162

材料的热力学曲线特征随着软化温度和玻璃化温度提高而发生明显变化。纯聚苯乙烯热力学曲线没有高弹性形变的平台特征，而金属聚合物材料热力学曲线却具有水平段，并且随金属含量增加而加宽。金属聚合物材料总变形量下降的同时，软化温度和 T-50 都成比例提高。

与纯聚苯乙烯相比，金属聚合物材料热力学性能的改善，以及随金属聚合物添加量的提高其热力学性能进一步改善，都证明是金属-聚合物之间发生了化学吸附反应的结果，即使在流变温度条件下，该化学吸附键也是很牢固的。

金属聚合物材料和原始聚合物热力学性能的区别不单是转变温度，在不同载荷下形变增大或减小的速度彼此也不相同（图 10-4）。

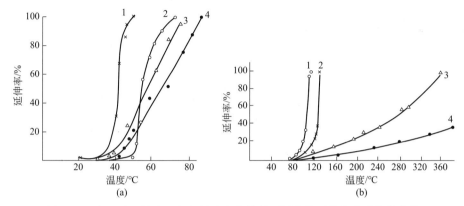

图 10-4 聚乙酸乙烯酯基铅金属聚合物材料不同载荷下的热力学性能曲线

（a）纯聚乙酸乙烯酯；（b）含 80.2%Pb 金属聚合物材料；

1—156kgf/cm²；2—40kgf/cm²；3—22kgf/cm²；4—7kgf/cm²

从不同载荷下纯的聚乙酸乙烯酯热力学曲线看出［图 10-4（a）］，形变倾斜速度随载荷加大急剧发生改变，但热力学曲线温度位移不大，软化温度和 T-50 都处在 35～45℃ 之间（表 10-2）。

表 10-2 不同载荷下铅金属聚合物材料的 T-50 和软化温度

载荷 /(kgf/cm²)	纯聚乙酸乙烯酯		含 80.2%Pb 金属聚合物材料	
	T-50/℃	T_s/℃	T-50/℃	T_s/℃
7	67	45	400	95.0
22	60	40	265	87.0
49	57	—	120	82.5
156	42	35	100	70.0

可见不同载荷热力学曲线形状相似，无高弹性形变区，发生流变的温度区间也很窄。金属聚合物材料在整个载荷范围内的热力学性能都比纯聚合物的有明显改善，在低载荷时热力学性能曲线［图 10-4（b），曲线 1、2］出现急变。在 7～40kgf/cm² 载荷下曲线产生倾斜，在 156kgf/cm² 下曲线变得很陡；曲线 3 温度在 200℃ 以下，曲线 4 温度在 320℃，材料的相对

形变量与温度呈直线关系，这段曲线并未处于高弹性区。已知，纯的聚乙酸乙烯酯没有明显的弹性区，显然聚合物和金属粒子表面相互作用形成的脆性交联结构就更不能具有弹性形变区。随载荷降低金属聚合物材料相对形变急剧减小。拉应力和温度共同作用使 T-50 温度发生位移，载荷从 156kgf/cm^2 降为 22kgf/cm^2，T-50 温度从 100℃ 升到 265℃，提高了 165°；在相同条件下纯的聚乙酸乙烯酯仅提高 18℃，这证明采用金属聚合物材料大大提高了聚合物材料的工作温度和承受载荷的能力。

在低载荷（7kgf/cm^2）条件下，纯的聚乙酸乙烯酯及其金属聚合物材料的热力学性能曲线示于图 10-5，纯的聚乙酸乙烯酯的软化温度是 44℃，随着金属聚合物含量增加，软化温度逐渐提高，含 17.5％Pb 达到 60～70℃，含 35.2％Pb 升到 68～75℃。

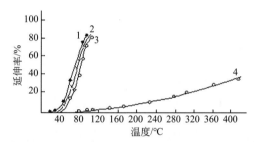

图 10-5　在 7kgf/cm^2 低载荷下金属聚合物材料的热力学性能曲线
1—0％Pb；2—17.5％Pb；3—35.2％Pb；4—80.2％Pb

纯的聚乙酸乙烯酯 410℃ 的相对形变率为 45.8％，而含 80.2％Pb 金属聚合物材料热力学性能曲线在该温度却没有见到明显的流变区，这种明显的增强作用不仅仅证明聚乙酸乙烯酯大分子和胶体铅表面间发生了化学吸附作用，还证明整个体系产生了强烈的结构化。

金属聚合物材料的形变率随着金属聚合物含量的增加而急剧下降，其原因一是填料的补强作用，二是聚乙酸乙烯酯固有的结构化反应，析出乙酸，最终交联形成不溶体系，并且该反应随铅含量增加而得到增强。如图 10-5 所示，随聚合物分子量降低，不论是纯聚合物还是金属聚合物材料软化点都下降。金属聚合物材料的热力学性能都比纯聚合物的好，金属聚合物材料形变率随金属含量提高而降低，但随聚合物分子量增大会得到一定的补强。图 10-5 中的曲线 4 存在的与温度无关的 50％形变区也是聚乙酸乙烯酯交联反应及其与金属铅粒子表面相互作用的结果。交联网状结构的生成必然使热稳定性提高。

10.3 微纳米金属溶胶分散相的催化、助燃和抗爆性能

金属是许多有机化合物加氢和还原所广泛采用的重要的催化剂之一。已经知道，在一定的条件下金属比表面积可达到一定的极限，作为催化剂，增大比表面积可提高其催化活性。金属存在最佳的第一或第二细度，第一最佳细度是指用 X 射线分析确定的金属粉，其粒径介于 $100\sim1000nm$，称为超微金属粉；第二最佳细度是指利用电子显微镜和其他更高级方法才能测定的金属粉，其粒径 $<100nm$，称为纳米金属粉，不管是第一最佳细度还是第二最佳细度的金属粉都具有非常大的催化活性。

从金属溶胶来看，其比表面积可达到相当于第二最佳细度的比表面积，它可成为液相中不同化学反应的有效催化剂。例如，在许多情况下，胶体铂的催化加氢速度比铂黑的催化加氢速度大 $30\sim40$ 倍。

在研究胶体金属催化过程时，必须要考虑，由于胶体金属颗粒布朗运动强烈，它与反应物和反应产物都接触，其催化过程具有独自的特点，即同时存在均相催化和多相催化的过程。

均匀分散在水中的金属水溶胶分散相（铂、钯、铱、铑等）的催化活性都很高。

作催化剂用的金属水溶胶制备方法已开发了许多。

在含有白朊水解物的茜素磺酸钠等的碱性介质中，Pt、Pd 金属化合物还原法制备水溶胶获得广泛应用。用该法制备的水溶胶通过隔膜分离、低温蒸发和干燥箱干燥，制得的干粉含 $50\%\sim80\%$ 胶体金属。

除此之外，还可以采用其他高分子材料，例如在阿拉伯橡胶、明胶和其混合物中进行金属化合物还原。还原剂主要采用水合肼或氢气。

至今，想要广泛采用金属水溶胶作为液相加氢和还原的催化剂还存在一些困难，主要是因为：

① 这种体系对污染非常敏感，这就要求金属水溶胶分散相浓度要很高。因此，作催化剂的金属溶胶一般都在有保护性高分子化合物存在下进行制备，选择这些高分子化合物时必须考虑它们不应该使指定催化反应中毒。

② 多金属（Zn、Fe、Cu、Mn 等）分散相在水介质中极易被氧化。

③ 反应物料和金属胶体催化颗粒间接触较困难，因为许多有机化合物在水介质中溶解度很低，这样就必须进行连续、强烈的搅拌。

④ 溶胶分散介质中反应产物溶解度很低，这就阻碍了反应产物从胶体金属颗粒表面离开，使其表面很快产生污染，大大降低了其催化活性。

若是采用金属有机溶胶作催化剂，上述这些困难就必须解决，这种情况下许多物料和反应产物在有机介质中溶解性才能很好。

例如细度达到胶体状态的镍催化剂，它已在脂肪、油和一系列其他不饱和脂肪酸的液相加氢中获得成功应用。这时镍超细粉——在油或其他有机液体中分散的镍有机溶胶——是采用镍羟基盐或者专门生产的超细镍盐（主要是甲酸盐、碳酸盐等）的悬浮体进行热分解而制得的。对油中甲酸镍分解的动力学研究表明，在190℃以下随着氢气流强度提高以及盐分解反应的进行，在油-镍有机溶胶中生成的镍超细粉的催化活性很高。

要注意，甲酸镍热分解生成的镍，如果分解反应是在液相水中进行的，那么它是高效催化剂；若是在气相的氨气中热分解，那么生成的超细镍粉其催化性能非常低。

许多不饱和有机化合物液相加氢成功地采用了骨架镍催化剂。它是采用 Ni-Al 合金，在 NaOH 溶液中溶解的方法制得的。

胶体细度的超细镍粉的制备，与合金组分、NaOH 浓度和温度及洗涤制度有关。这种镍是非常有效的催化剂。因为它易燃，必须在低温密封容器中用无水乙醇保存。

近年来，具有非常高活性的镍催化剂是用含硅的镍合金生产的。

人们研究了用苯中 Mo 有机溶胶作为发动机燃料脱 S 的催化剂。

已知，石油及其制品含有一系列硫化物，在液体燃料中是不允许的。即使少量的含 S 化合物对发动机燃料的使用性能也有有害作用：引起零件腐蚀、成焦和积炭，降低燃料辛烷值和四乙基铅的敏感性，降低发动机效率，增大发动机磨损，等等。这种有害含硫化合物主要有乙硫醇、硫化物、二硫化物、三硫化物、硫环戊二烯等。

硫化物的作用特别敏感。把硫含量从百分之几降为千分之几，就使辛烷值提高 2.5 个百分点，而四乙基铅敏感性提高 4 个百分点。

石油工业采用各种方法对燃料进行脱硫和精馏，但是大多数方法的效果不好。未脱净的硫化物残留在燃料中，将降低燃料性能。现在液体燃料脱硫最广泛采用的方法是高温高压下气相催化加氢。

试验研究了含少量硫的发动机燃料的脱硫效果，因为少量 S 的去除是最难的。催化剂选含 3％Mo 有机溶胶的苯溶液，以及从这种溶胶析出的超细钼粉。试验方法如下：用一个带有 7 个球冷凝器的磨口烧瓶，加入 80～100mL 燃料和催化剂，烧瓶放在 70～90℃的水浴上加热，试验时间 4h，测量加氢前后燃料中硫含量。

研究的燃料有：a. 工业苯（沸程 80～90℃）；b. 褐煤原油沸程至 200℃的汽油和非乙基化汽油的混合物；c. 非乙基化汽油和化学纯二乙基硫酸酯混合物；d. 其他组成的非乙基化汽油。

从表 10-3 看出：有 Mo 溶胶存在，氢能有效地脱除经工厂净化后残留在工业苯和汽油中的硫化物，使含二乙基硫酸酯的汽油合格，使褐煤原油含硫量大大降低。

表 10-3 钼溶胶对常压液相加氢法液体燃料脱硫的影响

试验	研究介质	试验时间/h	试验温度/℃	催化剂加入量/%	平均含硫/%		脱硫效率%
					试验前	试验后	
1	80～90℃馏分工业苯,不加氢,钼加热	15	70～80	1	0.101	0.093	0
2	80～90℃馏分工业苯,加氢,钼加热	4	70～80	1	0.101	0.043	57.4
3	80～90℃馏分工业苯,加氢,钼加热	4	70～80	1	0.101	0.012	88.9
4	80～90℃馏分工业苯,加氢、胶体钼,加热	4	70～80	0.15	0.271	0.066	76
5	80～90℃馏分工业苯,加氢、胶体钼,加热	4	70～80	0.15	0.271	0.060	77
6	汽车用非乙基化汽油,加钼,加氢,加热	4	70～80	1	0.028	0.006	78
7	汽车用非乙基化汽油,加钼,加氢,加热	4	70～80	1	0.024	0.012	50
8	汽油含化学纯$(C_2H_5)_2$S,加钼,加氢,加热	4	70～80	1	0.690	0.440	32
9	褐煤汽油,加钼,加氢,加热	4	80～90	1	0.069	0.057	17

钼溶胶能使苯中 90％的硫有效脱除，但苯中硫环戊二烯完全去除是非常困难的。

许多人研究了含噻吩的不同液体燃料的催化脱 S，和笔者采用 Mo 溶胶的结果一致。在 300℃通氢，利用 Ni 催化剂，采用气相法对含噻吩的煤油进行脱 S，原始含 S 量为 0.389％，最好的脱 S 效果是含 S 量降为 0.322％，脱 S 效率为 17.2％。

对含噻吩为 0.1％～0.3％的工业苯，采用 Mo 溶胶的脱 S 效率可达到 60％～90％。在 440～450℃、80atm（1atm＝101325Pa）氢气下，对含噻吩的苯采用 MoS_3 进行脱 S，试验证明：如加 5％MoS_3，从初始 S 含量为

4.75%，降为0.22%，脱S效率达95%。可以认为，Mo有机溶胶对脱除液体燃料中的噻吩是很有效的。

在230℃，初始氢气压力30atm，采用MoS_3催化剂可使煤油中42%的二乙基硫酸酯脱除。在80～90℃，大气压力下的氢气可使汽油中32%的二乙基硫酸酯分解。而钼有机溶胶催化剂可使汽油中的残留硫化物完全消除掉。

可见，利用Mo有机溶胶的活性进行加氢脱S是很有前景的，因为对苯和汽油均取得了很好的效果。Mo有机溶胶是常温常压条件下液体燃料脱S的有效催化剂。

有机胶体Fe也可以作为液体燃料脱S的催化剂。铁粉制备工艺简单，原料（铁屑和盐酸）非常便宜，这种催化剂非常有前途。

其他金属有机溶胶，尤其是合金有机胶体的催化性能现在几乎没研究。对于这些体系进行研究，不仅在理论上，而且在许多有机物液相还原或加氢催化剂的应用上都是非常有意义的。尤其是这些催化剂现在（如电解法）工厂规模生产已很容易。

必须注意：电解法制备的金属胶体颗粒都是在高极化条件下生成的，通常电解时都伴有氢气析出。这种情况非常有利于提高所制超细金属粉的催化性能。现在已经知道，超细镍粉和铁粉的催化活性大多取决于其中的含氢量。

现在，超细金属粉（Fe等）也开始广泛作为不同氧化过程的催化剂，尤其是作为火箭发动机燃料燃烧的催化剂。

大多数火箭发动机燃料是双组分液体体系——乙醇、煤油或汽油，它们采用的氧化剂有液体氧、H_2S或HNO_3。因为火箭发动机工作时间短，非常重要的是在小容积内燃料能快速燃烧，这些燃料燃烧的催化剂选择是火箭技术的首要任务。最有效的催化剂是铁。铁以超细状态分布在液体燃料中，可大大加快氧化速度。

在航空燃气轮机中加快燃料燃烧的催化剂选择问题，特别迫切。在这里，燃烧过程要求在最小的空间和最轻设备条件下放出最大热量。因此航空燃气轮机所用的燃料密度是它最重要的性能指标之一。

现在力求向这种燃料中加入芳烃或高沸点石油馏分。但是这导致燃料组成变化造成积炭严重，积炭量随液体燃料中C和H之比提高及它们沸点的提高而提高。因此降低大密度燃料燃烧时的积炭是航空燃气轮机的重要问题之一。

毫无疑问，在液体燃料中随着燃烧过程的有效催化剂微纳米金属分散相（Fe、Mn、W 等）含量提高，能大大有利于降低积炭。

要特别注意，使用的胶体金属分散相应该生成易挥发的金属氧化物。作为一个例子，铼很容易生成易挥发的氧化物 Re_2O_7，高于 200℃就能升华。它是烃燃烧的活性催化剂（助燃剂），加入量不用很大。

在液体燃料中（煤油或汽油）加入的超细金属粉，当 H_2O_2 作为氧化剂时，对于 H_2O_2 分解过程还有催化作用，因此采用超细金属粉是非常合理的。例如，在金属催化剂存在下，H_2O_2 分解原理已用于英国火箭发动机，这里燃料采用的是煤油或汽油。超细的金属粉除了对液体燃料燃烧具有催化作用外，它的加入还能急剧提高发热量，但是大量地向燃料中加入超细金属粉是毫无意义的，应该确定合适比例。对液体火箭发动机的氧化剂和燃料使用的许多化合物和元素的物理和化学性质进行了研究，得出结论：最好的元素是 H、Li、Be 和 B。除此外还有 Mg、Ca、Al 和 Si。一般来说，上述金属应该是先经雾化，然后制成在烃中的高分散悬浮液。如果这种悬浮液是稳定的，那么它可以直接作为火箭发动机燃料使用。

上述金属在实用方面只有超细 Mg、Ca、Al 和 Si 粉最有应用价值。也有在烃介质中添加 Al 和 Mg 有机溶胶作为火箭发动机燃料的。采用不同烃介质中浓的铁溶胶作为火箭发动机的燃料是非常合适和有前景的，但是必须充分考虑燃烧产物的影响，含金属溶胶的不同烃介质及金属溶胶燃烧后生成的许多稳定物质会严重阻碍金属有机溶胶分散相的燃烧。通常仅分散介质燃烧，超细金属粉未参加燃烧过程而以溶胶形式残留下来。

制备方法是选择许多金属溶胶能否作为有效燃料的关键。已知，超细金属一般叫作引燃物，就是在常温空气中具有自燃能力或者在非常低的温度下也能燃烧，它可能是固态，也可能是液态（固态或液态的超细金属在常温空气中能自燃或在非常低的温度下也能燃烧，故叫作自燃品）。

金属的自燃性能不仅取决于其细度，还取决于该金属正常晶格结构稳定性被破坏的程度。从这点来看，羰基或其他有机金属化合物液相热分解法制备的许多金属溶胶分散相以及用双层电解槽电解法制备的金属溶胶都具有强烈的自燃性。例如，四乙基铅[$(CH_3CH_2)_4Pb$]热分解法制得的铅胶体分散相以及铁和镍的羰基化合物［$Fe(CO)_5$ 和 $Ni(CO)_4$］热分解制得的铁和镍溶胶都具有自燃性。

用电解法制备的铁和镍的溶胶分散相，以及用电浮选法制备的 W、Mo 和 Zr 溶胶分散相都有很强的自燃性。

但是必须注意，在所有上述情况下，超细金属粉即金属溶胶分散相，只有将表面活性物质洗掉和在低温真空中脱除表面上的有机包覆物后才出现自燃性。

有自燃性的金属说明它们具有强烈的反应能力。尤其是它们能强烈地吸收一氧化碳，并伴有强烈放热反应和生成相应的羰基化合物。例如，在自燃的 W 和 Mo 中通入 CO 后会生成羰基化合物。该反应当自燃金属和其他气体接触时也会发生。

超细金属粉自燃性和催化性能间的关系有必要进一步研究。因为许多自燃性超细金属粉反应能力高，可作为许多有机金属化合物合成的高效原料而具有重要的理论和实际意义。

向燃料中添加不同物质以求改善燃料的辛烷值非常有实际意义。由于内燃发动机随燃料辛烷值（抗爆值）提高会使动力急剧下降，燃料消耗比增加，还可能引起发动机损坏。辛烷值主要取决于燃烧室里燃料-空气混合物燃烧时过氧化物的积聚。这种过氧化物的生成过程特别有利于提高燃料-空气混合物的燃烧温度。

一系列研究指出，少量的二乙基过氧化物或乙基过氧化物都有很强烈的易爆性，过氧化物浓度高时不仅具有易爆性，而且还会引起爆燃。人们研究了大量能和过氧化物反应的物质，以求找到合适的抗爆剂。很明显，消除或抑制在燃料中生成过氧化物的物质应该能阻止爆燃。

许多种抗爆剂中四乙基铅是最有效的。四乙基铅抗爆作用机理至今还不太清楚，但是一些人认为，金属有机化合物抗爆作用不是取决于其分子而是取决于化合物分子热分解所形成的具有微纳米细度的金属颗粒。可推测：这些金属作用原理是微纳米金属颗粒表面使燃料-空气混合物中燃烧分子链反应受阻，终止链反应。

光学显微镜研究证实，在加四乙基铅的发动机燃烧室存在原子态铅。

可见原子态金属和金属有机抗爆剂热分解生成的超细微纳米金属颗粒在破坏过氧化物方面起着巨大的活化作用。金属有机抗爆剂对低温燃料氧化过程没有影响。这明显说明，在这一反应中没有游离态金属颗粒生成。当高于金属有机化合物分解温度时，产生的胶体金属颗粒优先和在燃料里残留的过氧化物反应,从而影响碳氢化合物氧化动力学的总过程。

据此对一系列金属的抗爆性进行了研究。例如铊的抗爆性能研究证明:如果采用特制的气门把气态的铊通入燃烧室,那么它比 Pb 还有效。人们还研究了其他金属气体抗爆剂。对于胶态金属作为抗爆剂也进行了一系列研究。推荐采用 Cu、W、Cr、Hg、Ag 和 Fe 有机溶胶作为抗爆剂,此外,还推荐采用 Al、Sn、Mg 和 Sb 的有机溶胶来控制燃烧过程。

有些人把 Ag、Hg、Pb、Cu、Bi、Sn、Sb 和其他金属的磺酸盐分散到矿物油中,而后在 200℃ 下通氢,使它们完全还原形成微纳米金属,把这种方法制备的金属溶胶作为抗爆剂。

已确定,新制备的微纳米 Fe、Pb 和 Ni 的抗爆性能已达到四乙基铅、五羰基铁和四羰基镍的水平。根据这些试验认为,金属有机抗爆剂产生抗爆作用是因为这些化合物热分解形成的微纳米金属。

上述微纳米金属是采用相应金属羰基或乙基化合物,以橡胶作稳定剂经热分解而获得的。铁有机溶胶是最活泼的抗爆剂,但是它储存时不稳定,它的抗爆性能会急速变坏。

研究了用少量橡胶作为稳定剂,采用电解法制得的 Fe 和 Pb 溶胶的抗爆性能。结果表明,Pb 和 Fe 溶胶能降低爆燃性,但比相同条件下金属有机化合物的程度低。

对电解法和其他方法制备的一系列金属胶体的抗爆性能的对比研究表明:加微纳米金属溶胶抗爆剂的内燃发动机工作时爆燃强度明显减轻,微纳米铁溶胶对降低爆燃作用最大。

Fe、Mn、Pb、Be 和 Ca 溶胶抗爆性能的定量试验确定,铁溶胶对提高汽油辛烷值有重要作用,可使其提高 4~5 个单位,而有机 Pb、Ca、Mn 和 Be 溶胶作用不大。

除金属性质外,金属溶胶细度、分散介质性质和稳定剂性质显然对金属溶胶的抗爆性能也有重要影响。必须指出:至今金属溶胶作为抗爆剂还未获得广泛应用,主要是因为它们在发动机中不稳定和没有找到从发动机燃烧室中把金属排除的方法。这样长期使用加金属溶胶的汽油,会导致其在燃烧室壁和活塞底部形成积聚。

金属溶胶作为抗爆剂要想获得实际应用还需要做很多的研究。

着重指出:尽管许多燃料辛烷值已足够高,但是采用金属溶胶作为抗爆剂还是很有前途的。

10.4 胶体金属分散相的耐磨性

许多金属和合金的耐磨性主要取决于这些金属和合金初始接触时摩擦接触点产生的许多超细颗粒在润滑油中形成的不稳定悬浮体。随着接触点间隙内悬浮液的进入，接触金属表面的磨耗和摩擦系数急剧下降。

根据这一事实得出结论，在不同摩擦间隙中的润滑剂，含有胶体金属添加剂时，就会大大提高摩擦副的耐磨性。摩擦面的耐磨性主要取决于表面和摩擦间隙内的油层物的状态。在不加胶体金属的润滑油条件下，摩擦面仅形成吸附的溶剂化层，这时润滑油层有两层溶剂化层，其中间为自由润滑油。

润滑油中加胶体金属使摩擦面间隙润滑油层结构发生了变化。加入金属胶体使每个胶体金属颗粒表面都形成溶剂化层，在摩擦间隙中润滑油几乎全部处于溶剂化状态。

因此，摩擦面间隙中含胶体金属的润滑油取代了润滑油的双溶剂化层而出现大量溶剂化层，这非常有利于降低摩擦系数和降低金属摩擦损失。

润滑油中加入的金属（主要是铁）胶体的生产方法是双层电解槽电解法，这在本书第4章进行了描述。把电解法制得的胶体铁或其他金属加入不同润滑油中得到的润滑剂叫作金属胶体润滑剂。对不同摩擦副的耐磨性进行了测量，使用的设备为专用的圆盘机，用于测量摩擦力矩、摩擦温度、摩擦时转数。笔者做了一台快速试验装置，这样可以大大缩短试验时间，否则高质量润滑油试验时间非常长。试样磨耗采用重量法测定。

磨合期不计算。研究了以下摩擦副的耐磨性：①青铜-45钢；②球墨铸铁-45钢；③金属陶瓷（铁粉基的）-45钢；④金属陶瓷-球墨铸铁。

前两组摩擦副经常作为摩擦参照组，而后面的则有一定实用意义，它们在机器制造中广泛采用。试验结果证明，摩擦副试样的磨耗与开车时间成正比（开车时间10~50h），而且润滑油中加入胶体铁后磨耗减小。试验中把磨盘进行充分清洗，除掉磨耗产物，则会使磨耗提高。

在金属陶瓷-球墨铸铁构成的摩擦副中，金属陶瓷磨耗最小。进一步研究这对摩擦副的磨耗和滑动速度、摩擦方法和比压强的关系，试验条件是开车20h停1h。试验证明：当采用含胶体铁的润滑油时金属陶瓷-球墨铸铁摩擦副的磨耗也减小了。

研究润滑油中加胶体铁对螺杆和螺杆轮周（无轨电车后部螺杆减速器的主件）耐磨性的影响发现，这种添加剂非常有效，尤其是 Bi 有机胶体，都能降低上述部件的磨耗。

对机器制造业（无轨电车、有轨电车等）中广泛采用的带电滑动接触件耐磨性的研究也获得相似结果。有轨直达电动列车试验证明，加入胶体铁的润滑油用于金属陶瓷摩擦副的润滑，可使其耐磨性提高 2～3 倍。

对改性铸铁轴瓦和 45 钢环间的磨耗进行试验，恒滑动速度 $v=0.41\mathrm{m/s}$，载荷 $P_1=25\mathrm{kgf/cm^2}$，$P_2=100\mathrm{kgf/cm^2}$。有时载荷升至 $P_3=112.5\mathrm{kgf/cm^2}$。每 50000 周把试样从机器上取下称重测量磨耗。试验研究了纯润滑油和加胶体 Fe、Bi 以及胶体黄铜和胶体石墨的相同润滑油对磨耗和摩擦润滑条件的影响。

对于改性铸铁轴瓦上 45 钢环构成的摩擦副而言，在载荷 $P_1=25\mathrm{kgf/cm^2}$ 条件下，采用加胶体 Bi 的润滑油，改性铸铁轴瓦上的 45 钢环磨耗最低。如果采用纯润滑油，其磨耗有所增大。用胶体铁润滑油磨耗大约一样。但是运行 100000 次以后，磨耗开始增大，和加胶体石墨润滑油经 150000 次的磨耗值一样。

在 $P_1=25\mathrm{kgf/cm^2}$ 下情形大约一样，润滑油加胶体 Bi 后其磨耗最小，其次是纯的和加石墨的润滑油。而这时含胶体铁的润滑油在同样压力下出现另一种磨耗形式。

特别注意（$P_2=100\mathrm{kgf/cm^2}$）在第一个 50000 周，环磨耗为 64.4g，再一个 50000 周磨耗变化不大，但总共才 26.0mg，然后磨耗降低 10 倍，达到 2.6mg，随后 50000 周磨耗稍有增加，约为 9.4mg。轴瓦磨耗比较小：0～6.2mg。在相同润滑油和载荷 $P_1=25\mathrm{kgf/cm^2}$ 条件下，磨耗下降非常大，环磨耗为 1.2～2.4mg，轴瓦磨耗也很小，与 $P_2=100\mathrm{kgf/cm^2}$ 下轴瓦磨耗处于同一水平。

下面介绍改性的铸铁环-改性铸铁轴摩擦副的磨耗。

试验表明，在载荷 $P_1=25\mathrm{kgf/cm^2}$ 下，含胶体青铜润滑油中的磨耗比在纯润滑油中的高。当 $P_2=100\mathrm{kgf/cm^2}$ 时，含胶体铁的润滑油中的磨耗最低，其次是胶体石墨，磨耗最大的是纯润滑油。磨耗随载荷增加而增加，载荷提高到 $P_3=112.5\mathrm{kgf/cm^2}$ 时，经过 400000 周运行（接近 50km）时，含青铜润滑油中的磨耗突然增大，而在纯润滑油中运行直至 1200000

周（约160km）磨耗随载荷增大稍有增加。

试验还证明，在高级润滑油中载荷是影响磨耗的决定性因素。磨耗值与载荷的关系如下式：

$$\upsilon = a \lg P + b$$

式中，υ 为磨耗值，mg；P 为摩擦面受的载荷，kgf/cm^2；a 和 b 是试验常数。对于金属陶瓷-球墨铸铁摩擦副，采用含有胶体铁的润滑油时，则 $a=17.258$，$b=2.726$，这时，其摩擦副磨耗如下：

$$\nu = 17.258 \lg P - 2.726 \approx 17.3 \lg P - 2.73$$

很明显，加入润滑油的金属胶体粒子形状和表面结构及其表面吸附能力都将影响磨耗（表10-4）。

表10-4 添加金属溶胶润滑条件下一些金属材料滑动摩擦试验结果

摩擦副材料	滑动摩擦载荷 /(kgf/cm²)	润滑油种类	环和轴的磨耗		滑动周期 /10³	磨耗 /mg
			总磨耗/mg	5km 磨耗/mg		
45钢-45钢	112.5	汞	51～85	20	100～600	—
45钢-改性球墨铸铁	100	胶体铁	70～116	25	50～200	32
	100	胶体石墨	37～59	18	50～200	
	112.5	汞	151～166	—	100～600	
改性球墨铸铁 -改性球墨铸铁	112.5	纯润滑油	8～28	—	100～600	
	100	纯润滑油	4～12	8	100～200	2
	100	胶体石墨	3～10	7	100～200	
	100	胶体铁	3～8.5	6	100～200	32
	100	胶体铋	3～6	5	50～200	
	85	胶体石墨	18～23	20	50～200	
45钢-改性球墨铸铁	25	胶体铁	6～26	16	50～200	21
	25	胶体铋	2～5	4	50～200	—
	100	纯润滑油	4～8	6	50～200	

摩擦副摩擦系数和比摩擦功（即单位质量所消耗的摩擦功），也是衡量滑动摩擦条件下摩擦损失的指标。图10-6示出的是45钢-改性铸铁摩擦副摩擦系与试验周期间的关系。

从图10-6看出，$P_1=25kgf/cm^2$ 时加胶体Fe的摩擦系数最小，直达200000周一直呈水平状态。同样载荷下加胶体Bi其摩擦系数比加胶体Fe的大。

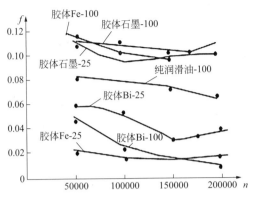

图 10-6 45 钢-改性铸铁摩擦副摩擦系数与试验周期间的关系

载荷从 25kgf/cm² 提高到 100kgf/cm² 图形发生了变化。加 Bi 的摩擦系数最小（比 $P_1 = 25$kgf/cm² 的还小），加胶体 Fe 和石墨的摩擦系数大约相同，比纯润滑油大，而胶体石墨摩擦系数最大，即使在 $P_2 = 100$kgf/cm² 下也比纯润滑油的大。

当载荷从 25kgf/cm² 提高到 100kgf/cm²，含胶体 Bi 的润滑油中的摩擦系数反而减小了。

正如所期，45 钢-45 钢摩擦副的摩擦系数最高，并且在加胶体青铜的润滑油中，载荷直至 112.5kgf/cm²，摩擦系数随摩擦里程提高而无明显减小。

改性铸铁-改性铸铁摩擦副的摩擦系数非常低。在该条件下加胶体青铜实际上使摩擦系数比纯的润滑油还低。因此在该摩擦里程内加胶体青铜，载荷达到 112.5kgf/cm² 下的摩擦系数比纯的润滑油 25kgf/cm² 载荷下的还低。

在 25～112.5kgf/cm² 载荷条件下，改性铸铁-改性铸铁摩擦副在加胶体金属润滑油中的比摩擦功比在纯润滑油中的均低。

根据上述结果得出结论：

① 在纯润滑油中添加不同细度金属胶体，在一定载荷范围和摩擦里程内，可使磨耗、摩擦系数和比摩擦功降低。

② 研究 25kgf/cm² 下 45 钢-改性铸铁摩擦副发现：加胶体 Bi 的润滑油磨耗最小，其次是纯润滑油、胶体 Fe 和胶体石墨。提高载荷至 100kgf/cm² 发现：加胶体 Bi 磨耗还是最小，胶体石墨和 Fe 加大了磨损。

③ 研究 100kgf/cm² 下的铸铁-铸铁摩擦副发现：加胶体 Fe 磨耗最小，

其次是胶体石墨和纯航空润滑油。胶体青铜使这对摩擦副的磨耗急剧增大。

④ 研究 45 钢-改性铸铁摩擦副的摩擦试验发现：在 $25kgf/cm^2$ 条件下加胶体铁的摩擦系数和比摩擦功最小，最大的是胶体石墨。提高载荷至 $100kgf/cm^2$，加胶体 Bi 润滑油使摩擦系数降低，加胶体 Fe 和石墨则使摩擦系数提高。

⑤ 在低载荷（$25\sim40kgf/cm^2$）范围内，采用胶体铁降低磨耗是合理的。在高载荷（至 $100kgf/cm^2$）时应采用胶体 Bi。

⑥ 在 $80\sim100kgf/cm^2$ 载荷下添加胶体铁的润滑油存在磨合运转过程。

⑦ 合理选择金属胶体润滑剂使用条件（载荷、润滑油类型、胶体金属性质）可以达到分别改善磨合性，降低现代机器摩擦部位磨耗和解决散热问题。

被摩擦件表面上涂覆胶体金属薄膜也有一定的意义。

已知，锡是很多耐磨合金的主要成分。研究发现，涂覆不同金属（Sn、Pb、Zn、Cu、Al 等）的铸铁件摩擦时，Sn 比其他金属能大大改善摩擦表面的耐磨性。这是因为 Sn 对金属摩擦面具有很好的浸润性，又能很好地吸附润滑剂。此外，Sn 在摩擦面上也起着润滑作用。所以，摩擦面涂覆一层薄锡（约 $5\mu m$）对提高铸铁耐磨性起着决定性的作用。

但是很多铸铁件表面涂覆一层薄而均匀的 Sn 层技术上存在一定困难。

作者认为，例如金属部件摩擦面上涂覆一薄层添加 0.3％～0.5％乙基纤维素稳定剂的苯中有机锡溶胶，其难度就可以消除。部件加热使乙基纤维素炭化，在摩擦面上形成牢固的锡层。析出的炭约占锡的 5％，具有和石墨一样的晶型，显然，这对摩擦面磨合过程有利。

试验证明，有许多其他金属（Fe、Pb、Bi、Cd、Zn、Cu）和其合金的金属溶胶适用于作这样的涂层。

10.5　金属和合金胶体分散相的磁学性能

铁磁性金属及其合金超细粉主要应用于电工器械，无线电技术及其他工业部门，用于制造高频技术和无线电仪器所需的永久磁铁和不同扼流线圈的铁心。

这些铁心应具有高磁导率和较大的欧姆电阻，因此，它们通常是用不同配比金属粉和绝缘材料混合物配制而成。在铁心中金属单个粒子具有很高的磁导率，其涡流在彼此绝缘的金属粒子中被扼制。

绝缘材料一般采用虫胶或不同的高分子化合物。但是在铁心中绝缘材料含量不应超过 9%～10%，超过这一含量铁心的总磁导率就大大下降。

生产磁绝缘材料主要采用羰基化法生产的铁粉。因为这种方法生产的铁粉形状接近球形，在其上形成的绝缘层与绝缘材料相比仅占很少部分，这也是铁粉粒子形成具有一定磁通角和磁通量所必需的。普通电解法生产的铁粉证明的形状为树枝状，且其表面存在微裂纹和微孔，因此在其表面上形成均匀的绝缘膜非常困难。

在这种情况下需要提高绝缘材料含量达到 40%（体积分数）才能形成全部包覆，但是这使得铁心磁导率急剧下降，这是电解铁粉不能用来生产铁心的主要原因。

必须强调，为了制造上述铁心，用电解法生产的超细铁粉有机溶胶分散相是非常有价值的。尽管这种粉粒子的显微结构有非常发达的分枝，但所有非常发达的内表面均覆盖并牢固地吸附着表面活性物质，这是在双层电解槽电解时阴极析出瞬间就形成的。采用有机胶体铁粉作为铁心生产用的超细粉，吸附层厚度非常薄但附着得很牢固，且铁粉内外表面都均匀地覆盖上了表面活性物质，可作为绝缘膜。

用胶体铁生产铁心时加入的电介质材料很少，但仍然具有很高的磁导率和非常大的欧姆电阻。

采用这种超细铁粉作为铁磁材料（体），还要加 0.5%～3.0%Ni。加入镍粉的方法：把相应量的羰基镍混入羰基铁中同时进行热分解。为了生产磁绝缘体不仅利用纯铁，还利用其合金，也非常有效。铁-镍合金（78%Ni，21.5%Fe）也属于铁磁材料，应用非常广的还有含 Mo 的合金如 81%Ni＋17%Fe＋2%Mo。它的磁导率和欧姆电阻比纯铁镍合金大得多。但是这种合金粉碎或超细粉碎非常困难，要加入特种添加剂以提高其脆性。因为存在上述困难，采用电解法生产铁-镍合金有机溶胶有着重大意义。如果考虑到随铁粉材料细度提高，铁心磁导率会急剧增大，那么采用超细粉作为铁心材料既合理又合算。

现在研究者对于使微波极化面旋转所用的铁磁材料给予了特殊的关注，因为根据这一现象可以解决许多现代技术问题。这一效应属于磁性电介质的基础研究。如果铁磁体中分布的金属粒子尺寸低至几十微米，在这种磁性电介质中，经常会产生粒子凝聚，彼此间经常会产生接触，这就导致涡流大量损失。如果采用经表面活性物质稳定的金属胶体作绝缘体就没有这个明显不足。在绝缘体中的每个胶体粒子都是一个简单磁畴，它们相当于存在许多自发磁化区。

根据这一说法，研究了用电解法制备的金属胶体制作磁性电介质使微波极化面偏移的行为。

对金属粒子大小为几百埃的人造铁电介质的总磁导率进行的计算证明，在很宽频率区间磁导率与频率无明显关系，直到厘米波，磁导率大于1。如果存在最大值，其所处位置也取决于粒子大小和波长。

以此为基础可以分析人造铁电介质的结构，研究波长为 $89\mu m$、$16\mu m$、$32\mu m$ 的磁场强度极化平面偏转角和粒子细度的关系发现，在无外磁场条件下人造铁电介质存在一个最大极化平面偏转。偏转角度取决于胶体粒子细度。大小为几百埃的铁粒子在波长为 8mm 条件下极化自发偏转角在 1g 铁电介质中达 60°。并且观察到极化平面偏转和外磁场关系不大，这证明内磁场引发的自发偏转的效应几乎达到饱和。

对于大小为几十微米铁粉未发现极化面自发偏转现象。

还确定，极化面偏转与铁电介质中铁磁场物质浓度成正比，还和电磁辐射频率有关。

以超细铁磁金属和合金粒子吸收铁磁共振波为基础，提出制备频率可控的弱反射加载元件原理，吸收频带半波宽 ΔH，因为消磁和其他因素的损耗，以及结构色散，其半波宽 ΔH 值很大。这一效应与胶体细度有强烈关系。

把超细的铁磁金属和合金胶体充填到聚苯乙烯、聚甲基丙烯酸甲酯、橡胶和其他介电材料中制成的人造磁介电质，可用来制造消光元件，在一定条件下，吸收曲线半波宽可能是反常的大。

必须指出，用铁磁金属胶体制备的磁介质也可以用于制造功率因数调整所用的元件或设备。

由 Fe、Si 和 Al 组成的磁介质获得广泛应用。这种合金具有很高的磁导率和很高的欧姆电阻，但它很脆，机械粉碎也很容易。

超细的金属或其合金粉用于制造永久磁铁成本是非常贵的，因为采用铸造法生产永久磁铁很困难，主要是因为熔融的合金黏度大，随后还必须进行研磨才能使磁性元件达到要求的尺寸。因此大规模生产永久磁铁，尤其是小尺寸的，早已使用相应的粉末了。这种磁体的磁性能与铸造的几乎没有区别。

大规模生产的磁体成分：第一种 66％Fe、22％Ni、12％Al；第二种 58％Fe、28％Ni、14％Al；第三种除含 Fe、Ni、Al 外，还含 9％～12％Co。

用不同粒度（0.01～0.1μm）的超细铁粉，以及用含铁 70％和含钴 30％的超细粉生产永久磁体取得非常大的成功。利用这种超细铁合金粉制得的永久磁体的矫顽力接近 1000Oe。

还推荐用 Bi 和 Mn 的金属间化合物粉作为制备永久磁体的材料，Bi 粉和 Mn 粉质量比为 83.35：16.65，在惰性气体保护下于 700℃转炉中进行烧结。

利用甲酸铁在低温 H$_2$ 中还原生产的细度为 0.01～0.1μm 的胶体铁粉广泛用于生产永久磁体，其密度达 4～5g/cm^3。该磁体的矫顽力可达 1000Oe。不同仪器中使用它都不产生任何干扰电流。用超细铁粉所做的零件按其磁学性能来看不次于用高价专门磁钢做的磁体，且密度减轻至 1/2～1/3，贵重的原材料消耗减少，生产也大大简化。这些零件可满足高频电流工作和磁导率需精密控制的要求。但是在制取超细铁粉和使用它时会遇到危险性问题，因为这些粉都是易燃的。

还着重指出，超细粉的磁学性能很大程度上取决于粒子的形状和结构，尤其是晶格各向异性程度。

已知长型粒子或者粒子存在很大的各向异性应力时，晶格的磁性的各向异性就很大，这些粒子通常内能也很大。

若想使金属粉便于永久磁体制备成型，必须使金属粒子具有较高内能和较大的磁饱和矫顽力及较高的居里温度。

一系列提高超细铁粉做的磁元件的矫顽力的方法均未成功，因为采用热分解法制备的这种铁粉基本上均呈现球形。在这方面应该对电解法制备的铁有机溶胶给予特别的关注。正像我们已讲述过的，电解获得的铁粉的每个粒子都有非常明显的分支结构。

在不同有机介质中超细铁粉和其他铁磁金属和合金粉的有机溶胶作为探伤磁粉已获得广泛应用。

作为探伤磁粉的悬浮液与待检物品接触后在检查期间应该是稳定的，铁磁粉不能自行沉淀而形成很厚一层。为此必须选择最佳的磁粉浓度，浓度太高磁粉会在待检物品表面上沉积太厚，浓度太低检测时间特别长。

磁粉探伤仪所采用磁粉的细度和稳定性是由不同烃介质中铁及其他铁磁金属和合金有机溶胶所决定的。

待检物品的性质和表面状态并不重要，但待测表面必须能被分散介质浸润，因此有机胶体铁及其铁磁合金中稳定剂——高分子化合物含量要尽可能低，并不能妨碍铁磁粒子与待检面接触。

待测物的表面应该用无水丙酮和航空汽油重复清洗使之具有疏水性，这样处理的表面几乎完全消除了水的吸附层，凡是和大气接触的任何金属表面通常都有水膜，因大气中总含水蒸气。在该情况下，待检表面和所有大的或微裂纹上的吸附水均被丙酮分子置换。处理表面具有强烈的疏水性会大大有助于有机溶胶分散介质的润湿和胶体铁磁粒子向大的或微裂纹深处渗透并在此聚集。

10.6　耐蚀超细金属粉性能

粉末冶金主要任务之一就是降低各种金属粉的腐蚀。用含油酸或凡士林的苯溶液处理的金属粉的耐蚀性提高。作者确定，采用上述溶液作为金属粉压制和烧结时的活性润滑油，可使粉体粒子塑性变形容易，且填充更密实，粒子间接触面增大。加入活性润滑油后进行粉末烧结，产品的物理化学性能均大大改善。

已肯定，使金属粉粒子吸附一层表面活性剂，形成疏水表面，可防止存放时金属粉（如铜粉）受到湿气的作用，可长期可靠地防止金属粉被腐蚀。并且还必须选择一种保护方法保护金属粉在所有生产过程中不被氧化。

采用先前提到的双层电解槽生产超细金属粉具有决定性意义。该法制备金属有机溶胶和超细金属粉的基本原理和电解槽类型均已进行了放大生产。

采用该法制备的金属粉要先和电解液水层分开，然后进行真空干燥。

该法比现有的其他电解法制粉具有以下优点：

① 在阴极上金属粒子生成瞬间，立刻就使其表面具有疏水性，这样大大减轻了金属粉被氧化。

② 结晶中心连续不断地离开金属离子放电区和不溶于水的表面活性物质吸附到旋转阴极表面上，大大提高了阴极极化，这对提高析出金属粉细度非常有利。

③ 改变旋转阴极转速也可能在某种程度上改变金属粉细度。

10.7　金属胶体对胶浆结构性能的影响

在研究超细金属粉（铁、铋等）在不同有机介质中的稳定性时发现了一个非常有意义的事实：向这些体系中加入少量的橡胶可使它们的稳定性提高几百倍。正如前述，这些金属粒子相对橡胶不完全呈惰性，若是加入胶浆，金属粉就和强烈歧化的橡胶大分子相互作用，生成相应的吸附化合物，这个过程很可能沿正、反两个方向进行。

一方面单个的橡胶大分子同时以其不同的结构单元（链节）和某些金属胶体粒子相互作用，发生这种作用的单个丝状橡胶大分子的长度比金属胶体粒子平均粒径大许多倍。因此，在胶浆中加入金属胶体后，就出现一系列不同形状和长度的凝聚体，这种凝聚体含有若干个和橡胶单个大分子相连接的金属粒子。

另一方面在含金属胶体的胶浆中，同时但不怎么强烈地进行第二个过程：单个金属胶体粒子同时和彼此相连接的不同大分子的结构单元相互作用。

这样，由于存在金属胶体粒子，胶浆就具有了结构力学性质。胶浆中这种复杂过程的结果是产生网状结构，其中单个金属颗粒处于结点处，把不同大分子结构单元连接起来，即每个金属胶体颗粒成为不同大分子结构单元连接的结点。

必须指出，加入非常少量的超细金属粉（0.05%～0.1%Fe）就会引起胶浆性质发生急剧变化。

上述事实说明，实用中采用超细粉的合理性 ——把超细金属溶胶以添加剂形式加入生产的胶浆中，这种添加剂使胶浆结构化，它是橡胶非常有效的活性填料。它不仅改善了胶浆的工艺性能而且提高了胶浆制品的质量。在这种情况下，相对橡胶而言金属胶体粒子的活性很高，其表面有很强的憎水性，这种具有憎水性的金属粒子是在电解时金属粒子生成瞬间表面吸附了脂肪酸而形成的。

但是金属化学性质起着非常重要的作用，在这方面最有效的是 Zn、Fe 和 Bi 分散相。

某种金属溶胶分散相作为胶浆的添加剂时，金属胶体和胶浆中橡胶含量间存在最佳数量比。这个比值对应的是具有网状结构的强度。从工艺角度来看，不全是网状结构是最合适的。随着橡胶中金属胶体含量逐步提高，形成的网状组织强度逐渐增加，而后达到一个最大值，随后急剧降低。

添加超细金属粉（作添加剂）的胶浆制品的性能随时间而变化，主要是在制品老化过程中反映出来。

此外，一些金属胶体（Zn、Fe 等）可作为橡胶工业制品的组分之一。由于橡胶混合物强度随填料细度提高而增加，细的胶体填料具有强化作用，强化的作用与填料比表面积和表面性质有关。

为了使填料起到有效的补强作用必须使每个金属粒子都被橡胶分子包覆，还必须使这些粒子的表面和橡胶分子接触。

作为胶浆组分加进去的金属胶体粒子表面通常都是疏水的，胶体粒子表面上的表面活性物质——脂肪酸、蛋白质和油性物质的分子会产生定向吸附，吸附的分子在金属和橡胶间的分界面上呈现定向排列，其极性原子团指向金属表面，非极性端指向橡胶。这种定向排列通常会形成化学上稳定的吸附层，这层吸附层使金属胶体粒子表面对橡胶有非常大的亲和性，有利于金属粒子和橡胶的不同大分子单个结构单元相互作用，形成牢固的结构。

除了这个总的模式外，体系中金属溶胶分散相的化学性质对橡胶-超细金属粉体系结构强度有决定性作用。Fe、Zn、Bi 等有机胶体在这方面特别有意义。

毫无疑问，向橡胶中加入金属胶体必须使金属胶体均匀分布在橡胶中而不能产生凝聚。

还应该注意，其他加入橡胶中的组分，以及这些组分的混合顺序对橡胶和金属胶体间的相互作用也有重要影响。

为了消除上述因素的影响，制备橡胶混合物的最佳顺序是：超细金属粉—金属有机溶胶分散相—直接和相应量硬脂酸混合，然后均匀地分布到纯橡胶中，再把它和其余橡胶混合物组分仔细混合。

这个工艺制度制备的金属胶体粒子表面具有最佳的疏水性，这样胶体颗粒相互接触和与橡胶大分子单个结构单元的相互作用均不受其他组分的影响。因为金属分散相体积分数与橡胶相比非常小，胶体分散相外面形成连续的包覆层，而在分散介质中金属胶体粒子与其他胶浆组分无任何作用。

有关超细金属粉的杂质对橡胶及其制品物化性能的影响至今还没有研究。

由上述可见，有必要广泛研究超细金属粉应用的可能性，研究它们作为有效补强剂对橡胶制品物化性能的影响。考虑到金属胶体对橡胶性能的良好改性作用以及宇航和汽车工业对不同橡胶制品的迫切需求，选择金属胶体作为橡胶制品补强剂的迫切性已显而易见。

11

微纳米金属聚合物防辐射材料

　　随着各种电磁辐射能和原子核能在工业、农业、医疗卫生、矿山开采、无线电探测、无损探伤、化工过程测量、有机聚合等方面的广泛应用，辐射对人体的危害及防护已成为现代工业生产中一个重要课题，也是安全工程的重要组成部分。随着辐射源的日益增多，由此带来的职业危害和环境污染也已成为当今的严重公害。

　　利用核能就不可避免地产生核辐射（γ量子、中子、电子、α粒子），对人体都会产生伤害作用，必须进行恰当的有效防护。随着核能不断地成为人类的新能源，核防护科学和核防护材料的研究对核应用是至关重要的。

　　核辐射防护方法涉及许多物理和化学问题：减弱辐射强度、严格控制核废料转移、加强核辐射的监测等。核辐射防护的根本任务就是对于一个固定的辐射源（反应堆活性中心、大功率γ射线源等）要找到能有效吸收和屏蔽核辐射的方法和材料，确保周围环境安全，当然要考虑到防护结构、占地面积和形状。要想把辐射强度降到安全范围，又想采用最少的防护材料，是一项很复杂的工作。对于船用核反应堆防护装置最轻化是核防护研究一直追求的目标。宇宙飞船生物防离子辐射所用防护材料轻量化也是一个非常关键的问题。对各类射线的屏蔽材料选择原则列于表11-1。

表 11-1　屏蔽材料的选择原则

射线类别	与物质作用的主要形式	屏蔽材料种类	屏蔽材料举例
α	电离和激发	一般物质	一张纸
β	电离和激发，韧致辐射	轻物质＋重物质	铝或有机玻璃＋铁、铅

射线类别	与物质作用的主要形式	屏蔽材料种类	屏蔽材料举例
γ	光电效应,康普顿效应,电子对效应	重物质	混凝土、铅
中子	弹性散射,非弹性散射,吸收	轻物质	氢气、水、石蜡

传统的 X 射线和 γ 射线屏蔽材料一般选用混凝土、水泥、铅板等具有较高密度的物质,后来逐步开发生产了一系列以铅或铅化合物为填料的有机或无机高分子材料,满足了当时的需要,但是铅固有的毒性以及较高的密度限制了这类材料的研制和发展,无铅或低铅类高性能轻质辐射屏蔽材料的研制和开发是当前的热点课题。

通常,防护 γ 射线高能辐射的优选材料是重金属,对于快中子最有效防护是采用氢气,对比之下如果能采用聚合物基防辐射材料会有很大优越性。

在射线作用下能发生交联的聚合物可作为防辐射材料,受射线作用聚合物分子量骤增,当达到某分子量时,聚合物就变为不溶性聚合物。聚苯乙烯、聚乙烯、聚丙烯、聚酰胺、聚丙烯酸甲酯、聚丙烯酰胺、天然橡胶、聚二甲基硅氧烷、聚甲醛等均属于这类物质。

环氧树脂也有耐辐射作用,在辐射剂量 10^9 rad (1rad＝10mGy) 下环氧树脂固化物是稳定的;聚苯乙烯能耐 10^{10} rad 的辐射。环氧树脂在辐射作用下能产生交联,不会产生降解。最耐原子反应堆辐射的聚合物材料是聚苯乙烯,在辐射作用下其大分子链发生横向键合,受苯环影响交联密度不大,每个交联键的结合能聚苯乙烯是 $600\sim800$eV,聚乙烯为 11eV,而一个主链断裂所需能量高达 $3000\sim4000$eV。此外,聚苯乙烯价格比聚乙烯低好多,因此聚苯乙烯和环氧树脂作为生物防辐射材料具有广阔应用前景。

这些材料加入填料后,耐辐射性能和防护性能都有提高。只有密度大的材料才适合作为填料,如 Pb、碳化硼、Cd、W、Au,其中 Pb 是相对便宜又实用的防护材料;镉对屏蔽核反应堆热中子辐射非常有效,聚合物里加镉可使其防护能力提高 $5\sim6$ 倍。工业生产需要的防护材料要求材料对热中子和 γ 射线都得稳定,这时就要采用复合填料 Pb＋碳化硼、Pb＋Cd。纯 Pb 和加 Pb 聚合物防护性能差别不大,为了防止具有危害的二次辐射发生,要尽量降低 Pb 中杂质。同时材料组织和成分均一性非常重要,否则容易引起击穿。聚脲三聚氰胺加铅粉是非常好的生物防护材料。环氧树脂具有作为防护材料所必需的 C、H、N、O 原子比；耐酸碱，易脱气和去污，又易加工和浇注成型，这对随意组装防护设施很有意义，例如，放射源周围防护围墙有部分因通车防护不到时的情况及隐蔽防护。不管活动防护还是隐蔽防护都必须对防护方法和防护材料进行选择。环氧树脂黏结性能好，这不仅使材料制造方便，而且防护性能也好。采用填充超细铅粉的聚合物材料取代纯的铅具有很多优点：一是它比纯金属便宜，而且涂层耐水、酸、碱的腐蚀；二是可以浇注各种形状防护零件，甚至还能制作防护衣服；三是与纯金属比，密度小，可以在航空核装置上用。不同超细金属和不同聚合物复合可以生产出不同力学性能的多层防护材料。

有时只选定一种聚合物作为基材，例如，电子同步加速器防护要求必须具有高效防 γ 射线能力，又不能让电流通过，虽然铅的防 γ 射线和 X 射线非常有效可靠，但是其受电流影响，感应磁场变化太快而不能采用，采用添加铅粉的环氧树脂固化物就没有问题了。

填充 Pb、Cd 的环氧树脂基金属聚合物材料作为防 γ 射线材料已获得广泛应用，因此研究不同剂量 γ 射线对该金属聚合物组织和性能影响具有一定意义。

环氧树脂为工业品，环氧基含量为 21.9%。

Pb、Cd 金属聚合物是采用如下工艺用双层电解槽制备的：电解液是甲酸铅和甲酸镉水溶液，浓度 7g/L，pH＝6～6.5；有机层是环氧树脂甲苯溶液，浓度 20g 环氧树脂/100g 甲苯；阴极转速 60r/min。

纯环氧树脂和含 10%Pb 金属聚合物在 ^{60}Co 装置中照射的结果列于表11-2。含 5.7%Pb＋2%Cd 金属聚合物在照射强度 1050～1450rad/s 下照射，最大照射剂量达到 800～1000Mrad。

表 11-2　^{60}Co γ 射线照射下照射强度和照射剂量的关系

样品	照射强度/（rad/s）	最大照射剂量/Mrad
环氧树脂	1231	426.2
含 10%Pb 金属聚合物	977	338.2

在 30～35℃ 下不间断照射 24h，吸收 ^{60}Co 射线后样品温度稍有提升。不同剂量 γ 射线照射对纯环氧树脂和金属聚合物的作用，可根据红外光谱测定的代表环氧基的 915cm^{-1}、代表羟基的 1720cm^{-1} 和代表羧基的 3300～3500cm^{-1} 积分强度变化来判断。

实验证明，纯环氧树脂受 γ 射线辐射后，在红外光谱上产生一个代表羰基的新峰，是环氧基的断裂而形成羰基：

$$\cdots - \underset{\underset{O}{\diagdown}}{CH} - CH_2 + CH_2 - \underset{\underset{O}{\diagdown}}{CH} - \longrightarrow - \underset{\underset{O}{\parallel}}{C} - CH_2 - CH_2 - \underset{\underset{O}{\parallel}}{C} - \cdots + H_2O$$

同时有气体析出和分子量增大，析出的气体是 H_2、CH_4、C_2H_8，还有硬的物质。经 400Mrad 照射，环氧树脂分子量从 390 增大到 470。

图 11-1 曲线 1 和 2 分别代表真空和空气中辐射剂量对环氧树脂里环氧基含量（用积分强度表示）的影响，可见在空气中和在真空中照射后环氧基含量差别不大；与纯环氧树脂相比，环氧树脂基金属聚合物中环氧基含量随辐射剂量增大而急剧减少［图 11-2（a）］，未经辐射的纯环氧树脂及其金属聚合物红外光谱上 915cm^{-1} 吸收峰积分强度为 100%，辐射剂量为 400Mrad 时，纯环氧树脂中环氧基含量下降 25%，含 10%Pb 金属聚合物中环氧基含

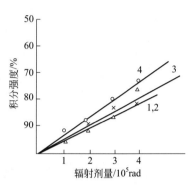

图 11-1 在真空（1、3）和空气（2、4）中辐射剂量对环氧树脂里环氧基含量的影响
1，2—化学分析法；3，4—红外光谱法

量下降 60%；进一步提高辐射剂量（图 11-2，表 11-2），环氧基开环减缓，经 300～400Mrad 辐射的金属聚合物和经 1000Mrad 辐射的纯环氧树脂基本一样，环氧基含量均为 55%～65%。

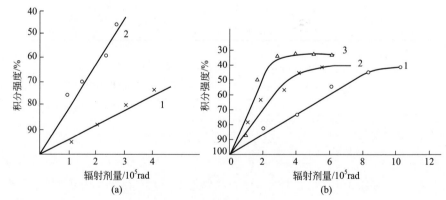

图 11-2 纯环氧树脂（1）、环氧树脂基 10%Pb（2）、2%Cd（3）金属聚合物材料环氧基含量随辐射剂量的变化
辐射剂量：（a）4×10^5 rad；（b）12×10^8 rad

受辐射作用金属聚合物中环氧基含量急剧减少，表明金属胶体粒子表面和环氧基之间发生了化学反应，生成表面化合物。金属胶体加速了环氧基开环，且随金属含量增加开环过程更强烈。

环氧树脂基 Pb、Cd 金属聚合物接收辐射后，未发现羰基含量增加，而纯环氧树脂的羰基含量则不然，不管在真空中还是在空气中经辐射后羰基含量都急剧增加（图 11-3）。这可能是环氧基中的氧转化为羰基所致，所以环氧基和羰基含量变化是对应的（图 11-2、图 11-3）。在低剂量辐射条件下，初始环氧基含量急剧减少，羰基含量急剧增多；辐射剂量达到 800～1000Mrad 时，环氧基的开环停止，羰基含量也不再增加。由于 γ 射线的作用使环氧树脂在金属胶体粒子表面上产生强烈的化学吸附反应，消耗了大部分环氧基，这样，金属聚合物受辐射时羰基含量就没有明显变化。

对于未固化环氧树脂，辐射作用使其羟基含量增加（图 11-4），随辐射剂量增强环氧树脂中羟基含量增加，经 300Mrad 照射羟基含量约增加 1.5 倍。金属聚合物受辐射后羟基含量却下降，在 100～200Mrad 照射下，初始羟基含量就明显减少，再增大辐射剂量羟基含量基本不变。

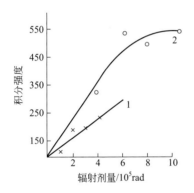

图 11-3　辐射作用对环氧树脂里
羰基含量的影响
1—真空；2—空气

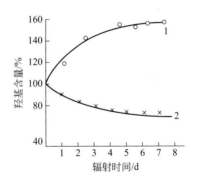

图 11-4　环氧树脂（1）和
其 Pb 金属聚合物材料（2）
羟基含量随辐射时间的变化

图 11-5 示出，无论纯环氧树脂还是环氧树脂基金属聚合物材料受辐射后初始凝胶生成量和辐射剂量呈线性关系，随辐射剂量增强凝胶含量急剧增加，并具有极值特征。但发现纯环氧树脂经 800Mrad 辐射的效果，对金属聚合物材料仅用 300～400Mrad 强度的辐射就达到了，所需辐射强度下降了约 1/2。进一步提高辐射强度凝胶含量急剧增多，此时，纯环氧树脂所对应的辐射强度是 800～1000Mrad，而金属聚合物为 300～400Mrad，

再增大辐射强度凝胶量并没有明显增多。在直线区段两者的分子量和黏度同时变大，形成三维结构。纯环氧树脂需经 800Mrad 辐射，而金属聚合物经 300～400Mrad 辐射就能形成三维立体结构。

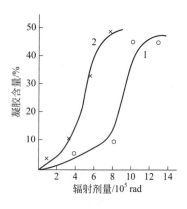

图 11-5　纯环氧树脂（1）及其金属聚合物材料（2）辐射后凝胶含量与辐射剂量的关系

环氧树脂辐射交联过程如下：

① 辐射首先使环氧树脂产生 H 原子：

$$-CH-CH_2\cdots \xrightarrow{\text{辐射}} -\dot{C}-CH_2 + H$$

$$\cdots\!\!\!\!-\!\!\!\!\!\!\!\!\!\!\!\!\!\!\!\underset{CH_3}{\overset{CH_3}{C}}\!\!\!\!-\!\!\cdots \xrightarrow{\text{辐射}} \cdots\!\!-\!\!\!\!\!\!\underset{CH_3}{\overset{\dot{C}H_2}{C}}\!\!\!\!-\!\!\cdots + H$$

这是有机物受辐射作用产生交联的放射性化学反应历程，发生放射性化学反应的基本机理就是析氢。

② 大原子团产生同分异构化使羰基含量增加：

$$CH_2\!-\!CH\!-\!CH_2O\!-\!R\!-\!CH_2O\!-\!\dot{C}\!-\!CH_2 \longrightarrow$$

$$CH_2\!-\!CH\!-\!CH_2O\!-\!R\!-\!OCH_2\!-\!\underset{\parallel}{\overset{}{C}}\!-\!\dot{C}H_2$$

③ 同分异构化产生的原子团和邻近的环氧基的反应形成如下的新原子团：

$$CH_2\!-\!CH\!-\!CH_2O\!-\!R\!-\!OCH_2\!-\!\overset{O}{\underset{}{C}}\!-\!\dot{C}H_2 + CH_2\!-\!CH\!-\!CH_2O\!-\!R\!-\!OCH_2\!-\!CH\!-\!\dot{C}H_2 \longrightarrow$$

$$CH_2\!-\!CH\!-\!CH_2O\!-\!R\!-\!OCH_2\!-\!\underset{\parallel O}{C}\!-\!CH_2\!-\!CH_2O\!-\!R\!-\!OCH_2\!-\!\underset{OH}{CH}\!-\!CH_2$$

④ H 原子可能和中间产物反应生成羟基：

$$CH_2\!-\!CH\!-\!CH_2O\!-\!R\!-\!OCH_2\!-\!\underset{\parallel O}{C}\!-\!CH_2\!-\!CH_2\!-\!CH\!-\!CH_2OROCH_2CH\!-\!CH_2 + H \longrightarrow$$

$$CH_2\!-\!CH\!-\!CH_2O\!-\!R\!-\!OCH_2\!-\!\underset{\parallel O}{C}\!-\!CH_2\!-\!CH_2\!-\!\underset{OH}{CH}\!-\!CH_2OR\!-\!OCH_2\!-\!CH\!-\!CH_2$$

上述研究表明，纯环氧树脂和金属聚合物发生的放射性化学反应是不一样的，金属聚合物材料受辐射后没有羰基生成，而纯环氧树脂受辐射后却发现 C═O 浓度急剧增大；辐射作用使金属聚合物里羟基含量降低，使纯环氧树脂里羟基含量增加；前者无气体析出，后者却有气体析出。同时，受辐射金属聚合物材料进行的过程和纯树脂热固化过程是一样的。

差热分析表明，纯环氧树脂加热到260℃的差热分析谱图也没有根本变化，含2%Cd金属聚合物的差热分析谱图上，从230℃开始产生放热效应，257℃时最大，同时发生固化。含10%Pb金属聚合物的差热分析谱图上，从200℃开始出现放热效应，250℃时达最大，此时已完全固化。

环氧树脂立体交联固化后是不溶于甲苯的，采用萃取法研究环氧基含量和含铅和镉金属聚合物在不同温度下的固化动力学表明：含铅金属聚合物固化度与加热时间成正比，经过45min完全固化；含镉金属聚合物经240℃/120min处理，固化度为57%，经220℃/120min处理固化度仅为21%。

红外光谱确定，随加热时间延长，环氧树脂中环氧基含量逐渐减少，表现为915cm^{-1}吸收峰强度逐渐降低。经210℃/45min处理后，残余的环氧基含量仅为原始含量的15%，所以说金属胶体加快了环氧基开环，促进环氧树脂固化。

因此，金属聚合物受γ射线辐射过程和其加热处理过程是相同的，都是金属胶体粒子表面和环氧树脂大分子相互作用促使环氧基的开环而固化。具体表现为：环氧基含量急剧减少；羟基含量没有变化；不用固化剂，采用加热或γ射线辐射都能固化，形成立体三维结构。

X射线衍射分析证明，Pb-环氧树脂二元体系也可以加热固化生成三维立体结构，环氧树脂基Pb、Cd金属聚合物材料都是受γ射线辐射可固化的材料，完全适合作为γ射线的防护材料，又不会产生降解。

材料的屏蔽效果主要取决于射线能量、材料密度、吸收原子核外电子数、轨道电子分布及能级状态等。射线能量相对较低或高能射线经多次康普顿散射后，光电效应占主导地位，当射线能量稍高于物质内层电子结合能时吸收会突然增大，称为边界吸收，这对提高材料屏蔽性能是很关键的。传统高原子序数物质K层吸收边较高，如铅对能量介于40~88keV的射线的吸收能力较弱，简称"铅的弱吸收区"，而通常130keV以下管电压产生的医用X射线的绝大多数粒子的能量低于88keV，X射线的能谱峰正处于40~88keV的能量区域，因此将铅作为吸收医用X射线的物质，其缺陷是显而易见的。稀土元素K层吸收边比较低，其对50~100keV的射线有比较好的屏蔽效果，可以弥补常规高密度材料的缺陷。研究表明，通过表面处理的Er_2O_3的稀土-环氧树脂复合材料具有很好的防护低能γ射线的能力，强于铅元素，而且相对于铅来说，铒无毒，可以应用于更广的领域。

12

钛纳米聚合物涂料及其应用

12.1　钛纳米聚合物涂料的性能

金属和其结构材料的腐蚀给国民经济造成巨大损失，不同工业部门受到侵蚀性介质腐蚀的构件和设施已占 15％～35％，其中钢结构和混凝土结构各占一半。防止结构腐蚀的最有效方法之一是采用聚合物涂层。近年来聚合物涂层在不同工业部门已获得广泛应用。我国因腐蚀每年都造成巨大的损失，如果采用先进的防腐蚀技术和材料，每年就可以节约 1000 万吨钢材，节约因腐蚀和结垢降低热效率所损失掉的 1750 万吨标准煤。

随着食品工业的发展，食品工业中的腐蚀问题日益引起人们的关注。当然石油化工、海洋设施、船舶、钻井平台、采油设备、舰艇等的腐蚀仍然是腐蚀研究中最突出的课题。

长期以来，在各种防腐蚀技术中，涂料防腐蚀技术应用最为广泛，表面涂装在各种防腐蚀措施费用中占 63％，金属表面处理占 25％，耐蚀材料仅占 9.4％，每年我国有数十亿平方米面积需要采用涂料防腐蚀。但是，随着现代工业的发展，对防腐蚀涂料的耐环境侵蚀能力和使用寿命提出了更高的要求。以往的常规涂料已不能满足需求，现在在广泛采用传统涂料的基础上，开发出许多新型防腐蚀涂料，如高固体分涂料、鳞片涂料、粉末涂料、无溶剂涂料、水性涂料、氟涂料等。

但是特种功能性涂料还不能满足生产工艺日益强化的需求，尤其是强腐蚀、易结垢环境对涂料的苛刻要求，亟待人们去开发新型的涂料体系。

纵观各种学派关于涂层破坏机理的研究得出结论，就是腐蚀介质浸入涂层均是沿着聚合物和填料间界面进行的。

改善涂层的耐蚀性无外乎有三条途径。一是厚膜化，大家知道，介质渗透达到涂层-金属基体界面的时间与涂层厚度的平方成正比，与扩散系数成反比，因此，人们依靠增加膜厚开发出能在严酷的腐蚀环境下应用并具有长效使用寿命的重腐蚀涂料，在化工大气和海洋环境里一般使用寿命为 10 年或 15 年以上；在酸、碱、盐和溶剂里及一定温度下，一般应能使用 5 年以上。这就要求重防腐蚀涂料干膜厚度一般要在 $200\mu m$ 或 $300\mu m$ 以上，厚者高达 $500\sim1000\mu m$，甚至 $2000\mu m$（2mm）。完全依靠增加涂层厚度来保证涂料的长效寿命，它的明显缺点是涂料消耗量很大。二是开发新的和改性已有的聚合物。三是研制新的填料，后者较之前两者更经济、更快捷，又是最活跃的科技前沿课题。随着超细化技术的快速发展和纳米材料的产业化，采用微纳米级填料对涂料进行改性将获得人们无法估计的效果。

正如前述，采用工业钛粉作为涂料的填料，未经处理的钛粉对涂料没有超过石英粉的作用。我们采用超细化技术对钛粉进行粉碎，制备出一种全新的物质——钛基纳米金属粉，将其弥散到高分子聚合物树脂中，形成高分子纳米复合材料，该材料简称为钛纳米聚合物，用以对涂料进行改性，使钛粒子表面与聚合物间从粗钛粉的物理黏附状态转化为化学吸附直至化学键合状态，从根本上改善聚合物和填料界面处的薄弱环节，可以显著提高聚合物涂层的耐蚀性。

为此目的，采用无机填料（如滑石粉、石英粉、石墨粉、辉绿岩粉、钛白粉等）是行不通的，唯一途径是采用金属填料。工业上广泛采用的金属填料有铝粉、锌粉、铜粉、铁粉，但均不理想。有人提出采用钽、钛-钽合金粉，超细化来改性涂料。众所周知，钽是惰性金属，一般不会和高分子化合物发生杂化反应，形成金属聚合物，加之钽非常昂贵，即使采用钛-钽合金也是如此。

笔者利用超细钛的高活性和超细钛粉与聚合物本位杂化原理，研制出一种全新的物质——钛纳米聚合物，进而开发出新型耐腐蚀、防结垢的钛纳米聚合物系列涂料，可以克服传统涂料的许多缺点。在许多传统涂料不能解决的腐蚀环境中该涂料凸现出许多特有的优越性能。

12.1.1 钛纳米聚合物涂料主要品种

笔者根据不同的应用环境开发出系列钛纳米聚合物涂料，详见表12-1。

表 12-1 钛纳米聚合物系列涂料品种、主要性能及其用途

型号	名称	主要性能和一般用途
XK-101	钛纳米101底漆	可作为各种涂料底漆，显著提高原有面漆的耐腐蚀性能，从根本上消除丝状腐蚀、起泡（吸水肿胀、气体起泡、划伤处起泡）、阴极脱层；无毒
XK-801	钛金属聚合物涂料	无毒。用于啤酒、葡萄酒、酱油、饮料、味精、食用醋等食品行业；生活饮用水、输配水管道和设备
XK-802	钛纳米聚合物热水器内胆涂料	无毒、防结垢。用于电热水器内胆、太阳能热水器储水槽
XK-803	钛纳米聚合物防腐蚀、防结垢涂料	防腐蚀、防结垢。用于油田开采注水管、地面注水管线及其集输系统设备
XK-386	钛纳米聚合物换热器涂料	防腐蚀、防结垢、导热性好。用于以水或油为冷却介质的各种换热器，如列管式换热器、板式换热器、冷却器、冷凝器
XK-252	耐酸、碱、盐腐蚀钛纳米聚合物涂料	耐多种化学介质的腐蚀。用于接触酸、碱、盐的管道和设备，也适用水泥及钢筋混凝土储池的防护
XK-853	钛纳米聚合物重防腐蚀涂料	抗强腐蚀、耐磨蚀。用于船舶水线以下及船底、螺旋桨；输油输气管道；污水处理设备、污水储罐及管道；冷冻设备、矿井设备
XK-380	钛纳米聚合物风机专用涂料	防腐蚀、防结垢、耐磨、易清洗、取代衬胶。用于大型引风机、轴流风机；也用于化工设备的搅拌桨
XK-278	钛纳米聚合物高固体分涂料	性能和XK-252相同，固体分含量高。用于无法喷砂场合的大型工业设施、桥梁、码头、钻井平台
XK-808	钛纳米聚合物中间防锈涂料	可以底中合一，显著提高原有面漆的性能，适用面广。用作钢结构环氧树脂体系中间漆和底漆，也用作醇酸、氯化橡胶底漆上的中间漆或旧漆膜的过渡漆
XK-302	钛纳米聚合物耐候厚浆涂料	耐紫外线照射、耐各种大气环境。用于非严格除锈或带有旧漆膜的各种大气环境中的钢结构、桥梁、码头设施、船舶上层建筑、各种储罐外防腐
XK-831	钛纳米聚合物抗静电涂料	耐腐蚀抗静电。用于有防静电要求的场合，如汽油、柴油储罐
XK-832	钛纳米聚合物煤气柜专用涂料	煤气柜专用，10年免维护
XK-822	钛纳米聚合物低表面处理涂料	耐候性和XK-302相当。用于钢铁结构表面无法严格处理的场合

型号	名称	主要性能和一般用途
XK-835	钛纳米聚合物快干重防腐蚀涂料	耐蚀性与XK-853相当。用于潮湿环境,如污水处理、地下管线、矿井、海洋钻井设施
XK-206	钛纳米改性环氧富锌底漆	用作船舶、桥梁、储罐等不直接和强腐蚀介质接触的设备外防腐底漆
XK-201	钛纳米聚合物混凝土渗透型封闭涂料	渗透性强。用于钢筋混凝土结构预涂封闭处理
XK-205	钛纳米聚合物低表面处理涂料	渗透性强,结合力高。用于钢铁结构不能严格进行除锈时的预处理
XK-212L	环氧厚浆沥青涂料	用于地下管道、设施及污水处理系统的钢和钢筋混凝土结构
XK-811	防滑耐磨地坪防护涂料	用于甲板、车间、仓库、公共场所地坪
XK-900	钛纳米焊缝保护涂料	耐蚀性极高,可以完全消除焊缝的优先腐蚀和焊缝诱发的应力腐蚀。用于碳钢和不锈钢焊缝的保护,尤其适用于强腐蚀介质环境,如强腐蚀介质反应釜、钻井平台及船舶焊缝
XK-999	钛纳米修补剂	耐强腐蚀,机械加工性好,适用范围宽。用于碳钢、不锈钢、铜等封头、管板、风机、阀门、法兰等的修补

12.1.2 钛纳米聚合物涂层的物理化学性能

12.1.2.1 钛纳米聚合物材料的力学性能

环氧树脂 E-44 添加工业钛粉和添加钛纳米聚合物后的力学性能列于表 12-2。可见环氧树脂添加钛纳米聚合物后涂层的力学性能如拉伸强度、弯曲强度和断裂强度都提高了 3～5 倍。而且其耐蚀性也有了很大提高(见表 12-2)。同时添加钛纳米聚合物后涂层的体积电阻和表面电阻都明显降低,可以从根本上消除涂层表面由于摩擦形成高压静电的危险。

表 12-2　钛纳米聚合物材料的力学性能

性能	E-44	E-44＋钛粉	E-44＋钛纳米聚合物
抗压强度/MPa	90～100	300～400	500～550
抗张强度/MPa	20～25	90～100	150～200
弯曲强度/MPa	20～35	55～60	100～120
粘接强度/MPa			
与钢	10～15	10～12	12～15
与混凝土	4.5～5.5(混凝土处断裂)	4.5～5.5(混凝土处断裂)	4.5～5.5(混凝土处断裂)

性能	E-44	E-44＋钛粉	E-44＋钛纳米聚合物
比冲击韧性/MPa	0.2～0.3	0.3	0.3
布氏硬度/MPa	1.5～1.8	3.0～3.5	3.5～4.0
硬化体积收缩率/%	0.1～0.2	0.09～0.1	0.09～0.1
每月吸水率/%	0.5	0.4～0.5	0.1～0.2
比体积电阻率	$3.0×10^{14}$	$3.0×10^{11}$	$3.0×10^{11}$
比表面电阻率	$1.0×10^{14}$	$1.3×10^{13}$	$1.5×10^{13}$
断裂相对延伸率/%	0.2	0.2	0.2

12.1.2.2 钛纳米聚合物涂料的基本性能(表12-3)

表12-3 钛纳米聚合物涂料的基本性能

序号	检验项目		性能指标	检验依据
1	干燥时间/h	表干时间(25℃)	3～4	GB/T 1732—93
		实干时间(25℃)	10～12	
2	耐冲击性/cm		50	GB/T 1732—93
3	柔韧性/mm		1	GB/T 1731—93
4	附着力	划格法(间距 1mm)/级	1	GB/T 9286—1998
		拉开法 A/MPa	4.7	GB/T 5210—2006
5	弯曲试验(圆柱轴)/mm		2	GB/T 6742—2007
6	硬度	摆杆阻尼/s	133	GB/T 1730—2007
		铅笔硬度/H	6	GB/T 6739—2006
7	耐磨性(1000g/1000r)/mg		0.014	GB/T 1768—2006
8	耐水性(浸入沸水 8h)		无变化	GB/T 1733—1993 乙法
9	耐汽油性(浸入 90$^\#$ 汽油 7d)		无变化	GB/T 1734—1993 甲法
10	耐碱性(浸入 20%NaOH 7d)		无变化	GB/T 9274—1988 甲法
11	耐盐水性(浸入沸腾 10%NaCl8h)		无变化	GB/T 9274—1988 甲法
12	耐酸性(浸入 10%、30%的 HCl、H_2SO_4、HNO_3中 7d)		无变化	GB/T 9274—1988 甲法
13	耐温性(180℃烘箱 144h)		无开裂、无鼓泡、无皱皮	GB1736—1979
14	污垢系数/(m² · h · ℃/kJ)		$0.185×10^{-4}$	—
15	对自来水的润湿角/(°)		145	—

12.1.2.3 钛纳米聚合物涂料的耐腐蚀性能

（1）钛纳米聚合物涂料与环氧粉末涂料性能对比

采用环氧树脂粉末涂料标准（表 12-3）中的技术指标，钛纳米聚合物涂料按石油开采和输送环境要求进行了检测，结果列于表 12-4。从该表看出，经过 17 项技术指标的检测表明，钛纳米聚合物涂料性能完全达到环氧树脂粉末涂料的技术标准，并且钛纳米聚合物涂料的附着力、耐磨性、硬度、防垢性等都高于环氧树脂粉末涂料。可以肯定地说，凡是采用环氧树脂粉末涂料的工况条件都可以采用钛纳米聚合物涂料，而前者必须高温固化，现场施工困难；钛纳米聚合物涂料则是常温固化，无施工环境限制。

表 12-4　钛纳米聚合物涂料和环氧树脂粉末涂料性能对比

序号	测试项目		单位	技术指标	测试结果	结论	执行标准
1	附着力		级	不低于 B	A	合格	SY/T 0544—1995A 法
				1～2	1	合格	GB 1720—1988
2	耐磨性 （1000g/1000r）		mg	≤20	12	合格	GB/T 1768—2006
3	漆膜柔韧性			无网纹、裂纹和剥落	无网纹、裂纹和剥落	合格	GB/T 1731—1993
4	硬度[（25±1）℃]			≥0.5	0.67	合格	GB/T 1730—2007
5	耐冲击强度		N·m	4.90	4.9	合格	GB/T 1732—1993
6	阴极剥离		mm	≤8	3.4	合格	SY/T 0037—2006
7	抗冲击		J	≥8	8	合格	SY/T 0067—1999
8	剪切强度		MPa	—	9.8	合格	SY/T 0041—2012
9	针孔		—	无针孔	无针孔	合格	SY/T 0063—1999
10	盐雾试验 （1000h）		—	无变化	无变化	合格	GB/T 1771—2007
11	浸泡	饱和 $CaCO_3$ 水溶液	—	无变化	无变化	合格	
		甲醇：水＝1:1	—	无变化	无变化	合格	
12	气压起泡(24h,8.3MPa)		—	无气泡	无气泡	合格	
13	水压起泡(24h,16.5MPa)		—	无气泡	无气泡	合格	
14	吸水率		％	—	0.2	—	
15	体积电阻		Ω·m	≥1×10^{12}	2.7×10^{12}	合格	GB/T 1410—2006
16	表面电阻		Ω	≥1×10^{13}	>1×10^{13}	合格	GB/T 1410—2006

序号	测试项目	单位	技术指标	测试结果	结论	执行标准
17	70℃油田污水	—	浸泡30d 无变化	无变化	—	Q/SL 0721

钛纳米聚合物涂料和环氧粉末涂料综合性能对比见表 12-5。

表 12-5　环氧粉末涂料和钛纳米聚合物涂料综合性能对比

对比性能指标	环氧粉末涂料	钛纳米聚合物涂料
涂层厚度	厚	薄
涂料消耗量	高	低
耐磨性	一般	高
耐阴极剥离	通过	好
对焊缝的保护能力	一般	可以消除焊缝的优先腐蚀
施工性	难、复杂、受形状限制	容易、简单、无限制
施工能耗	高	很少
维护性	不能直接修补	修补容易
适用范围	适用范围较窄	适用范围很宽

通过上述对比发现，钛纳米聚合物涂料完全可以取代环氧粉末涂料。目前，在国际上，一种涂料同时满足多种工况需求是少见的，钛纳米聚合物涂料可以满足多种环境要求。

(2) 钛纳米聚合物涂料的耐海洋环境性能

钛纳米聚合物涂料在海洋环境条件下也具有优良的耐蚀性能，钛纳米聚合物涂料耐海洋环境检验结果见表 12-6。可见其最主要性能指标都能满足海洋环境的要求，耐海洋大气性能尤为突出，经 1 年大气暴晒，仅仅变色降为 1 级，其他指标均保持为 0 级。具有环氧富锌底漆和没有底漆的其耐蚀性看不到有可见的差别，说明钛纳米聚合物涂料作为一种新型的底面合一的涂料是可以采用的。我们进行的大量检测和工业应用都表明，钛纳米聚合物涂层不发生层下腐蚀、不发生层下丝状腐蚀，更无剥离腐蚀发生，这点对于海洋涂料尤为重要。在海洋环境中，海浪的冲击、快艇航速的撕裂、附着物的清理、阴极剥离作用等都易造成涂层剥落和局部损坏，由于钛纳米聚合物涂料具有极高的附着力和钛纳米粒子的强渗透功能，其对抗各种因素引起的涂层剥落、抵抗涂层局部损坏后腐蚀介质沿涂层向下浸入等诸方面都显现出独有的优异的性能。也就是说，钛纳米聚合物涂层耐蚀的环境中，不会因任何外因（如局部损坏）导致钛纳米聚合物涂层发生剥落。

表 12-6 在厦门海域环境的检验结果

序号	检验项目	检验时间	检验结果
1	划水试验	3 周期	漆膜完好,无起泡、无脱落、无锈蚀
2	浪溅区检测	有底漆和无底漆,12 个月	漆膜完好,无起泡、无脱落、无锈蚀
3	海水全浸试验	有底漆和无底漆,12 个月	无起泡、无脱落、无锈蚀
4	耐人工加速老化试验	1000h	无变色、无粉化、无裂纹
5	耐阴极剥离试验	有底漆和无底漆,30d	无剥离、无脱落
6	海洋大气暴晒试验	12 个月	变色 1 级、粉化 0 级、裂纹 0 级
7	耐 10# 柴油浸泡试验	6 个月	无起泡、无脱落
8	3%NaOH 浸泡试验	6 个月	无起泡、无脱落、无锈蚀
9	耐蒸馏水浸泡实验	6 个月	无起泡、无脱落、无锈蚀

在实验室条件下，按着 GB/T 1763 规定对 70 多种化学介质做了浸泡实验，实验结果列于表 12-7 中。实验表明，该涂料除了在 70℃ 的硫酸、浓硝酸、脂肪酸以及室温下的浓硫酸、磷酸、浓乙酸中不耐蚀外，基本都是稳定的，尤其是对苯和无水乙醇的耐蚀性有明显改善，可耐大多数常见腐蚀介质和溶剂，具有广阔的应用前景。

表 12-7 钛纳米聚合物涂层的实验室耐蚀性能

介质		温度/℃	时间/d	稳定性	表面状态
H_2SO_4	15%	室温	545	稳定	无变化
	20%	室温	540	稳定	无变化
	60%	室温	72h	不稳定	破坏
	20%~50%	70	144	不稳定	破坏
HCl	5%	室温	660	稳定	无变化
	30%	室温	660	稳定	无变化
HNO_3	10%	室温	660	稳定	无变化
	30%	室温	1000h	稳定	无变化
	浓的	70	870h	不稳定	破坏
H_3PO_4	87%	室温	168h	不稳定	破坏

介质		温度/℃	时间/d	稳定性	表面状态
冰乙酸		室温	68h	不稳定	破坏
乙酸	5%	室温	660	稳定	无变化
	5%	70	1000h	稳定	无变化
	30%	室温	168h	不稳定	破坏
柠檬酸	25%	室温	3000h	稳定	无变化
	10%	室温	660	稳定	无变化
乳酸	25%	室温	660	稳定	无变化
	75%	室温	1000h	稳定	无变化
	5%	70	1000h	稳定	无变化
	30%	70	1000h	稳定	无变化
甲酸	5%	室温	1000h	稳定	无变化
	1%	70	760h	稳定	无变化
$FeCl_3$	30%	室温	3600h	稳定	无变化
NaOH	10%	室温	660	稳定	无变化
	30%	室温	660	稳定	无变化
	48%	50	1200h	稳定	无变化
	48%	80	1200h	稳定	无变化
KOH	30%	室温	660	稳定	无变化
	50%	70	870h	稳定	无变化
$10\%H_2SO_4+25\%HCl$		室温	660	稳定	无变化
蔗糖	20%	室温	660	稳定	无变化
氨水	27%	室温	660	稳定	无变化
$(NH_4)_2SO_4$	50%	室温	660	稳定	无变化
苯		室温	180	稳定	无变化
酒	60°	室温	360	稳定	工业试验
酒精	20%	室温	660	稳定	无变化
无水乙醇		室温	500h	稳定	无变化
葡萄酒		室温	660	稳定	工业试验
山西果汁		室温	360	稳定	工业试验
啤酒		室温	240	稳定	工业试验

介质	温度/℃	时间/d	稳定性	表面状态
酒石酸 7%	室温	660	稳定	工业试验
NaCl 3.5%	室温	660	稳定	无变化
汽油	室温	660	稳定	无变化
己烷	室温	450	稳定	工业试验
味精 20%	室温	660	稳定	无变化
$Al_2(SO_4)_3$ 25%	室温	660	稳定	无变化
自来水	室温	660	稳定	无变化
豆油	室温	660	稳定	无变化
酱油	室温	660	稳定	无变化
碳酸氢铵 25%	室温	660	稳定	无变化
环己酮	室温	280	稳定	无变化
甘油	室温	660	稳定	无变化
亚硝酸钠 20%	室温	660	稳定	无变化
丙酮	室温	180	稳定	无变化
H_3PO_4 10%	室温	180	稳定	无变化
镀镍液	室温	180	稳定	无变化
甲苯	室温	180	稳定	无变化
K_2CrO_4 10%	室温	180	稳定	无变化
含 SO_2 及 CO_2 煤矿井下	室温	360	稳定	工业试验
汞	室温	660	稳定	无变化
次氯酸钙 42g/L	室温	660	稳定	无变化
脂肪酸	70	500h	不稳定	破坏
烷基苯磺酸钠	50	500h	稳定	无变化
镀锌氰化液	50	2400h	稳定	无变化
镀镉液	50	2400h	稳定	无变化
镀镍液	50	2400h	稳定	无变化
混凝土盐储槽	室温	5a	稳定	工业应用
柠檬酸 35%	70	1000h	稳定	无变化
NaOH 10%	70	1000h	稳定	无变化
30%	70	1000h	稳定	无变化

介质		温度/℃	时间/d	稳定性	表面状态
CuSO₄	10%	70	1000h	稳定	无变化
ZnSO₄	10%	70	1000h	稳定	无变化
Na₂SO₄	18%	70	1000h	稳定	无变化
NaCl	320g/L	70	1000h	稳定	无变化
沸水		100	19200h	稳定	无腐蚀、无结垢
C₂H₅OH 10%,pH=3～3.5		40	4560h	稳定	无变化
C₂H₅OH 15%,pH=3		常温	90	稳定	无变化
C₂H₅OH 98%		50	1500h	稳定	无变化
丙烯腈		常温	150h	不稳定	破坏
醇醚		100	1000h	稳定	无变化
硝酸铵	25%	25	660	稳定	无变化
乙酸钠	25%	25	660	稳定	无变化
含油污水		100	1000h	稳定	无变化
原油		80	720h	稳定	无变化
蒸馏水		常温	180	稳定	无变化
10# 柴油		常温	180	稳定	无变化
柴油:水=1:1		常温	60	稳定	无变化
90# 汽油		常温	168h	稳定	无变化
汽油		250	200h	稳定	无变化
海水		常温	30	稳定	无变化
聚丙烯酰胺反应釜		100	180	稳定	工业试验
甲醇:水=1:1		常温	30	稳定	无变化
浓盐酸		50	168h	稳定	无变化
3%NaCl		150	144h	稳定	无变化
二甲苯		常温	24 个月	稳定	无变化
DBE		常温	24 个月	稳定	无变化
丁醇		常温	24 个月	稳定	无变化
丙酮		常温	20 个月	稳定	无变化
10%甲醛		常温	18 个月	稳定	无变化
甲醇		常温	19 个月	稳定	无变化

12.1.3 钛纳米聚合物涂层腐蚀防护性能的电化学阻抗谱评价

涂层的防腐蚀性就是涂层屏蔽引起腐蚀的三个因素（水、氧和离子）透过的能力。涂层大多都是由高分子聚合物构成，能在不同程度上阻碍这三个因素的透过渗入到基材金属和涂层界面而起到防腐蚀作用，所以良好的防腐蚀涂层都必须具有良好的屏蔽作用。涂层的屏蔽作用可以用涂层的电化学阻抗（Z）来表征。电化学阻抗谱用来研究涂层的保护和失效的机理，对涂层的耐蚀性能进行快速检验，是评价有机涂层性能和涂层破坏过程的一种有效的电化学方法。涂层的电化学阻抗（Z）与金属表面的腐蚀速度（V_c）呈反比关系，涂层的阻抗测量值愈高，金属表面的腐蚀速度愈小，因此，国际上常用阻抗来表征被涂层保护金属表面腐蚀速度的大小。杜元龙等采用电化学交流阻抗谱法研究了高温卤水中钛纳米聚合物涂层的防护性能。涂层在 100℃、150℃ 3.5% NaCl 介质中阻抗（Z）随时间的变化示于表 12-8 和表 12-9。

表 12-8 涂层在 100℃ 浸泡过程中阻抗随时间的变化

涂料型号	阻抗 $Z/k\Omega$					
	浸泡 0h	浸泡 48h	浸泡 96h	浸泡 144h	浸泡 192h	浸泡 240h
XK-801	10	25	28	30	32	30
XK-252	32	30	89	125	125	130

表 12-9 涂层在 150℃ 浸泡过程中阻抗随时间的变化

涂料型号	阻抗 $Z/k\Omega$				
	浸泡 0h	浸泡 24h	浸泡 48h	浸泡 96h	浸泡 144h
XK-801	80	80	80	75	75
XK-252	120	122	116	110	110

在 100℃ 条件下浸泡，随浸泡时间延长，两组涂层阻抗有明显提高，XK-801 涂层的阻抗从 10 kΩ 上升到 30kΩ，XK-252 从 32kΩ 上升到 130kΩ，表明涂层的保护性能提高而且趋于稳定；在 150℃ 加压浸泡对涂层性能的影响不大，XK-801 和 XK-252 涂层在浸泡 144h 后，阻抗减少不到 10%，在通常的测量误差之内。证明在 150℃ 卤水介质中该涂层是稳定的。石伟海等对 XK-252 钛纳米聚合物涂料、环氧玻璃鳞片涂料（含玻璃鳞片 30%）、环氧树脂清漆在 NaCl 溶液中的电化学阻抗进行了对比研究。当电解质溶液渗透到涂层/基体金属界面时，在界面区就会形成腐蚀微电

池。电化学阻抗谱显现两个时间常数的特征，出现两个容抗弧。其中高频段的容抗弧代表涂层的性质，而低频段容抗弧代表涂层下金属的腐蚀反应，它出现的快慢在一定程度上反映出涂层防护能力的优劣，出现得越晚，涂层的防护性能越好。刚开始浸泡时，腐蚀介质还没有渗入涂层，涂层的电化学阻抗谱呈一个时间常数的特征，其容抗弧直径最大，观察不到低频段出现容抗弧。在 Nyquist 图上表现为一条垂直于实轴的直线，表明此时涂层具有单一纯电容特征，对金属具有很好的保护作用。当浸泡一定时间后，阻抗谱的低频段开始偏离纯电容行为，表明涂层吸水后电阻降低，研究者把腐蚀介质从涂层表面开始渗透达到接触金属这段时间称为浸泡中期，把介质开始浸入涂层即进入浸泡中期所需的时间作为涂层保护性能的指标之一，进入浸泡中期所需的时间愈长，表明涂层的保护性能愈好。环氧树脂清漆、环氧玻璃鳞片涂料和钛纳米聚合物涂料的电化学阻抗谱示于图 12-1。

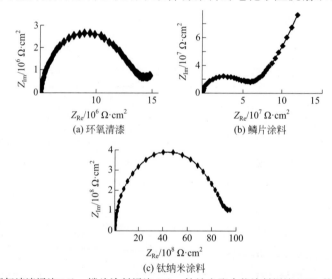

图 12-1　环氧清漆浸泡 16h、鳞片涂料浸泡 20h、钛纳米聚合物涂料浸泡 792h 的 Nyquist 图

采用等效电路拟合法计算出的涂层进入浸泡中期所需时间 t、涂层电容 C_c 和涂层微孔电阻 R_{po} 列于表 12-10 中。

表 12-10　涂层的有关性能

涂料品种	到达浸泡中期时间/h	涂层电容/(F/cm²)	涂层微孔电阻/Ω·cm²
环氧树脂清漆	16	506.8×10^{-12}	7.000×10^6
环氧玻璃鳞片涂料	20	59.33×10^{-12}	52.04×10^6
钛纳米聚合物涂料	792	341.5×10^{-12}	886.4×10^6

从图 12-1 和表 12-10 可以看出，环氧树脂清漆试样在 3.5％NaCl 溶液中浸泡 16h 即进入浸泡中期，出现两个时间常数；环氧玻璃鳞片涂料浸泡 20h 即进入浸泡中期，也出现两个时间常数。低频段容抗弧的出现，表明腐蚀介质已经渗透到涂层/基体金属界面，形成了腐蚀微电池。而钛纳米聚合物涂料浸泡 792h 才进入浸泡中期，是环氧树脂清漆的近 50 倍，是环氧玻璃鳞片涂料的近 40 倍，未出现典型的第二个时间常数。涂层微孔电阻 R_{po} 表示在腐蚀介质中离子导电透过漆膜的程度，如果随时间延长 R_{po} 减小，表示透过漆膜离子电导增加，由于腐蚀介质的穿透使涂层防腐蚀能力降低。R_{po} 值是很重要的，它表示漆膜对底材的附着性能，漆膜中的毛细孔和微小缺陷，漆膜的吸水和降解。微孔电阻是离子通过的阻力，与腐蚀的进展是相互关联的。所以，国际上，通常将 1.172kHz 时涂层的微孔电阻 R_{po} 作为评价涂层防腐蚀性能的一个电化学指标。进入浸泡中期后，钛纳米聚合物涂料的涂层微孔电阻是环氧树脂清漆的 127 倍，是环氧玻璃鳞片涂料的 17 倍。一般认为，当涂层 $R_{po} \geqslant 10^6 \Omega \cdot cm^2$ 时，涂层的保护性能良好，涂层下金属也没有发生腐蚀；当 $R_{po} < 10^6 \Omega \cdot cm^2$ 时，涂层下金属已开始腐蚀。浸泡试验 33d 后环氧树脂清漆和环氧玻璃鳞片涂料的 R_{po} 值都在 $10^4 \Omega \cdot cm^2$ 数量级，已不具备防腐蚀能力。而钛纳米聚合物涂料 R_{po} 值一直保持在 $6.26 \times 10^7 \Omega \cdot cm^2$ 以上，涂层的微孔电阻大，说明此时涂层的致密性好，能够最有效地阻碍或延缓腐蚀介质渗入到钢铁表面，达到最优的防腐蚀效果。这充分地证明钛纳米聚合物涂料的防腐蚀性能远远优于环氧树脂清漆和环氧玻璃鳞片涂料。通常来说，涂层电容值可以衡量涂层的吸水量，涂层的电阻值的大小可以衡量涂层的防腐蚀能力。从表 12-11 看出，随涂层厚度增加，使 R_{po} 增加而 C_c 降低，即厚膜型比常规型涂层耐蚀性增强。这一特征应该具有普遍意义。

表 12-11　不同厚度涂层浸泡 3％NaCl 溶液 10d 后 R_{po} 和 C_c 值

膜厚/μm	R_{po}/Ω	$C_c/(10^{10}/F)$
8	23452	3.39
15	43135	2.92
22	61718	1.62

然而，从表 12-10 看到，环氧玻璃鳞片涂料的耐蚀性比环氧树脂清漆的好，其环氧玻璃鳞片涂料的 R_{po} 比环氧树脂清漆的大，C_c 较小，是符合上述规律的。但是钛纳米聚合物涂料的耐蚀性显著优于环氧玻璃鳞片涂料

的，R_{po}值比后者大很多，而C_c值却比后者小很多，出现反常现象。其实并不反常，因为通常是涂层吸收了水使涂层离子电导增加，容抗增大。试验证明钛纳米聚合物涂料吸水率比环氧树脂清漆和环氧玻璃鳞片涂料都低，这也表明前者的致密性比后两者高，是什么导致钛纳米聚合物涂层C_c值增大呢？笔者认为不是涂层吸收了水分而是涂料里添加的钛纳米聚合物提高了涂层的导电性所致。因此，添加金属填料的涂层是否满足上述规律有待研究。

12.1.4　钛纳米聚合物涂料的典型工业应用腐蚀数据

钛纳米聚合物涂料一些典型工业应用数据列于表 12-12。这些典型工业应用数据充分证明钛纳米聚合物涂料具有非常好的耐腐蚀性能和广泛的应用领域及前景。

表 12-12　典型工业应用数据

序号	设备或构件	腐蚀介质	温度/℃	应用效果
1	铁路槽车	脂肪醇、乙二醇、高碳醇	常温	使用 5a 完好，取代不锈钢
2	发酵罐	啤酒	常温	使用 10a 完好
3	味精生产等电罐	发酵液，pH=3	10～50	使用 5a 完好，取代不锈钢
4	钢筋混凝土地下储池	工业 37% HCl	常温～22	5a 完好
5	煤矿液压支护柱	煤矿坑道 CO_2、SO_2	常温	使用超过 3a
6	医院储水池	自来水	常温	11a 未维护
7	混凝土储盐池	食盐	常温	7a 未维护
8	热水储罐	天然泉水	98	5a 无腐蚀、无结垢
9	注水管(3300m 深)	高矿化度、高 Cl^- 回注水	常温～115	5a 无腐蚀、无结垢
10	储罐	葡萄原汁	常温	3a 未维护，酒石酸钾钠易清理
11	储罐	酱油	常温	运行 7a 完好
12	外冷器	$NaHCO_3$、Na_2CO_3	10～20	运行 5a 完好
13	反应釜	聚丙烯酸钠、NaOH	100～120	8～10 个月不用清釜
14	反应釜	30% NaOH	80～90	运行 3 个月未见异常
15	反应釜	聚氧乙烯基醚	100～120	运行 6 个月未见异常
16	电厂水处理设备	离子交换水	常温	已用 3a，取代衬橡胶
17	住宅水箱	自来水	常温	已用 5a 未维护，无生物附着
18	钢筋混凝土储槽	$ZnCl_2$ 溶液	常温	已用 5a，取代玻璃钢

序号	设备或构件	腐蚀介质	温度/℃	应用效果
19	高压静电除尘器	$ZnCl_2$尾气	50~60	5a 完好,取代花岗岩
20	水洗塔	$ZnCl_2$尾气	50~60	5a 完好,取代花岗岩
21	发酵罐	酱油生产食用菌发酵	常温~100	已用 7a 未维护
22	储油罐	汽油、柴油	常温	已用 5a 未维护
23	泄水闸	长江水	常温	修铺已 3a,在用,取代进口产品
24	炼油厂酸性储罐	脱硫废水	常温	已用 5a 未维护
25	炼油厂轻烃罐	液态含少量 HCl、H_2S	60	已用 3a 未维护
26	炼油厂地下管道	污水	常温	已使用 3a 未维护
27	炼油厂白土精制过滤机滤板	含杂质丁酮、甲苯等润滑油	常温	已用 3a 未维护
28	炼油厂油气冷却器管束	油、循环水	常温~80	已用 5a 未大修,无腐蚀、无结垢,还提高了换热效率
29	炼油厂重整车间换热器	管程 循环水壳程 油、汽	壳程 120	已用 5a 未大修,无腐蚀、无结垢
30	炼油厂催化重整引风机	烟气	130	已运行 3a
31	炼油厂储油罐	渣油	75	已使用 3a 未维护
32	大豆油储罐	大豆油	常温	已使用 5a 未维护
33	煤气柜外防腐	强紫外线照射大气环境	常温	已使用 5a 未维护
34	磷化工风机	含粉尘、SO_2、HF	50	可以使用 8~12 个月,不结垢、易清洗,取代衬橡胶
35	槽车	硅氟酸	常温	已用 3a
36	石油开采泥浆罐	钻井泥浆	常温	已用 5a
37	$\phi 159mm$ 外输油管线	原油	常温	2003 年 5 月至今
38	$\phi 273mm$ 旧的外输油管线修复	原油	常温	2003 年 10 月至今
39	$\phi 325mm$ 旧的外输油管线修复	原油	常温	2004 年 5 月至今

12.1.5 钛纳米聚合物涂层的防垢性能

在大工业生产中,结垢已成为当今大型工业装置仅次于腐蚀的第二大危害,结垢会降低油田注水能力、降低换热效率、增加能耗、增加工厂大修强度等,很明显研究出一种既耐腐蚀又能防结垢的涂料对于解决工业装置的结垢具有重大的应用价值。钛纳米聚合物涂料多年大工业应用证明具有极好的阻垢性能。

采用 FJ 型腐蚀结垢监测仪，在工业水最易结垢温度（60℃）下，控制流速 0.5m/s，试验介质：总硬度 272.8mg/L（以 $CaCO_3$ 计）；总碱度 279.0mg/L（以 $CaCO_3$ 计）；钙 193.4mg/L（以 $CaCO_3$ 计）；氯 28mg/L（以 Cl 计）；pH 值 7.01。对钛纳米聚合物涂层的污垢沉积速率和污垢系数进行了测定，结果见表 12-13。

表 12-13　钛纳米聚合物涂层的阻垢性能

试样	污垢沉积速率 /(mg/cm² · 月)	污垢系数 /(m² · h · ℃/kJ)
空白(不锈钢)	6.29	6.14×10^{-4}
钛纳米聚合物涂层	0.086	0.185×10^{-4}
国家标准(很好级)	0~6	$(0.24 \sim 0.48) \times 10^{-4}$

可见钛纳米聚合物防腐蚀防结垢涂层的污垢沉积速率仅为不锈钢的 1/70 左右，污垢系数为不锈钢的 1/33 左右，都远远低于国家标准很好级。

该涂层与液相的接触角列于表 12-14。可以清楚看出，钛纳米聚合物涂层具有非常强的憎水性能。

表 12-14　钛纳米聚合物涂层的接触角

材质	接触相	接触角/(°)
钛纳米涂层	自来水	145
	汽油	0
	柴油	0
碳钢	自来水	77.2
环氧树脂涂层	自来水	82

钛纳米聚合物涂料的防垢性能适用范围很广，不仅对 $CaCO_3$、$MgCO_3$ 型结垢有显著阻垢效果，对于 $CaSiO_3$、$CaSO_4$、$BaSO_4 + SrSO_4$ 结垢也有很好的阻垢作用，见表 12-15。

表 12-15　不同结垢的积垢倾向

成垢类型①	$CaSiO_3$ 垢		$CaSO_4$ 垢		$BaSO_4 + SrSO_4$ 垢	
材质	不锈钢	钛涂层	不锈钢	钛涂层	不锈钢	钛涂层
污垢沉积速率 /[mg/(cm² · 月)]	0.64	0.63	13.12	1.12	15.58	0.63

①试验条件：溶液温度 90℃，时间 20d，介质是 $CaSiO_3$、$CaSO_4$、$BaSO_4 + SrSO_4$ 的过饱和溶液。

从表 12-15 看出，在静态条件下，在硅酸钙饱和溶液中，涂层的不结垢倾向和不锈钢相当，但是在 $CaSO_4$、$BaSO_4 + SrSO_4$ 的饱和溶液中，不锈钢具有明显的结垢倾向，尤其是在 $BaSO_4 + SrSO_4$ 的饱和溶液中，不锈钢上结垢非常牢固，而钛纳米聚合物涂层上积垢非常松散，无附着性。静态试验表明，在三种饱和溶液中涂层结垢都是松散的，可以预见，在流动状态下，钛纳米聚合物涂层上的积垢都会被清除掉，而不锈钢结垢都是牢固的硬垢，依靠溶液流动是除不掉的。

众所周知，粗糙的表面会增加液体流动的阻力，降低液体流速，增厚近壁流层的厚度，为结垢晶核生成创造有利条件，也非常有利于结构晶核的沉积和长大。而钛纳米聚合物涂层表面非常光滑，近壁流层很薄，当然对于结垢晶核的生成、沉积和成长都不利。另外，钛纳米聚合物涂层具有非常强的憎水性，迫使结垢粒子无法形成交错穿插的硬垢附着在涂层表面上，而只能形成松散的垢，随液体流动而迁移（无法附着在涂层表面上）。所以钛纳米聚合物涂层具有非常好的阻垢性能，这已被大工业应用所证实。

12.1.6 钛纳米聚合物涂层的导热性能

钛纳米聚合物涂层不仅阻垢性能好，而且还具有很好的导热性能。这样就不会因为采用非金属涂层降低换热效率，需要再增加换热面积。

12.1.7 钛纳米聚合物涂层的安全性评价

随着人们对自身健康的关注，人们对饮用水、食品等的输送、存储所用的防护涂料提出了越来越高的要求。对涂料所用填料中 Cr、Cd、Pb、放射性元素等的允许含量要求极其严格，许多天然填料已不能满足食品涂料的要求，尤其是优质矿泉水、直饮水等的输送采用通用的无毒涂料已很难达到卫生标准。另外，随着人们健康和环保意识的日益增强，不仅严格要求防护涂层必须满足卫生要求，而且要求防护涂料施工过程中对人体健康及环境、相邻装置内的食品等都必须有充分的安全保证。因此，高性能高环保的无毒涂料越来越受到人们的关注和青睐。

12.1.7.1 无毒钛金属聚合物涂料和钛粉的毒理学评价

至今尚未见到对无毒涂料本身及其填料做毒理学评价的报道。无毒涂料施工达到环保要求，对人员、对车间正在生产的产品、对环境均呈友好型、无毒性，这样的无毒涂料才称得上是环境友好型、环保型无毒涂料，为此对无毒钛金属聚合物涂料和所用的工业钛粉做了相应的毒理学评价。其结论如下：

① 经口给予 $2000\sim7426mg/kg$ 体重的无毒钛金属聚合物涂料，观察 3 周后，60 只受试动物无一只动物死亡，未发现明显中毒表现。经口给予 $2000\sim7426mg/kg$ 体重的纯钛粉的 60 只动物，仅在最大可能灌胃量的高剂量两组动物中各有 3 只死亡，其死亡率低于 50%，因此可推断无毒钛金属聚合物涂料和钛粉的 $LD_{50}>7426mg/kg$ 体重。处死动物经尸解各主要脏器肉眼未发现有明显的病理改变，根据急性经口毒性分级标准判断，无毒钛金属聚合物涂料属于低毒物质。

② 各试验组动物经口分别给予无毒钛金属聚合物涂料和钛粉 20d，其累积剂量相当于 $1\sim10LD_{50}$，各组动物均未死亡。体重增长率与空白对照组比较也无明显差异。处死的动物脏器肉眼及镜下均未发现明显的病理改变，表明无毒钛金属聚合物涂料和钛粉均无明显蓄积作用。

③ Ames 试验表明，无毒钛金属聚合物涂料在 $0.2\sim2000\mu g/$皿剂量范围和钛粉在 $0.2\sim5000\mu g/$皿范围内，无论是非活化还是活化对四种标准测试菌株的回变菌落均不超过自然回变菌落数的 2 倍，两种受试物与溶剂对照无明显差异，也无剂量效应关系，因此可认为无毒钛金属聚合物涂料和钛粉对所选用的四种菌株无明显致突变作用。

④ 微核试验表明，阳性对照组微核发生率与阴极对照及各试验组对比有显著差异（$P<0.01$），而阴极对照组与各试验组相比较则无明显差异，说明无毒钛金属聚合物涂料和钛粉对小鼠骨髓微核发生率无明显影响。

⑤ 小鼠生殖细胞睾丸染色体畸变分析表明，阳性对照组与各试验组及阴性对照组比较有显著差异（$P<0.05$），各试验组阴性对照组比较则无明显差异，这证明无毒钛金属聚合物涂料和钛粉对小鼠生殖细胞染色体无致畸变影响。

12.1.7.2 无毒钛金属聚合物涂层的毒理学评价

该产品涂层的毒理学评价由中国预防医学科学院环境卫生监测所完成。

① 急性经口毒性试验 受试物浸泡液对小白鼠急性经口毒性试验结果见表 12-16。

表 12-16　小白鼠急性经口毒性试验结果

性别	剂量分组/(mg/kg)	动物数/只	死亡动物数/只	死亡率/%
♀ （雌性）	1000	5	0	0
	2150	5	0	0
	4640	5	0	0
	10000	5	0	0
♂ （雄性）	1000	5	0	0
	2150	5	0	0
	4640	5	0	0
	10000	5	0	0

试验中，动物无中毒及死亡情况出现。因此，该受试物浸泡液对小白鼠雌、雄经口 LD_{50} 均大于 10000mg/kg 体重，属于实际无毒级。

② 动物骨髓细胞微核试验　受试物浸泡液对动物骨髓细胞的微核发生率的影响列于表 12-17。

表 12-17　受试物浸泡液对动物骨髓细胞的微核发生率的影响

受试物	剂量 /(mg/kg)	动物数 /只	嗜多染红 细胞总数	含微核嗜多 染红细胞数	微核发生率 /‰	P 值
受试物 浸泡液	2500	5	5000	13	2.6	>0.05
	5000	5	5000	10	2.0	>0.05
	10000	5	5000	11	2.2	>0.05
浸泡水阴性对照组		5	5000	13	2.6	—
环磷酰胺 40/(mg/kg)		5	5000	165	33.0	<0.01

统计学检验结果表明，受试物各剂量组与阴性对照组相比，动物骨髓嗜多染红细胞微核发生率无显著性差异（$P>0.05$），而环磷酰胺阳性对照组与阴性对照组相比，有非常显著性差异（$P<0.01$），说明该受试物浸泡液对动物细胞染色体无畸变作用。

③ Ames 试验　受试物浸泡液对鼠伤寒沙门氏菌的回归结果列于表 12-18。

表 12-18　鼠伤寒沙门氏菌的回归结果

受试物	剂量 /(μL/皿)	TA97		TA98		TA100		TA102	
		−S9	+S9	−S9	+S9	−S9	+S9	−S9	+S9
受试物 浸泡液	10	119	154	31	31	137	162	244	257
	25	139	142	31	36	137	131	244	249
	50	121	119	31	37	143	153	260	260
	100	120	121	31	31	146	130	249	273
自发回变		112	116	30	36	131	160	263	261

受试物	剂量 /(μL/皿)	TA97 −S9 +S9	TA98 −S9 +S9	TA100 −S9 +S9	TA102 −S9 +S9
浸泡水对照		126　134	37　37	116　124	276　264
溶剂对照(DMSO)		116　144	32　32	110　113	259　247
阳性物对照	(μg/皿)				
NaN₃	2.5			2563	
2-AF	10.0	1848	3339	2024	
9-芴酮	0.2	1063	3466		
丝裂霉素 C	4.0				2381
1,8-二羟蒽醌	50.0				1135

注：表中数值均为三个平皿的平均值。

通过 Ames 试验结果可以看出，该受试物浸泡液对鼠伤寒沙门氏菌 TA97、TA98、TA100、TA102 四种试验菌株，无论直接作用和代谢活化后作用，均未呈现致突变性。

12.1.7.3 卫生安全性评价

根据《生活饮用水输配水设备及防护材料卫生安全性评价标准》（GB/T 17219—1998）钛金属聚合物涂层浸泡 30d 后浸泡水水质检测结果见表 12-19。

表 12-19　钛金属聚合物涂层浸泡 30d 后浸泡水水质检测结果

测定项目	单位	空白	测定结果 样品 1	测定结果 样品 2	国家标准	评价
色	度	<5	<5	<5	不增加色度	合格
浑浊度	度	0.23	0.30	0.30	增加量≤0.5	合格
臭和味		无	无	无	无	合格
肉眼可见物		无	无	无	不产生	合格
pH 值		7.93	7.95	7.95	不改变 pH 值	合格
铁	mg/L	<0.004	<0.004	<0.004	≤0.03	合格
锰	mg/L	<0.002	<0.002	<0.002	≤0.01	合格
铜	mg/L	<0.0005	<0.0005	<0.0005	≤0.01	合格
锌	mg/L	<0.002	<0.002	<0.002	≤0.01	合格
挥发酚类(以苯酚计)	mg/L	<0.002	<0.002	<0.002	≤0.002	合格
砷	mg/L	<0.00005	<0.00005	<0.00005	≤0.005	合格
汞	mg/L	<0.0001	<0.0001	<0.0001	≤0.001	合格
铬(六价)	mg/L	<0.004	<0.004	<0.004	≤0.005	合格
镉	mg/L	<0.0002	<0.0002	<0.0002	≤0.001	合格

续表

测定项目	单位	空白	测定结果		国家标准	评价
			样品1	样品2		
铅	mg/L	<0.00001	<0.00001	<0.00001	≤0.005	合格
银	mg/L	<0.0002	<0.0002	<0.0002	≤0.005	合格
氟化物	mg/L	<0.05	<0.05	<0.05	≤0.1	合格
硝酸盐(以氮计)	mg/L	<0.4	<0.4	<0.4	≤2	合格
甲醛	mg/L	<0.05	<0.05	<0.05	不得检出	合格
乙醛	mg/L	<0.05	<0.05	<0.05	不得检出	合格
丙烯醛	mg/L	<0.05	<0.05	<0.05	不得检出	合格
蒸发残渣	mg/L	211	216	214	增加量≤10	合格
高锰酸钾消耗量(以O_2计)	mg/L	<0.64	1.00	0.96	增加量≤2	合格
总α放射性	Bq/L	0.008	0.010	0.003	不增加	合格
总β放射性	Bq/L	0.039	0.044	0.028	不增加	合格

检测结果表明，色、浑浊度、臭和味、肉眼可见物、pH值、铁、锰、铜、锌、挥发酚类（以苯酚计）、砷、汞、铬（六价）、镉、铅、银、氟化物、硝酸盐（以氮计）、蒸发残渣、高锰酸钾消耗量（以O_2计）、醛类（包括甲醛、乙醛和丙烯醛）、总α放射性、总β放射性等指标均符合《生活饮用水输配水设备及防护材料卫生安全性评价标准》（GB/T 17219—1998）中对防护材料的卫生要求。

按GB 9686—2012标准，对无毒钛金属聚合物涂层进行了如下检测，见表12-20。

表12-20 无毒钛金属聚合物涂层检测结果

序号	检测项目	单位	标准规定值	实例值
1	蒸发残渣 4%乙酸,60℃,2h	mg/L	≤30	15
	65%乙醇,60℃,2h	mg/L	≤30	12
	正乙烷,60℃,2h	mg/L	≤30	10
2	高锰酸钾消耗量 蒸馏水,60℃,2h	mg/L	≤10	1.05
3	重金属(以Pb计) 4%乙酸,60℃,2h	mg/L	≤1.0	<1.0

可见钛金属聚合物涂层的各项指标完全符合国家标准，并已取得卫生部颁发的"国家涉及饮用水卫生安全产品卫生许可批件"[批准文号：卫水字（2002）第0007号]，还获得黑龙江省卫生厅颁发的"卫生许可证"。

12.1.8　钛纳米聚合物涂层的抗静电性能

根据《液体石油产品静电安全规程》和《石油与石油设施雷电安全规范》两项强制性国家标准，以及国家经济贸易委员会、国家技术监督局、中石油、中石化等主管部门明确规定，油罐进行内壁防腐时，应采用防静电涂料。涂层体积电阻率应小于 $10^8\Omega\cdot m$（面电阻率小于 $10^9\Omega$）。用时要经过认真试验，确定涂料对所储油品性质无害方可应用。钛纳米聚合物抗静电涂料，经石油罐导静电涂料国家标准管理组测试得出以下结果：

① 钛纳米聚合物抗静电涂料经 3 号喷气燃料浸泡 1 个月后，其面电阻率、体积电阻率均符合国内外有关标准的要求（见表 12-21）。

表 12-21　国内外导静电防腐涂料的指标

指标出处		指标
美国	DOD-HDBK-263	$10^5\Omega<\rho_s<10^9\Omega$
美国	MIL-STD-883B	$\rho_v<10^9\Omega\cdot m$
中国	GB 13348	$\rho_v<10^8\Omega\cdot m,\rho_s<10^9\Omega$
中国	GB 6950	$10^5\Omega\sim10^9\Omega$
中国钛纳米涂料	GB/T 0319	$\rho_s<1.8\times10^6\Omega,\rho_v<1.8\times10^5\Omega\cdot m$

② 钛纳米抗静电涂料经 3 号喷气燃料浸泡 1 个月后，试样表面未发现有皱皮、起泡、剥落、变色和变软异常现象。

③ 钛纳米聚合物涂层经 3 号喷气燃料浸泡 1 个月后，全部理化指标均符合 3 号喷气燃料国家标准（GB 6537）的规格要求。

12.2　钛纳米聚合物涂料的工业应用

由于钛纳米聚合物涂层物理力学性能高，耐腐蚀性好，其各项指标达到或超过环氧粉末涂料，而且还具有非常好的阻垢性能、无毒性、表面光滑的特性，它不仅是优良的防腐蚀涂料，又是一种新型功能性涂料。该涂料固体分含量高，涂层密度小，$150\sim200\mu m$ 厚的涂层的耐蚀性能就能达到或超过重防腐蚀涂料（膜厚 $>200\mu m$ 或 $300\mu m$），即钛纳米聚合物涂料实现了重防腐蚀涂料薄层化，从防腐蚀性能来看，它又是一种新型重防腐蚀涂料。更重要的是该涂层可以实现无漏涂针孔施工。因此，钛纳米聚合物涂料已在重要的能源工业——油田开采注水管、泥浆罐、油储罐、煤矿矿井、泄水闸、电厂等；大型工矿企业——化工、石油化工、有色金属提炼、磷肥生产、运输槽车等；食品行业——啤酒、葡萄酒、酱油、味精、饮用水输送等获得广泛应用，至今钛纳米聚合物涂料保护的设备和设施已超过 300 万平方米。

12.2.1 钛纳米聚合物涂料在石油开采中的应用

在油气田开采和输送过程中，腐蚀、结垢和结蜡这三大公害始终伴随整个生产过程。管线寿命最短的 3～4 月，平均寿命不足 5 年，平均腐蚀速度达到 1.5mm/a，平均穿孔率达到 2.4 次/（km·a）。每年由于腐蚀和结垢引起管线材料费直接经济损失就有 100 亿元，间接经济损失超过 1000 亿元。例如，在胜利油田的注水工艺中，污水回注是其主要的工艺手段，因污水回注所造成的注水管的腐蚀和结垢现象十分严重，而且十分普遍（见照片 1 和照片 2）。

 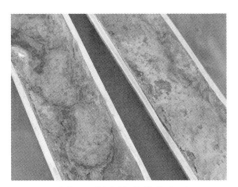

照片 1　报废的注水管　　　　　照片 2　报废注水管内表面

根据不完全统计，胜利油田的 11 个采油厂 8000 多口注水井有注水管约 1600 万米。我们对胜利油田报废注水管抽样调查（见表 12-22）可以看出，90％以上的注水管是由于腐蚀和结垢而报废，75％的注水管是因严重结垢而报废。

表 12-22　1000 根报废注水管抽样调查结果

状态 计量	管外腐蚀			管内腐蚀			螺纹腐蚀	
	严重	中等	可用	严重	结垢	其他	报废	可用
总计	94	53	853	59	750	191	120	880
占比/%	9.4	5.3	85.3	5.9	75	19.1	12	88

油气田用水所产生的问题主要是由于地质结构不同，油田采出水水质差异很大，常常使油井和集输系统产生严重腐蚀和结垢，其中油田用水产生严重结垢是油田生产中不可避免的问题，且随着原油开发进入中后期，综合含水的不断提升，产出水对油井及设备的腐蚀日趋严重，油管的使用寿命大大缩短，频繁作业井急剧增多，作业维修费用显著增大。解决油田油管的腐蚀和结垢对降低采油成本、提高经济效益具有重要意义。

十几年来，钛纳米聚合物涂料在解决油田开采和集输系统的腐蚀和阻垢方面已获得广泛的成功应用。

目前，各采油厂采用的防止注水管腐蚀和结垢的措施主要有：①向注水中加入高效聚合物缓蚀剂和阻垢剂来减缓或抑制腐蚀和结垢；②采用镍磷镀、渗氮等手段，提高注水管基体耐蚀性能；③采用具有防腐蚀和防结垢的有机涂层管材。实践证明，采用镍磷镀处理的管材，虽然在耐蚀性方面有其明显的优越性，但因工艺原因无法获得无孔镀层，影响了管材的使用寿命，同时该工艺产生的废液污染环境，限制了该类管材的应用。渗氮管材在耐蚀性方面较好，但却存在几个方面的不足：一是脆性大，无法在深井中使用，只适用于井深小于 2000m 的井；二是渗氮层和管材本身的延伸系数相差较大，在深井中易受自重力的作用产生裂纹，造成局部腐蚀；三是该类管材结垢现象较为严重；四是管材硬度较大，增加了作业难度。甚至个别的采油厂采用的渗氮管材注水井生产管柱曾出现断裂落井的事故。不锈钢的内衬管只衬了内壁部分，而丝扣部分采用橡胶密封材料保护，由于作业时上扣转矩大小很难控制，丝扣保护套易被挤压破坏而失去保护作用。据调查，该类管材使用 3～4 个月就出现下井遇阻和严重结垢。玻璃钢内衬管的使用效果更差，目前已基本不用。引进美国赛克54涂料生产的防腐管，取得很好效果，但涂敷生产线投资大，涂料昂贵。而钛纳米聚合物防腐蚀防结垢涂料与其他重防腐涂料比，具有如下特点：良好的机械性能；优良的附着力；优良的耐化学腐蚀性能；耐磨性良好；阻垢性能优良；可满足工况要求的耐温性能；抗硫酸盐还原菌腐蚀。因而在国内已建成钛纳米聚合物防腐蚀防结垢注水管生产线 11 条。

12.2.1.1　防腐蚀防结垢油管的性能

有关钛纳米聚合物涂层的耐腐蚀防结垢性能已在前面做过叙述，现在介绍工厂自动喷涂生产线生产的防腐蚀防结垢油管的现场实检性能。

（1）油管的物理性能

油管的物理性能见表 12-23。

表 12-23　油管的物理性能

检验项目	检验方法	结果
外观	目测	表面平滑、光亮
硬度	手持 2H 铅笔约成 45°以 1m/s 速度划刻	无划痕
附着力/级	使用漆膜划格器，划格间距 1mm	1 级
	75℃水煮 3d，划格间距 10mm	不脱落
厚度/mm	使用金属涂层测厚仪	平均 110μm
拉伸试验	采用拉伸试验机加载 400kN，静止 1min	涂层表面无剥落、裂纹

（2）油管的防腐蚀和阻垢性能

胜利油田技术检测中心在防腐蚀技术现场试验区的混输试验区和污水试验区分别进行了挂片试验，结果表明，广利联合站介质的腐蚀性很强，空白 A3 钢试片腐蚀严重，混输介质的腐蚀速度达 0.45mm/a，污水介质试验 14d 腐蚀速度为 0.23mm/a，28d 则为 0.88mm/a，这远远超出了石油行业标准 SY 5329—2012 的规定。与此同时钛纳米聚合物涂层试片却光亮如初，没有出现变色、鼓泡、脱落及结垢。

采用管流动态模拟试验装置，在如表 12-24 所列的试验条件下，对钛纳米聚合物防腐蚀油管和空白油管做了对比试验。

表 12-24　油管动态模拟试验条件

模拟腐蚀介质/(g/L)			试验条件		
NaCl	CaCl$_2$	NaHCO$_3$	温度/℃	流速/(m/s)	CO$_2$除氧
25	5	0.5	60	0.8	饱和

经过 100d 运行试验，空白试样出现了严重的腐蚀和结垢，而钛纳米聚合物涂层试样则光亮如初，没有出现变色、鼓泡、脱落及结垢，可见钛纳米聚合物涂层具有优异的防腐蚀防结垢性能。

12.2.1.2　防腐蚀防结垢油管的涂敷工艺

钛纳米涂料涂敷技术包括管内壁的涂敷和管螺纹的处理。根据钛纳米聚合物涂料的特点，作者发明了一套油管内自动涂敷生产线，该生产线主要由预热段、喷涂段、均质处理段、固化段和传输系统所组成。每段可以完成一个或多个工艺过程，段与段之间既能有机组成自动生产线，又能独立单独使用。

其主要特点如下：

① 实现了自动化连续喷涂，又可以根据工艺要求实现往复多遍自动喷涂；

② 生产效率高，设计指标为30根/h；

③ 低能耗、高环保和高安全防火；

④ 除此之外，其最大特点是创建了无漏点（无针孔）涂敷技术。

整个涂敷生产线工艺流程如图12-2所示，实际生产线如照片3所示。

照片3　实际涂敷生产线

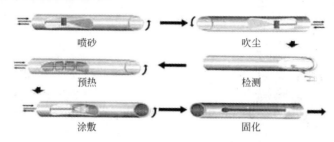

喷砂　　　　　　　吹尘

预热　　　　　　　检测

涂敷　　　　　　　固化

图12-2　涂敷生产线流程示意图

（1）管内壁的涂敷

管内壁的涂敷采用钛纳米自动涂敷生产线实现该生产线主要由控制系统、喷涂系统、移动均质处理系统及机架、喷涂架组成。

① 控制系统　主要有计算机、变频器、智能化仪表和固态继电器等组成，是一个机电一体化系统，使涂敷过程既可手工控制又可自动控制。

② 喷涂系统　主要由供料泵（照片4）、调速电机、喷枪杆及喷头（照片5）组成。供料泵是一个高精度的计量泵，它以恒定的流量将涂料输送到喷头。

照片4　供料泵

照片5　喷头

喷头由气动马达和涂料的甩杯所组成。涂料的甩杯是一个杯形体，上面布满小孔，甩杯工作时以 20000r/min 的速度旋转，将涂料以雾状甩向管壁。

③ 移动系统　主要由移动小车、传动链条和传送电机等组成。

（2）自动生产线主要工艺流程

① 预处理　包括打砂除锈、扫砂和除尘、预热到 20～30℃。

② 管内喷涂　喷涂装置是该生产线的核心设备，用来实现钢管的内壁喷涂。它主要由计量供料装置、行走装置和高速环立体喷枪组成。计量供料装置主要由计量泵、计量泵电机组成。涂料供应是通过计量泵泵入喷涂机，进入涂料输送管路系统。计量泵输出量为 $4cm^3/r$。实际设计输出量为 $46.4～523cm^3/min$。根据工艺要求，涂料输出量可通过改变泵料电机变频器的频率实现无级调节。

通过调节供料装置的泵料电机变频器调节涂料供应量可以控制涂层的厚度。供应量可以通过调节喷涂机头小车行走电机的电机变频器和调节喷涂机头小车行走速度这两个参数来确定。涂层厚度的理论值也是由这两个参数及涂料的固体分含量来计算，具体可由计量泵料量、电机频率和干膜厚度关系图 12-3 求得。

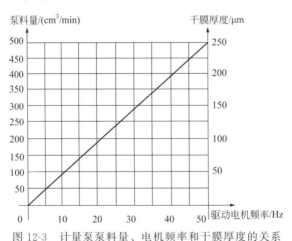

图 12-3　计量泵泵料量、电机频率和干膜厚度的关系

从图可以看出，钛纳米聚合物涂料配料比一定，在设定驱动电机频率的情况下，其泵料量和干膜厚度就能从图中查出。

高速环立体喷枪由 13m 的钢制枪管（内走涂料输送管、压缩空气管）、高速风动马达、甩漆杯等组成。喷涂时，喷头的风动马达在压缩空气的驱动下高速旋转（60000r/min）带动甩漆杯，将涂料通过甩漆杯上的小孔喷涂到管内壁上，其设定线速度为65m/s。

行走装置主要由喷涂机机头小车、喷涂机行车轨道、喷涂机机头小车行走电机组成。该装置的作用：一是实现喷枪杆快速前进穿进待喷涂的钢管中，在临近运行到终点前，自动减速前进，当喷枪头伸出钢管末端的适当距离后，自动停车；二是自动开始喷涂的同时，喷涂机头小车带动枪杆慢速进行环立体喷涂，最后退回到初始位置自动停车。通过调整"慢速频率设定点位置"可以调整喷涂的后退速度。通过调整喷涂机头行走小车电机的变频器来调整转速。

③ 均质处理　均质处理段主要由槽轮机构、链条传动机构和四连杆机构组成。槽轮机构的作用是实现每间隔2min拨一次钢管前进一步。链条传动机构的作用是带动均质轮旋转，实现钢管刚喷涂完涂料的均质。四连杆机构作为拔管时的辅助支撑，减轻拔管时的摩擦力。整个均质处理段的作用是让刚喷涂完的钢管旋转起来，预防静止时出现的"小平台"现象，能够避免出现流挂现象，让整个钢管内壁的涂层趋于理想曲面，消除整个涂层的气孔和针孔，获得无针孔涂层，并且使涂层更加致密更加光滑，显著提高涂层的成膜质量，从而更好地发挥涂料的防腐蚀防结垢性能。

④ 固化段　经均质处理后被涂钢管要在固化炉中进行固化，加热方式可以采用远红外加热也可以采用蒸汽加热，炉温控制在100～180℃。

整套生产线还包括上管系统、下管系统、传输系统及电气控制系统。上管系统的作用是将预处理好的钢管自动送到生产线上的供料系统。传输系统则是将喷涂好的钢管向下一个系统传送。下管系统是将均质处理好的钢管连续、自动地送到固化段。

照片6　涂敷后的注水管成品

照片7　涂敷后注水管内表面

⑤ 管螺纹的处理技术 管螺纹处是防腐蚀的重点，采用钛纳米冷焊技术对螺纹进行处理，很好地解决了这一问题。钛纳米冷焊涂层厚度＜30μm，有效地防止管箍处的腐蚀（照片 8、照片 9）。

照片 8 管箍外的防腐蚀处理

照片 9 管箍内的防腐蚀处理

这种自动喷涂生产线已经投产 11 个。该生产线涂敷的油管的涂装质量比传统的油管涂装生产线的涂装质量有明显的提高，还不会造成由于漆雾多而产生的环境污染，涂料损耗又小，降低了生产成本，是一种环保型的先进的涂装生产线，同时整个涂层厚度可以精确地控制，又实现了无漏涂（无针孔）涂装，大大提高了油管内壁的防腐蚀防结垢性能，延长了油管的使用寿命。

大规模现场应用证明，钛纳米聚合物油管比传统的 Ni-P 镀油管、渗氮油管及氨基树脂油管具有明显的优越性，它克服了 Ni-P 镀油管不可避免的针孔、点腐蚀、易结垢、环境污染严重问题；又克服了渗氮油管的脆性大、结垢严重问题；同时其防腐蚀防结垢性能和涂敷工艺均比传统涂料有了显著的改善和提高。

2001 年胜利油田开始在 11 口注水井采用钛纳米聚合物防腐蚀防结垢油管，最深井为 3300m，运行了 20 个月后取出进行检查，注水管内壁涂层完好、无脱落、无结垢，同时下井油管无一损坏和结垢。截至目前全国有大庆油田、胜利油田、克拉玛依油田、新疆油田、长庆油田等地区建设了多条防腐蚀防结垢油管生产线，累计生产注水油管超过 200 万米，大大延长了注水油管的使用寿命，减少了油管更新频次和检修费用，取得显著的经济效益。

此外，2003 年 ϕ159 外输油管线、ϕ273 外输油旧管线、腐蚀穿孔最严重的 ϕ325 外输油管线的内壁均采用钛纳米聚合物涂料进行了防护和修复，至今应用情况很好。

钻井采用的泥浆罐腐蚀相当严重，2002 年采用钛纳米聚合物涂料进行了防护，至今使用完好。

12.2.2 钛纳米聚合物涂料在石油化工换热设备中的应用

据不完全统计，我国每年因腐蚀结垢报废的换热器多达上万台，仅石化行业就在 2000 台以上。某炼油厂有换热器 956 台，因腐蚀结垢每年要更换 40 多台。换热器损坏不仅使维修更新作业频繁，造成原材料和产品损失（跑、冒、滴、漏），有毒有害物质侵害人身安全、污染环境，而且装置事故停车带来的停产损失更加惊人。规模约为 20 万吨的乙烯厂、250万吨的炼油厂、30 万吨的合成氨厂停产一日损失就高达数十万到数百万元。壳程温度低于 100℃的换热器，运行 6～10 个月就会因结垢、污物堆积使大部分列管堵塞，换热功能失效。壳程温度为 200℃的换热器运行2～4 个月，积垢就达 1mm 以上，导致传热效率大大降低。

到目前为止，石油炼制与加工企业碳钢水冷器及冷凝器管束的腐蚀结垢还没有很好地解决。每年因腐蚀提前报废很多，更换这些管束需要大量的资金。近些年虽然出现了一些防腐蚀的方法，对管束的腐蚀有所缓解，但是在管束的腐蚀上还存在许多问题，制约着使用寿命。需要寻找一种新的防护方法，用来解决管束内外壁的金属腐蚀问题，延长管束的使用寿命。提高防腐涂层的防结垢与防锈垢能力，避免因产生结垢层，增加热阻，降低水冷器及冷凝器的换热效率是人们一直追求解决的课题。

冷却器、冷凝器是生产装置的关键设备之一，多数材质为碳钢，一般占全部换热设备 30%左右。日常大量的故障及事故抢修，约 60%是由冷换设备管束腐蚀泄漏所致，严重影响了生产装置的安全、稳定、满负荷运行。另外，当冷却水与温度较高的介质换热时（水多数走管程），水易结垢，形成锈垢层，增加了热阻，使换热效率严重下降，满足不了生产的需要。石油化工企业每年因腐蚀更换冷换设备管束的资金占整个大修更新费用的比例是比较大的。所以说，合理选用冷换设备管束材料及控制方法，减少腐蚀和结垢，是生产企业一直关注的问题。

12.2.2.1 冷换设备的腐蚀状况

某年处理 650 万吨原油的炼油厂具有燃料油和润滑油两大系统。有换热设备 1343 台，其中换热器 1085 台（这里水冷器 420 台，换热设备 665台）；空冷器 216 台；蒸发器、其他热交换设备 42 台。该厂自 1979 年以来，针对冷换设备的腐蚀，先后采用过 5454 铝-镁合金管束、镀镍铬层、7910 涂料防腐层等方法，防腐效果均不理想，都没有从根本上解决问题。

12.2.2.2 冷却器管束使用情况

例如常减压碳钢冷却器管束内外结垢情况见照片 10、11。

照片 10　常减压冷却器管束内结垢情况　　　　照片 11　管束外壁产生锈垢情况

一般碳钢冷却器管束不采取防腐措施，有的使用不到一年即发生管束腐蚀穿孔，见照片 12，使用寿命一般为 2～3 年。

 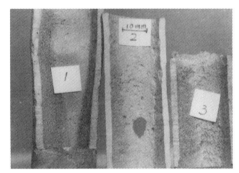

照片 12　常减压油气冷却器管束腐蚀情况

采用 7910 涂层管束解决管束内壁腐蚀效果可以，但是采用 7910 涂料存在如下问题：①必须加热固化，施工工艺比较麻烦，成本较高；②未能解决管束外壁轻质油的腐蚀问题。

5454Al-Mg 合金管束可以用在燃料油系统的冷换设备上，如塔顶的冷凝器、冷却器。由于使用过程中，操作条件频繁波动，容易造成胀口渗漏。对于胀口渗漏，堵漏是非常难的，这样严重限制了该管束的使用范围。

对于部分冷却器介质温度（$t > 160℃$、压力 $P > 1MPa$）偏高的情况，采用 5454 管束更不合适。1994 年以来，常减压、催化裂化、气体分馏、糠醛部分装置的冷换设备的管束采用 Ni-P 化学镀处理，也收到了一定效果。

由于化学镀层一般要求厚度在 $60\mu m$ 以上，实际化学镀后的管束很难达到这样的均匀厚度，所以出现 Ni-P 镀管束的产品使用寿命很短的现象。加上针孔的不可避免性造成点蚀隐患严重，环境污染，此类管束有逐渐被淘汰的趋势。

12.2.2.3 在炼油厂冷换设备上的应用

(1) 节能防腐钛纳米涂层换热管束的特点及应用

由于冷却器壳层介质是油、油气（其操作温度在 $80\sim150℃$ 左右），一般气相区的腐蚀轻微，液相区腐蚀较重，尤其气液相变部位最为严重。腐蚀形态分为全面腐蚀和局部腐蚀，部分以坑蚀最突出。而循环水侧冷却水中含有碳酸氢盐、碳酸盐、氯化物、磷酸盐等，其中以溶解的碳酸氢盐如 $Ca(HCO_3)_2$、$Mg(HCO_3)_2$ 最不稳定，当冷却水受热就发生反应，结果在传热面上逐渐结垢，同时伴随铁锈的生成。有的个别管束使用不到一年的换热管内已被堵死，严重影响换热效果。加之，管内壁的垢下腐蚀的蔓延，使管束的使用寿命明显下降。为此开发采用了钛纳米聚合物涂料管束。

2004 年 7 月，对 9 台油冷气管束采用钛纳米防腐涂层进行试验，试验部位见表 12-25。

表 12-25 防腐部位、面积及情况

名称	工艺号	型号	防腐部位	台数	防腐面积/m^2
一套初顶冷凝器	E-155/AB	FB1100-350-16-6II	管束内外壁	2	350×4
一套常三线冷却器	E135B	AES600-1.6-90-6/25-2II	管束内壁	1	90
二套常顶后冷器	N-2	FLB700-105-16-6	管束内外壁	1	105×2
二套初顶后冷器	N-1	FLB1200-380-16-6	管束内外壁	1	380×2
一重催脱丙烷塔顶冷凝器	E1203/AB	FLB1000-265-25-4	管束内外壁	2	265×4
二重催脱乙烷塔顶冷凝器	E-806	BJS1300-1.6/4.0-438-6/25-6	管束内外壁	1	438×2
二重催分馏塔顶后冷器	E-209/3	BJS1300-1.6-445-6/25-6	管束内外壁	1	445×2
合　　计				9	5286

2007 年 7 月进行装置检修，先后对安装在常减压、重油一催化、重油二催化上的钛纳米管束进行抽管束检查。具体情况见照片 13～照片 24。其中一套常减压的 2 台初顶的冷凝器，经过 8 年使用 3 次大检修，2007 年只抽出一台。照片 25 与照片 26 是新涂装完的管束与一套常减压的初顶冷凝器管束使用 3 年的情况对比，从照片可以看出两者相差不大，只是表面颜色有差异。

照片 13
2007 年一套常减压的初顶冷凝器设备
打开检查（没有进行清扫）管板使用
情况（使用 3 年）

照片 14
2007 年一套常减压的初顶冷凝器设备
打开检查管束（没有进行清扫）外壁
使用情况（使用 3 年）

照片 15
2009 年一套常减压的初顶冷凝器设备
打开检查（没有进行清扫）管束外壁
使用情况（使用 5 年）

照片 16
2009 年一套常减压的初顶冷凝器设备
打开检查管束（没有进行清扫）管板
使用情况（使用 5 年）

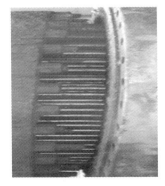

照片 17
2012 年 5 月一套常减压的初顶冷凝器
设备打开检查（没有进行清扫）管束
外壁使用情况（使用 8 年）

照片 18
2012 年 5 月一套常减压的初顶冷凝器
设备打开检查管束（没有进行清扫）
管板使用情况（使用 8 年）

照片 19

2012 年 5 月一套常减压的初顶冷凝器设备打开检查（没有进行清扫）管束外壁局部情况（使用 8 年）

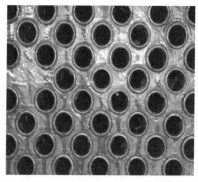

照片 20

2012 年 5 月一套常减压的初顶冷凝器设备打开检查管束（没有进行清扫）管板局部情况（使用 8 年）

照片 21

重油一催化塔顶脱丙烷冷凝器管板（没有进行清扫）使用情况（使用 3 年）

照片 22

重油一催化塔顶脱丙烷冷凝器管束外壁（没有进行清扫）使用情况（使用 3 年）

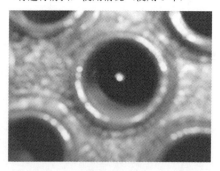

照片 23

重油二催化丙烯塔顶后冷器，从图中可以看出管内没有结水垢，图中的白点可以看出管内没有结水垢，图中的白点是管对面口透的光，可以看出没有水垢表面光滑（使用 3 年）

照片 24

丙烯塔顶后冷器管束没有清洗表面状态，从图中可以看出管束外壁没有任何锈垢（使用 3 年）

照片 25
新涂装完的管束

照片 26
一套常减压的初顶冷凝器设备打开检查
管束（没有进行清扫）外壁使用情况
（使用 3 年）

通过 2012 年检修，管束内外壁采用"节能防腐钛纳米涂层换热管束"的都没有进行管束清洗。

从 2004 年到 2012 年共计水冷器防腐 114 台，合计施工面积 35000m²。

钛纳米管束与其他管束使用比较见表 12-26。

表 12-26　钛纳米管束与其他管束使用比较

使用部位	原管束	钛纳米管束
一套常减压初顶冷凝器 E-155/AB	该管束采用 7910 涂料进行内外壁防腐，使用 3 年多情况如下： 管束外壁 7910 防腐涂层已经没有，有相当一部分腐蚀穿孔，没有腐蚀坑的年平均减薄为 0.7mm，管子内壁防腐层破损，存在不均匀腐蚀坑与污垢层	通过 3 年的使用，管束内外壁防腐涂层没有变化，完好如初。管束内外壁没有水垢及锈垢存在，与新投入使用时一样。 该部位有 2 台相同型号的冷凝器，在检修时先抽出一台管束，经检查管束内外壁没有任何锈垢附着物。所以另一台免检修
重油一催化塔顶脱丙烷冷凝器 E1203/AB	该管束内外壁没有进行防腐，使用近 5 年便报废。使用过程中，管束内外壁容易结垢，增加热阻，降低了换热效率，影响生产	通过 3 年的使用，管束内外壁防腐涂层没有变化，平整、光滑。内外壁没有水垢及锈垢存在
分馏塔顶后冷器（E-209/3）	该管束内外壁没有进行防腐，使用近 3 年便报废。使用过程中，管束内外壁容易结垢，增加热阻，降低了换热效率，影响生产	通过 3 年的使用，管束内外壁防腐涂层没有变化，平整、光滑。内外壁没有水垢及锈垢存在

管内采用 7910 涂料防腐措施的，防腐涂层相对热导率低。尽管前期涂层表面比较光滑，但后期还是有一定的污垢存在。管束外壁因受油气中有害介质的腐蚀，产生锈蚀物依附在管壁上，形成较厚的铁锈层以及油垢层，因此传热恶化，冷却器的冷却效果下降。

例如：一套 E-155/AB 初顶冷凝器采用 7910 涂料防腐与钛纳米聚合物

涂料管束的使用情况对比，见表 12-27。

表 12-27　E-155/AB 对比

冷凝器	介质入口温度/℃	7910 涂层管束出口温度/℃	钛纳米管束出口温度/℃
管层（水）	28	50	40
壳层（油）	90	60	50

从表可以看出油相、水相钛纳米管束冷却的效果是很好的。

钛纳米管束在油气冷却器上应用，经过近 8 年的使用取得了良好的效果和明显的经济效益，特点为：

① 钛纳米管束耐蚀性好，管内外表面光洁度高，提高了管壁近流层的速度从而消除了管内外壁上垢层的沉积，抗锈垢性能好。最长使用近 10 年管内外无腐蚀，目前仍在继续使用。实为免维护换热管束。

② 导热性好，它具有吸热和导热双重功能，其热导率位于金属范围。从传热系数对比和节能计算看出，钛纳米管束比不防腐的管束、7910 涂层管束传热效果好，热效率高，是一种节能的换热管束。

③ 钛纳米管束检修方便，节约费用。可以经受 3 个检修周期，不用抽管束，做到免维护。

④ 解决了 7910 涂料防腐管束外壁不耐油气腐蚀的问题。

⑤ 应用钛纳米管束仅该厂可以获得上千万元（24 台、9 年）的经济效益（每年每平方米可以获经济效益 465.7 元）。

⑥ 钛纳米管束的防腐涂层的施工为常温固化，解决了我国管束防腐涂层需高温固化的施工工艺，降低了施工成本。

（2）换热管束涂敷工艺

该换热管束适用于工业水、循环水、海水、油品等冷却设备的防腐与阻垢，对于其他介质必须通过试验确定。适用于冷却器管壁长期工作温度为≤120℃。

① 换热管束涂敷流程　冷换设备从加工厂拉回厂房→表面打磨蒸汽吹扫→360kW 固化炉 200℃加热烘烤 8h→压缩机吹扫→化学碱洗除油脱脂→热水洗→冷水洗→酸洗→冷水洗→1%NH₃·H₂O 中和→冷水洗→钝化→固化炉烘干→喷石英砂 sa 2.5 级→涂敷第一道钛纳米聚合物涂料→常温固化 24h→涂敷第二道钛纳米聚合物涂料→常温固化 24h→涂敷第三道钛纳米聚合物涂料→常温固化 24h→涂敷第四道钛纳米聚合物涂料→常温固化 24h→涂敷第五道钛纳米聚合物涂料→常温固化 24h→涂敷第六道钛纳米聚

合物涂料→常温固化 24h→处理缺陷→交工验收。

② 涂装前的化学清洗

a. 冷换设备预处理

（a）用角向砂轮机处理缺陷，主要是打磨毛刺和倒角，使尖锐表面呈圆滑过渡状态，否则由于尖端尖锐，造成尖端无法涂上涂层。用蒸汽处理宏观油污，主要是处理换热器管内两端的大量黄油。

（b）管束进入 360kW 固化炉 200℃ 加热烘烤 8h，必须专人看炉进行加热，按照炉加热曲线和开炉规程进行烘烤。要将管内的黄油烘烤成油痂，便于下一步处理其他微观油污。

（c）为了防止在基层处理过程中堵塞管束，并且破坏化学碱洗除油液的效果，应在化学碱洗之前用压缩风吹出油痂。

b. 根据工件的油污程度，选好碱洗液。参考配方如表 12-28 所示。温度为 80℃，浸泡时间为 1h。

表 12-28　碱洗液参考配方

物料名称	每升投放量/g
氢氧化钠	80～100
磷酸钠	40
碳酸钠	30
硅酸钠	10
烷基苯磺酸钠	6
水	余量

c. 碱洗后用清水冲洗除碱。

d. 将无油污的工件吊入酸洗池浸泡，酸洗液参考配方如表 12-29 所示。温度为 30～50℃，时间为 1h。

表 12-29　酸洗液参考配方

物料名称	每升投放量/g
30％盐酸	350
乌洛托品	0.8
冰醋酸	0.8
苯胺	0.3
水	余量

e. 酸洗后，用常温水冲洗。

f. 将上述工件吊入钝化池浸泡，钝化液浓度为 1％亚硝酸钠或 1％重铬酸钠，溶液温度 30～40℃，时间 30min。

g. 钝化合格的工件进行烘干处理。

③ 涂装前的喷砂处理

a. 冷换设备防腐前用喷砂设备进行干喷射处理，要达到 GB/T 8923.1—2011《涂装前钢材表面锈蚀和除锈等级》中的 sa2.5 级标准，即钢材表面无可见的油脂、污垢、氧化皮、铁锈和油漆涂层等附着物，任何残留的痕迹会反映出点状或条纹状的轻微色斑。

b. 压缩空气应除油垢、水和杂质，喷嘴入口处最小空气压力应为 0.55MPa，采用 ϕ6mm 喷嘴（碳化钨）保持喷射角度为 30°～75°，喷距为 80～200mm。

c. 射磨料采用 8～16 目中细石英砂，应防止石英砂受潮、雨淋或混入杂质，含水率要低于 1%，若大于 1%，石英砂应进行炒砂处理。

d. 管束单根喷砂时间依管子长度而定，ϕ25×6000mm 的管子喷砂时间不得少于 30s，管束应两头喷。喷砂时应注意保护密封面。

e. 喷砂后应用压缩空气吹扫粉尘。

f. 喷砂处理后的水冷器，必要时应用溶剂再清洗一次，并用压缩空气吹干。

④ 涂装施工

a. 采用专用工具，开启涂料包装桶，将涂料上下搅拌均匀。检查有无浑浊、稠化、结皮、沉淀结块、肝化、粗粒等缺陷。如有以上缺陷，涂料不能使用。

b. 施工时，要严格控制黏度，严格按照涂料生产厂家配比进行调制，并且选用涂料生产厂家专用配套稀释剂，根据施工环境进行黏度调整，使之达到施工要求，参考黏度如表 12-30 所示。

表 12-30　涂料黏度与环境温度的关系

温度/℃	15	20	25	30	35
黏度/s	40	35	30	25	20

c. 管外淋涂法黏度比管内灌涂法黏度低 5s。现场涂比室内涂的黏度约低 5s。

d. 涂料循环使用时，必须在泵入口处加 80～100 目铜丝网过滤，以防杂质进入，影响涂层质量。

e. 将冷却器倾斜 30° 左右，用泵打循环灌涂（如图 12-4 所示）。每次涂装一道，两端倒位。非直立涂装，每做一道，冷水器应转动一个角度。

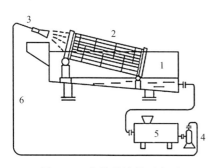

图 12-4　换热器涂敷示意图
1—喷淋槽；2—换热器；3—喷嘴；
4—齿轮泵；5—涂料储槽；6—胶管

f. 灌涂时涂料在管内要充满，需在管内保持 2～3s，以保证涂料能充分附着在管壁表面上。工业上也常用喷淋法，利用齿轮泵来循环涂料。

g. 涂装后把换热器放在滚动台上滚动干燥，应控制转速，不得大于 20r/min。自然干燥一般为 6～8h，时间紧时，可采用轴流风机直接吹其表面，表干的程度以手触无指纹为准，方可在道木上固化。

h. 每一道涂装后，管端和两侧管板如有滴坠与流挂，可用毛刷修整。要确保管板漆膜完整与密封面平整，建议每道涂装后应用专用稀料擦清密封面，至最后一道用喷枪喷涂。

12.2.3　钛纳米聚合物涂料在石油炼制设备防腐中的应用

近几年来，针对生产过程中出现的设备腐蚀，采用不同型号的钛纳米聚合物涂料作为防护涂层，主要解决了酸性水罐、轻烃罐、储油罐、液化石油气储罐、换热器、加热炉的引风机设备、高温蜡油储罐、高温空冷器等的腐蚀问题，显著地延长了设备的使用寿命。

12.2.3.1　储油罐的腐蚀与防护

存储石油及其炼制品最经常用的大气储罐有两种，即顶盖固定式储罐和顶盖浮动式储罐。这两种储罐的示意图如图 12-5 所示。

对特定使用储罐类型的选择，一般来说，考虑因素很多，最重要的因素是原始造价、维修费用和蒸发损失。总的来看，顶盖固定式储罐原始造价和维修费用较低，但是蒸发损失特别高。

顶盖固定式储罐，产品经顶盖通气孔蒸发［如图 12-5（a）所示］，白天大气温

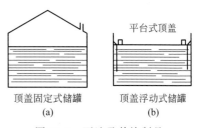

图 12-5　石油及其炼制品大气储罐类型

度高，蒸发最严重。而夜晚，罐内气相热量通过顶盖和罐体散失，气相便收缩使空气从顶盖通风口进入。同时顶盖下面和罐体内壁也产生一些冷凝水。

顶盖浮动式储罐，顶盖浮动密封使得产品挥发最少（如图 12-6 所示）。然而，在顶盖密封不严密时，白天产品也要蒸发，夜间空气就会进入。标准型储罐的通风损失如图 12-7 所示。

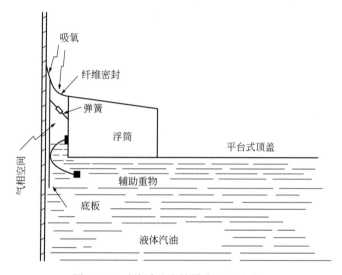

图 12-6　顶盖浮动式储罐典型顶盖密封

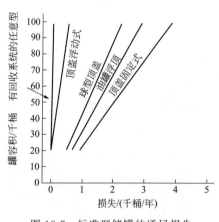

图 12-7　标准型储罐的通风损失

因此，通常逸度小，蒸发损失少的原油及其重炼制品最好采用顶盖固定式储罐；轻炼的制品像汽油，最好使用顶盖浮动式储罐。

（1）储罐腐蚀特点

原油及其炼制品储罐腐蚀和悬浮在油中的水与气相冷凝水的存在有密切关系。石油及其制品本身不参与腐蚀反应，而只单一起着水和其他腐蚀剂如氧、氯化物、硫酸盐和"酸性"原油里 H_2S 的媒介物。原油中以盐水形式存在的氯化物和硫酸盐的浓度通常是变化着的。此外，空气的吸入也能把氯化物和硫酸盐带入储罐，尤其是沿海地区的储罐。在某些情况下，硫酸盐还原菌对储罐也有腐蚀作用。

原油及其各种炼制品中水的溶解度差不多，直接随温度而变化（见表12-31）。

表 12-31　原油、煤油、汽油和喷气飞机燃料油中水的溶解度

温度/℃	水含量/10^{-6}
0	40
10	50
21	60
27	80
52	150

通常大气储罐中储存的原油及其炼制品底下有层盐水，因此，它们一般含水都是饱和的。加之，每批加入的原油或炼制品带进的水和气相的冷凝水是固定的，这就需要随时把罐底多余的水排掉。

另外，原油中一般无氧，而氧气主要是在储存期间从气相中溶解到原油及其炼制品里去的。原油及其炼制品里的氧浓度，特殊炼制品中氧的溶解度，气相中的氧浓度都和轻烃液自然对流或扩散的程度有关。原油、煤油和重馏分油里氧的溶解度很低（表12-32），但在轻馏分炼制品里则很高。

表 12-32　石油制品和石油馏分中氧的溶解度（10^{-6}）

氧分压 /mmHg	戊烷 （24.5℃）	煤油 （18.3℃）	汽油 （24.5℃）	石蜡 （24.5℃）
100	76	20.9	20	15
400	304	83.7	81	60
700	576	159	154	114

注：1mmHg＝133.322Pa。

（2）罐内腐蚀部位和形态

储罐内壁腐蚀的程度及部位和装的产品性质有关。储罐内壁腐蚀部位有三处：罐体内壁、罐底和罐盖下。在溶剂油和汽油的储罐里，在API相对密度❶为50°或更轻的炼制品储罐里发生罐体内壁腐蚀；罐底腐蚀主要发生在原油、煤油和重馏分油储罐内。罐盖下发生的是气相腐蚀，主要发生在含S原油储罐里。各种腐蚀形态和部位关系示于表12-33。

---

❶ API相对密度是美国石油学会的相对密度指数，标记为10°，相当于水在16℃时相对密度等于1，标记为100°相当于石油产品相对密度为0.6112。

表 12-33 储罐内壁腐蚀的部位和形态

腐蚀部位和装的炼制品有关
·罐体腐蚀发生在溶剂油和汽油储罐里
·罐底腐蚀发生在原油、煤油和重馏分油储罐内
·气相腐蚀主要发生在含 S 原油储罐里腐蚀形态
·均匀腐蚀
·点蚀
·焊缝附近的局部腐蚀

石油储罐最经常碰到的腐蚀形态为点蚀，而点蚀是最严重的腐蚀形式。在储罐特定部位的均匀腐蚀或焊缝附近的局部腐蚀也常见到。

（3）罐体内壁腐蚀

汽油及其轻馏分炼制品的储罐经常看到在液面下有严重的罐壁腐蚀。在这些情况下，腐蚀的程度和范围与从顶盖进入的空气量、罐的位置和储罐充放制度诸因素有关（表 12-34）。

表 12-34 影响汽油和轻馏分炼制品储罐罐体内壁腐蚀的因素

影响罐体内壁腐蚀的因素 腐蚀原因
·冷凝 H_2O
·溶解 O_2
·从大气中带入的氯化物和硫酸盐,它也受充放制度的影响
·充放制度

图 12-8 代表两座已用了 20 年的顶盖浮动式汽油储罐的腐蚀情况。这两个储罐密封得非常差，氧能充分进入罐内。

图 12-8 中实线表示油罐体内壁不均匀腐蚀的分布状况，它代表罐的冲放制度无规则，大多数时间维持在半充满稍多些的状态。而虚线代表油罐体内壁沿高度的均匀腐蚀分布情况，它代表罐的充放制度比较有规则的情形。罐的冲放速度对罐体内壁腐蚀的影响示于图 12-9，它代表锥形顶盖汽油储罐罐体内壁腐蚀情况。

某沿海罐区 11000m³ 储罐也报告了相似的罐体内壁腐蚀情况（表 12-35）。表 12-35 中的腐蚀速度是热带汽油储罐的典型数据。

汽油储罐罐体内壁腐蚀在液面以下一般为点蚀，也有均匀腐蚀，检查一些储罐发现：在均匀腐蚀和点蚀明显的地方，钢的表面覆盖一层附着力很差的无保护性的很厚的铁鳞，它由铁的氢氧化物和氧化物组成。在腐蚀不明显情况下，罐体内壁腐蚀绝大部分无铁鳞，而仅仅见到一些氧化斑点。

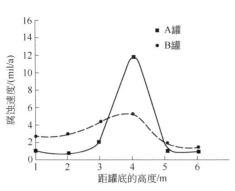

图 12-8 顶盖浮动式汽油储罐罐体内壁
腐蚀典型情况
(1mil=25.4×10⁻⁶m)

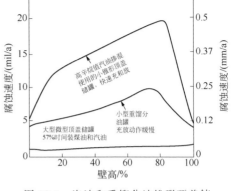

图 12-9 汽油和重馏分油锥形顶盖储
罐罐体内壁腐蚀

表 12-35 某沿海罐区劣质汽油的腐蚀情况

(所有厚度单位均为 mm)

序号	原始厚度	6 年 8 个月后厚度(平均值)	容许的最小厚度(28000psi)	腐蚀速度/(mm/a)	不采用预防方法计算的再用寿命/a
1	6.4	4.1	3.0	0.35	3
2	6.4	4.6	3.2	0.27	5
3	8.0	5.4	4.9	0.39	1
4	9.5	7.3	6.6	0.33	2
5	11.2	9.5	8.4	0.25	4
6	13.5	11.9	10.4	0.24	7
7	16.0	14.6	12.0	0.21	12
8	17.6	16.4	13.8	0.18	14

注：1psi=6894.76Pa。

罐体内壁若受到干湿交替作用，腐蚀产物铁鳞就会破裂和剥落，而使罐体内壁腐蚀进一步加剧。此外，罐顶支撑板（顶盖浮动式）刮划也能把铁鳞刮掉而加速腐蚀。一般在罐体内壁整个表面上均有腐蚀，但是腐蚀程度随着罐的充放程度和次数而变化，大体来说，腐蚀速度为 0.025～0.5mm/a。

罐体内壁腐蚀的程度取决于所装制品中氧的溶解度。溶剂油和汽油储罐（API 相对密度为 50°或更轻的）氧溶解度高（表 12-32），整个罐体内壁腐蚀速度最高。煤油和重石油馏分，包括全部原油，氧溶解度非常低，这些储罐罐体内壁腐蚀一般可不必考虑（图12-9）。

储罐安放地区也会加速罐体内壁腐蚀。坐落在海洋附近的储罐一般对腐蚀比较敏感。这是因为储罐吸进的空气里含有盐分。罐体内壁冷凝水里氯化物和硫酸盐浓聚起着腐蚀加速剂的作用。在固定的安放地区，季风的方向不仅影响罐体内壁上水的冷凝，也影响储罐吸进的空气里携带的氯化物和硫酸盐量，从而影响罐体内壁上腐蚀程度的分布情况。

影响罐体内壁腐蚀的另一个因素是储罐结构的类型。概括来说，对于指定的石油库和安放地区，浮动式储罐（密封良好的）比固定式储罐腐蚀轻，这是因为前者这种储罐平常吸进的空气少。

罐体内壁腐蚀发生在液面以下，这主要与罐体内壁上冷凝水和烃液线下面液层中氧浓度相对较高有关。昼夜间环境温度循环变化使罐体内壁产生冷凝水和导致空气从顶盖吸入罐内。从罐底水层，从罐顶吸进空气带入罐内的水蒸气和从含水浓度较高的烃液里均能稳定地提供水。氧是直接从吸进空气的气相区进入烃液的。

罐体内壁腐蚀的机理是烃液线下面液层中局部溶解氧浓度高，在气-液界面再向下的地方氧的浓度却非常低（见图12-10）。

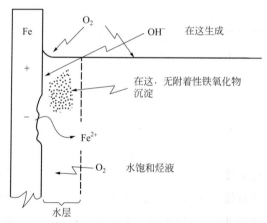

图12-10　汽油和轻炼制品储罐罐体内壁腐蚀的机理

这就产生了如图12-10所示的充气浓差电池，靠近气-液界面的罐体内壁是阴极，此处氧浓度下降，局部碱度提高并有无保护性铁锈沉淀。下边紧接的罐体内壁区缺氧，是阳极区，主要发生铁的溶解，造成均匀腐蚀和点蚀。

罐体内壁腐蚀的主要反应列在表12-36中。

表 12-36　汽油储罐罐体内壁腐蚀反应

$$\text{阳极反应}: Fe \longrightarrow Fe^{2+} + 2e^-$$
$$Fe^{2+} \longrightarrow Fe^{3+} + e^-$$
$$\text{阴极反应}: O_2 + 2H_2O + 4e^- \longrightarrow 4OH^-$$
$$\text{二次反应}: Fe^{2+} + 2H_2O \longrightarrow Fe(OH)_2 + 2H^+$$
$$Fe^{3+} + 3H_2O \longrightarrow Fe(OH)_3 + 3H^+$$

冷凝水层中存在的氯化物和硫酸盐也会加速腐蚀。氯化物和硫酸盐是强酸盐，在阳极区它们水解，使 pH 值降低，这一过程不仅加速铁的溶解，而且阻碍阳极处形成保护性氧化膜。

（4）罐底腐蚀

实际上，在各种原油和不同制品储罐里，罐底都有一层含盐水，因此，原油通常都含有饱和水。罐底腐蚀程度和机理与石油库的特点有关。引起罐底腐蚀的因素列于表 12-37。

表 12-37　影响罐底腐蚀的因素

- 罐底含盐水层
- 溶解的 H_2S、CO_2 等
- 还原性硫酸盐菌
- 沉积物

罐底含盐水层里不论存在溶解氧还是存在酸性杂质如 H_2S 或 CO_2，都具有足够的离子电导而维持腐蚀。在汽油及其他轻制品储罐里，一般没有酸性杂质像 H_2S 或 CO_2，未发现由酸引起的腐蚀。然而，在轻质油品里的氧溶解浓度很高，溶解氧已扩散到罐底而产生了均匀腐蚀。但腐蚀速度不大（$0.025 \sim 0.05mm/a$），因为罐底距供氧的气相空间太远，罐底盐水层中氧浓度很低（氧浓度控制着腐蚀程度）。

在储存煤油和重馏分制品（包括所有的原油）的储罐里，氧的溶解度均很低，罐底含盐的水层处于缺氧条件。除了缺氧外，罐底还有酸腐蚀，而且还存在足够量的硫酸盐和有机物维持还原性硫酸盐菌的生长。

所以，装重馏分炼制品的储罐，罐底腐蚀不仅有酸腐蚀还有还原性硫酸盐菌引起的点蚀。点蚀经常露出发光的金属表面，这是还原性硫酸盐菌侵蚀的特征。汽油储罐罐底微生物腐蚀的一个例子示于表 12-38。在喷气发动机燃料油和其他燃料油储罐里还原性硫酸盐菌点蚀是特别需要注意的，因为这些燃料质量必须保证，不允许有污染。

表 12-38　一些汽油储罐罐底腐蚀数据

罐　号	钢板预处理	渗　漏	点　蚀	还原性硫酸盐菌
A	未酸洗	穿透	有	有（浓度未知）
B	未酸洗	穿透	有	没检查
C	未酸洗	轻微漏	有	明显污染
D	酸洗＋红丹	无	无	很轻
E	未酸洗	无	有	严重污染
F	未酸洗	无	有	全部污染
G	未酸洗	无	有	严重污染
H	未酸洗	无	未检测	严重污染,有死菌

从表 12-38 可以看出，D 罐是 8 个储罐中唯一一个没有检查出点蚀的。其余罐底均有点蚀，并且从罐底水样中可清楚看出来，存在还原性硫酸盐菌。

还原性硫酸盐菌点蚀机理用表 12-39 的反应来描述。

表 12-39　还原性硫酸盐菌点蚀机理

$$阳极反应：4Fe \longrightarrow 4Fe^{2+} + 8e \qquad (12\text{-}1)$$
$$阴极反应：4H_2O + SO_4^{2-} \xrightarrow{\text{细菌}} S^{2-} + 8OH^- - 8e \qquad (12\text{-}2)$$
$$二次反应：Fe^{2+} + S^{2-} \longrightarrow FeS \qquad (12\text{-}3)$$
$$3Fe + 6H_2O \longrightarrow 3Fe(OH)_2 + 6H^+ + 6e \qquad (12\text{-}4)$$

这些反应表明，细菌主要起着阴极去极化剂的作用，在铁和水存在下，使得硫酸盐还原成硫化物更容易。

式（12-3）和式（12-4）还表明，当还原性硫酸盐菌是腐蚀的根本原因时，分析铁锈很容易证明，锈里氧化物和硫化物摩尔比约为 3。这一事实和罐底水样微生物检查配合起来，作为鉴定还原性硫酸盐菌腐蚀的判断依据。

还原性硫酸盐菌为弧形，一般为 $1\mu m \times 4\mu m$。在显微镜下很容易检查出来，一种 ASTM 法不仅可用来检查水样和沉积物中有无还原性硫酸盐菌存在，还可用来进行腐蚀评估。

（5）气相腐蚀

罐盖腐蚀是储罐里另一种形式的内部腐蚀。这里腐蚀形态有均匀腐蚀和点蚀，而且只在存储含游离 H_2S 的"酸性"原油及其馏分的储罐里发现有这样的腐蚀。引起这种腐蚀的主要因素列在表 12-40 中。由于固定式储罐顶盖里面产生水汽冷凝，这层冷凝水膜被罐吸进的空气和原油及其馏分中存在的 H_2S 所饱和，从而引发腐蚀。

表 12-40　影响气相腐蚀的因素

> · 冷凝水
> · 罐吸进的氧气
> · 原油中的 H_2S

通常来说，气相不含空气和 H_2S 时，罐盖的腐蚀是轻微的，然而在气相中存在 H_2S 和空气时，腐蚀性就骤然提高。

图 12-11 提供的实验室数据表明：和 H_2S/空气混合气体处于平衡的冷凝水对碳钢的腐蚀性很强。空气中含 H_2S 为 $0.5\%\sim40\%$ 时其腐蚀性最强。

因为含 H_2S 和空气的湿气腐蚀性强，生成的铁锈是铁的氧化物和硫化物的疏松性混合物，致使反应物能快速从底部扩散到金属表面，保持均匀腐蚀和点蚀不减弱。

在湿气里当只有 H_2S 或只有空气存在时，局部地形成保护性硫化物或氧化物铁鳞，这时会看到腐蚀速度下降。

"酸性"原油及其某些重馏分的浮动式储罐实践经验指出：罐盖气相腐蚀严重，两个顶盖环圈腐蚀最重。已报道过"酸性"原

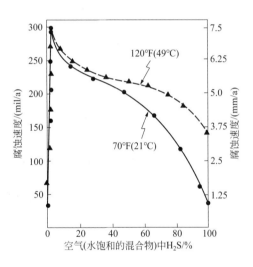

图 12-11　含 H_2S-空气的潮湿气氛中的腐蚀速度

油储罐顶盖内部腐蚀发展成有一个小孔穿透前的寿命约为 $2\sim12$ 年。长期的平均腐蚀速度约为 $0.5\sim3mm/a$，这比短期实验室数据（$0.75\sim6.25mm/a$）低。

值得注意的是，气相区腐蚀与原油中的总含 S 量无直接关系，而是原油及其馏出物里游离 H_2S 浓度起着决定性作用。原油储罐产生严重气相腐蚀时，气相中的总含 S 量范围为 $0.02\%\sim3.0\%$。

影响罐盖腐蚀的另一个因素是罐的结构形式，总的来说，浮动式储罐罐盖腐蚀比固定式的低。这是因为空气进入浮动式储罐的速度一般较低，

同时它基本无气相空间。

(6) 储罐腐蚀防护和控制

从上面的讨论可明显看出,氧和水是原油及其炼制品储罐内部腐蚀的主要原因。因此,降低它俩或其中之一的作用也就减轻了腐蚀倾向。

除掉水是很困难的,因为储罐内总是存在一些加工时带进的水。另外,使用加压储罐,罐内充惰性气体或者利用某种封闭系统和固定式储罐连接等方法均能降低氧含量。保持浮动式储罐顶盖密封良好也将减少氧的进入从而减轻腐蚀。

保护涂层是控制储罐内部腐蚀的另一种方法。保护涂层用得有好有坏,这和装置、涂层种类及施工方法有关。大气储罐采用涂层或衬里降低内部腐蚀获得成功的有:用于罐底修理的纤维增强聚酯衬里(ERP)和控制汽油储罐罐体内壁腐蚀用的无机硅酸锌底漆上涂环氧酚醛漆。还有的用铝代替钢做罐盖和一些罐盖支撑物来消除气相腐蚀。

对缓蚀剂控制储罐腐蚀也进行过研究。推荐使用的缓蚀剂有三类:①水溶性无机缓蚀剂,②油溶性有机缓蚀剂,③挥发性缓蚀剂。例如用氨来保护油-气界面以上罐体内壁和罐盖。缓蚀剂的采用,除了通常要求的有效性和低成本外,还会遇到其他条件的制约,即它们不能污染制品,也不能影响炼制品性能。一般来说,采用缓蚀剂是受限制的。消除"酸性"原油储罐罐盖腐蚀最有效的方法还是消除系统内的氧气。

为了控制罐底还原性硫酸盐菌的点蚀,周期性地向罐底水层中添加杀菌剂已有应用。如果已检验出有还原性硫酸盐菌存在,另一种方法就是用一种合适的杀菌剂彻底清洗储罐,并消除污染,罐底再采用衬里保护。

(7) 钛纳米聚合物涂料在原油及其制品储罐中的应用

上述分析证明,原油及其制品储罐的腐蚀主要是氧、硫化氢和水作用下的电化学腐蚀,也伴随底部的硫酸盐还原菌的腐蚀,腐蚀特征有点蚀、均匀腐蚀和焊缝处的局部腐蚀。

除了腐蚀之外,原油及其制品在灌装、运输等过程中,由于运动极易产生静电,其产生的静电压高达上万伏,易产生火花和引发火灾,因此原油及其制品的防护涂层抗静电性能是必须要考虑的,为此,国家对原油及其制品储罐所有防护涂料制定了专门的抗静电标准。

某炼油厂 2002 年 6 月以来几座油罐进行了内壁采用 XK-831 钛纳米抗静电涂料防腐施工,储罐条件见表 12-41。

表 12-41　油罐防腐情况

序号	体积/m³	体积结构形式	介质	温度/℃	备注
1	10000	桁架式	渣油	75	只防罐顶
2	5000	拱顶式内浮盘	汽油	40	只防罐顶
3	2000	拱顶式内浮盘	加氢原料油	60	存在应力腐蚀
4	1000	拱顶式内浮盘	加氢原料油	60	存在应力腐蚀
5	500	拱顶式内浮盘	加氢原料油	60	存在应力腐蚀

防腐后使用情况见表 12-42。

表 12-42　涂料使用前后对比

防腐前情况	防腐后情况
罐内壁、罐顶腐蚀较重，罐顶出现局部穿孔，表面呈麻点状，锈蚀产物多	经过 5 年多使用，至今表面防腐层完好没有脱落，划痕检查仍保持良好的附着力与韧性，表面光亮没有任何变化，表面没有水分与油污附着

使用 5 年后开罐检查，防腐涂层整体性完好，涂层表面有光泽，无起皮、起泡、龟裂、脱落等现象。防腐涂层表面没有任何锈蚀产物附着，特别是表面光泽性与我国目前在用的防腐材料相比是最好的一种。按照涂层的使用效果，防腐层使用 10 年以上是没有问题的。还解决了渣油罐介质温度高（75℃），一般防腐层耐温效果不好的问题。

该涂料已在大庆、胜利、长庆、华北油田的原油及其制品的储罐上获得大面积应用，已有 5 万多平方米各种储罐采用了本涂料进行防护，使用年限最长的已达 5 年以上，未出现任何问题，均在安全进行中。

大家都知道，所有金属材料中只有钛能耐硫酸盐还原菌腐蚀，因此钛纳米聚合物在耐硫化物腐蚀，抗硫酸盐还原菌腐蚀方面具有突出的优势。另一个特点是钛纳米聚合物涂料涂层不结垢，这对罐体清洗非常有利。大量的应用已证明，钛纳米聚合物涂料耐露点腐蚀具有极佳性能，因此，在解决储罐气相腐蚀方面更具优越性。

钛纳米聚合物抗静电涂料可以同时解决罐内壁、罐底和罐顶的腐蚀问题，其强度高、耐磨损，完全可以取代衬玻璃纤维的防护方法。可以确信，钛纳米聚合物抗静电涂料将成为我国抗静电涂料体系中一个新品种。

此外，由于天气炎热，导致储罐内油品的蒸发（见图 12-7），蒸发损失越大，储罐冷却下来后，吸进的空气量越大，这样冷凝水和油品中氧含量充足，导致罐盖和罐壁腐蚀加重，因此，储罐外壁采用保温隔热涂料是非常必要的，它一方面可取代过去的保温层，另一方面又能降低油品损失，还能降低储罐内壁和罐盖的腐蚀。所以公司研制成功 XK-333 型反射隔热防腐蚀涂料，试验证明该涂料可使储罐内温度比涂银粉漆低 7～8℃，比未防护的低 17～19℃。其表面温度对比如表 12-43 所示。

表 12-43　XK-333 型反射隔热防腐蚀涂料表面温度测量

涂料种类	XK-333	银粉漆	未涂料
表面温度/℃	32	41.5	49.5

可见本涂料表面温度比银粉漆低 9.5℃，比未涂的低 17.5℃，它与钛纳米聚合物抗静电涂料相组合，为原油及其炼制品储罐的腐蚀防护提供了一个完整的防护体系。

12.2.3.2　钛纳米聚合物涂料在酸性水罐防护中的应用

炼油厂硫黄车间的酸性水气提装置，主要用于处理来自常减压、催化、加氢等装置的含硫污水。原料水组分复杂，含有 H_2S、NH_3、CO_2、CN^-、酚和油等多种介质，腐蚀性强，对于前期罐内采用的环氧涂料防腐涂层破坏性很大。涂层使用不到 3 个月出现鼓包、涂层变硬、破损，丧失了防腐作用，裸露出金属表面产生腐蚀。腐蚀的主要部位在罐底与罐壁，腐蚀形态主要是靠近焊缝附近出现穿透性硫致应力腐蚀裂纹，其中一个 V103 的酸性水罐使用不到两年报废，另一台也出现了应力腐蚀开裂。一旦产生泄漏不但影响生产而且对周边的环境造成恶性污染。

采用涂料挂片的形式，来筛选适合该种条件的防腐蚀涂料。一共有 4 种涂料挂片，采用悬挂的方法将挂片浸在酸性水罐介质中。最长的试验时间为 127d，最短的为 34d。具体情况见表 12-44，从表中可以看出：钛纳米聚合物涂料挂片效果较好，呋喃改性涂料挂片次之，其他的材料不适合在该条件的环境中使用。

表 12-44　硫黄回收装置 V103 酸性水罐涂料挂片试验结果

序号	挂片表面材料	放入形式	首次放入时间（月.日）	中间检查情况				
				第一次取出时间（月.日）	表面变化情况	第二次取出时间（月.日）	浸泡时间/d	表面变化情况
1	呋喃改性涂料	浸入水中上部	2.11	5.7	表面有细小泡产生	6.18	127	表面细小泡增多，泡中有液体渗出。表面涂层没有破坏，但是表面层变软,强度下降

序号	挂片表面材料	放入形式	首次放入时间（月.日）	中间检查情况				
				第一次取出时间（月.日）	表面变化情况	第二次取出时间（月.日）	浸泡时间/d	表面变化情况
2	烯烃涂料	浸入水中上部	2.11	5.7	表面起泡	6.18	127	表面起泡数量增多，涂层溶胀起层，失去使用作用
3	钛纳米涂料	浸入水中上部	2.17	5.7	表面没有变化	6.18	123	表面没有变化，表面有涂料的光泽，采用专业划格器进行划痕检查，表面涂层具有原有的强度与附着力
4	钛纳米涂料	浸入水中上部	3.5	5.7	表面没有变化	6.18	105	表面没有变化，具有原来的涂料光泽，划痕检查，强度很好
5	WHJ防腐涂料	浸入水中上部	3.20	5.7	部分起泡和断裂	6.18	90	大面积涂层溶胀，局部出现断裂，没有使用价值
6	WHJ防腐涂料	浸入水中上部	4.16	5.7	无变化	6.18	63	大面积涂层溶胀，局部出现断裂，没有使用价值
7	纽科聚脲涂层	浸入水中上部	5.15			6.18	34	发软、发酥，强度下降很大，用铁丝一戳涂层破碎，失去使用价值

使用 2 年后开罐检查，钛纳米聚合物涂料防腐涂层整体性完好，涂层表面有光泽，无起皮、起泡、龟裂、脱落等现象。防腐涂层表面没有任何锈蚀产物附着。同时该罐的应力腐蚀的问题也未出现。这为解决石化系统酸性水罐的腐蚀提供了很好的借鉴。

12.2.3.3 催化重整装置引风机壳体内壁腐蚀与防护

重整装置的重整部分的加热炉为四合一的方箱炉，引风机入口是来自热管加热器出口的烟气，设计温度为 160℃，实际使用温度为 130℃ 左右。烟气中含有的大量二氧化硫气体，对引风机壳体及叶轮腐蚀严重。使用不到半年壳体便出现点蚀和大面积减薄，使用不到一年壳体便报废。

采用钛纳米聚合物涂料防护，使用 1 年以后检查，防腐涂层整体性完好，涂层表面有光泽，无起皮、起泡、龟裂、脱落等现象。防腐涂层表面没有任何锈蚀产物附着。在重整装置引风机壳体上使用，解决了烟气及烟气的露点腐蚀。

12.2.3.4　轻烃储罐的防护

原油稳定装置的原料是常减压和重整装置的塔顶初馏 $C_1 \sim C_5$ 未凝气。来源于常减压和重整装置的初馏塔顶未凝气含有 HCl、H_2S 和水。未凝气使轻烃罐内壁产生严重腐蚀，出现直径有 5mm 左右大小不一的点蚀坑，原有的金属表面已经腐蚀全无，腐蚀速度达到 $0.5 \sim 1mm/a$。3 年前采用的 $300\mu m$ 厚热喷铝防腐涂层也已经腐蚀殆尽，表面存在大量的灰白色铝的锈蚀物。

两座罐在 1986 年 7 月投入使用，其主要参数见表 12-45。

表 12-45　罐的主要参数

罐号	体积/m³	设备规格/mm×mm×mm	内表面积/m²	材质	温度/℃	压力/MPa
V300	40	$\phi 2440 \times 7315 \times 35$	67.4	16MnR	60 ± 2	1.40 ± 0.2
V400	100	$\phi 3000 \times 15010 \times 25$	157.5	16MnR	60 ± 2	1.30 ± 0.2

从检查的情况看出这些部位属于低温 $HCl\text{-}H_2S\text{-}H_2O$ 体系的腐蚀区。虽然原料在进入罐前进行了脱硫，但是液化石油气中含硫量在 $0.12\% \sim 2.5\%$，易产生低温 $HCl\text{-}H_2S\text{-}H_2O$ 的腐蚀。

采用钛纳米聚合物涂料防护 1 年以后开罐检查，防腐涂层整体性完好，涂层表面有光泽，无起皮、起泡、龟裂、脱落等现象。防腐涂层表面没有任何锈蚀产物附着。在轻烃罐上使用，较好地解决了在含有 H_2S、HCl 等多种介质的油气中，60℃ 左右温度下及有一定压力条件下的腐蚀。为轻烃罐的防腐蚀找到了一种新的防护方法。

12.2.3.5　液化石油气球罐内壁防护

一般球形储罐主要用来装液化烃，由于原油硫含量高，炼制后成品油腐蚀性强，致使球形罐在焊缝及其热影响区发生硫致应力腐蚀破裂，形成穿透性裂纹，严重影响了球罐的使用寿命，威胁企业的安全生产。

根据球罐的实际情况，采用钛纳米聚合物涂料进行了防腐蚀施工，先后大庆炼化公司 3 座、锦州石化 8 座球罐应用均超过 5 年，使用效果良好，从根本上解决了硫致应力腐蚀对球形储罐的安全威胁。

12.2.3.6 污水管道的防护

某炼油厂排污水管道于 1995 年安装投入使用，2000 年出现泄漏，且泄漏的点数逐年增加，到 2003 年后每年泄漏 20 多点。原先地下管道外壁采用沥青玻璃布的加强级防腐，但防腐效果不好。沥青附着力差、不耐微生物的腐蚀、易被植物根茎穿透、易老化脆裂，最多使用 6～7 年，防腐层就遭到破坏，受到土壤的腐蚀，导致管道外壁大部分产生点蚀坑，有的甚至腐蚀穿孔。管道内壁采用无机硅酸锌涂料作防腐层，但该材料在这样的介质条件下使用，本身耐蚀性差，使得金属表面都产生了严重腐蚀。

由于污水含有 S^{2-}、CN^-、NH_3，构成 HCN-NH_3-H_2O 系统的腐蚀。水中存在的这些有害介质加速了金属的腐蚀，因此污水比一般工业水腐蚀性要强得多。它不仅对金属有严重的腐蚀作用，而且常温固化的环氧、呋喃、酚醛类涂层也因为酚类小分子易穿透涂层，使有机涂层的分子结构发生溶胀、断裂。这就是说，在含有腐蚀介质的水溶液中，较小的分子气体及介质容易进入有机涂层中，使表面涂层变软、鼓泡、脆化、破损等。

2006 年 8 月，管道内壁采用钛纳米聚合物涂料，外壁采用无溶剂聚酰胺环氧煤沥青漆，对 5km、ϕ820mm 东排污水管道内外壁进行了防腐蚀施工，施工面积 $13000m^2$，使用 5 年至今完好。

12.2.3.7 白土过滤机滤板的防护

白土精制是使油与白土在一定温度下充分混合，利用活性白土表面的吸附性能，通过加热、蒸发、过滤等程序，除掉润滑油中所含氮氧化物及其他胶质、沥青质、环烷酸皂、碳化物、不饱和烃、溶剂（丁酮、甲苯）、水分、机械杂质等，从而改善油品的颜色，降低残炭，提高油品的抗氧化安定性和抗乳化性能，以达到油品精制的目的。因为这些杂质的存在，降低了油品的安定性，影响油品的正常使用。

与此同时，原料油中所含的有害杂质对板框过滤机的金属滤板有严重的腐蚀作用，见照片 27、28，腐蚀后的锈蚀产物又污染油品，影响产品的质量，严重时造成产品不合格。

过滤机过滤板材质为铸铁，过滤板外面是一层过滤布（滤板保护布），过滤布外是两层过滤纸。蜡油（含有白土及其他杂质）经过加热、蒸发后进入板框过滤机。蜡油经过两层过滤纸和一层滤板保护布后，再经滤板过滤完后，送入成品罐。

照片 27　过滤板活动头腐蚀情况

照片 28　过滤板面腐蚀情况

　　为了解决过滤板的腐蚀，2005 年采用钛纳米聚合物涂料进行了防护处理，使用 2 年后进行检查，防腐涂层整体性完好，涂层表面仍有光泽，无起皮、起泡、龟裂、脱落等现象。防腐涂层表面也没有任何锈蚀产物附着。

12.2.3.8　炼油厂重整装置加热炉空气预热器热管的腐蚀与防护

　　重整装置四合一加热炉的空气预热器为立式型 4500mm×3460mm×5050mm，有 650 根 ϕ30mm×1mm 的真空翅片管，材质为碳钢。热管空气预热器出入口的烟气温度为 120℃/300℃左右。烟气中含有大量的二氧化硫气体致使表面结垢与腐蚀比较厉害。腐蚀比较严重的部位是烟气出口部位，使用不到一年热管表面的翅片有的已经腐蚀掉。同时热管表面结有大量的结垢物，增加了热阻，降低热管的换热效率，见照片 29、30。

照片 29　预热器烟气出口换热管结垢情况

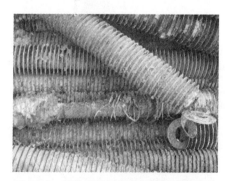
照片 30　预热器烟气出口换热管腐蚀情况

　　热管表面的涂料首先要能耐 200℃左右温度，同时又要能耐烟气的腐蚀，能同时具备这两个条件的涂料是比较少的。

通过对防腐材料的筛选，选用了钛纳米聚合物耐高温涂料。设计防腐结构层见表 12-46，热管表面施工见照片 31、32。

表 12-46　结构层的选择

防腐等级	涂料名称	采用道数	涂层厚度/μm	备注
加强型	底涂层 XK-009 中涂层 XK-009 面涂层 XK-009	底 2 中 1 面 2	底 80 中 45　总 215 面 90	XK-009 为同一产品 设计涂层为底面合一

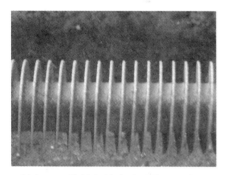

照片 31　热管机械喷砂后的金属表面

照片 32　热管涂料涂装后的表面

2007 年 8 月开始使用的有防腐涂层的热管，到 2010 年 7 月已使用 3 年多，检修打开检查，防腐涂层整体性完好，涂层表面有光泽，无起皮、起泡、龟裂、脱落等现象。防腐涂层表面附着较少的结垢层，见照片 33、34。

照片 33　热管没清洗前状况

照片 34　热管清洗后状况

12.2.4　纳米钛冷焊涂料在焊缝防腐蚀中的应用

焊接是设备制造中金属连接的最普遍方法。无论是化工容器、塔器、换热器，还是海洋工业船体、海上钻井平台，石油系统的输油、输气管道，不管是碳钢，还是不锈钢材料的焊缝区均直接暴露在腐蚀环境中。大量的试验表明，焊缝及热影响区的耐蚀性往往不如母材金属材料。在化工行业，因焊缝导致的"跑、冒、滴、漏"屡见不鲜。四川昆明某盐业公司的食盐提纯不锈钢釜，使用不到两年，由于焊缝及热影响区产生点蚀而诱发应力腐蚀破裂，致使溶液外漏，无法修补。吉化公司二氨基蒽醌高压反应釜，反应温度215℃，工作压力5.6MPa，采用1Cr18Ni9Ti不锈钢制造，因釜盖翻边和焊缝处优先产生应力腐蚀而破裂，严重影响生产。海上钻井平台尽管采用了涂层和阴极保护的双重防护措施，但是仍然在焊缝处首先产生严重腐蚀。因此，焊接的质量及其耐蚀性直接关系到设备的使用寿命、维修频次及生产安全，早已引起人们的普遍关注。从防腐蚀工作者看来，焊缝的耐蚀性较母材的耐蚀性更重要，人们总是希望和想方设法使焊缝及其热影响区的耐蚀性和母材相当，消除焊缝及其热影响区优先腐蚀的隐患。过去，人们已将焊后表面的钝化处理或酸洗处理，焊件的敏化处理编入焊接规范中，均起到良好的作用。作者下面则从电化学角度分析焊缝腐蚀原因，并在此基础上提出两种新的焊缝防腐蚀技术措施：

① 焊条的选择；

② 纳米钛涂料冷焊技术。

12.2.4.1 焊缝腐蚀形态及其产生原因

在不锈钢晶间腐蚀机理还不清楚之前，18-8型不锈钢在早期应用历史上发生过许多事故，这些事故都发生在这种合金理应具有优良耐蚀性的环境中。在焊缝的影响没有得到考虑时，破坏事故还在继续发生。因为这些事故均与焊接结构有关联，因此把这种材料产生的晶间腐蚀称为焊缝腐蚀。焊缝腐蚀形态宏观上可能呈现为均匀腐蚀，也可能呈现出优先腐蚀的特征。图12-12（a）为均匀腐蚀，焊缝及其热影响区和母材的腐蚀速度一样。图12-12（b）～（e）为焊缝的不均匀腐蚀。由于焊条成分差异或金相组织不同，焊缝比母材金属腐蚀轻或腐蚀重［图12-11（b）、（c）］。

焊缝腐蚀通常指的是在母材上稍离焊缝有一定距离的热影响区的一条带。焊缝腐蚀区的金属一定是曾在敏化范围内加热过的（如图12-13所示）。

图12-13中黑线是焊缝中心，温度最高（熔点以上），由X线表示的是敏化区温度，它就是焊缝热影响的焊缝腐蚀区。作为一个例子，304不锈钢电弧焊的温度分布见图12-14。

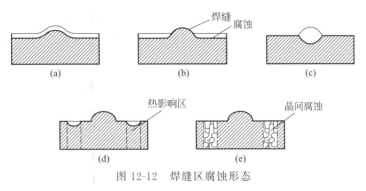

图 12-12　焊缝区腐蚀形态

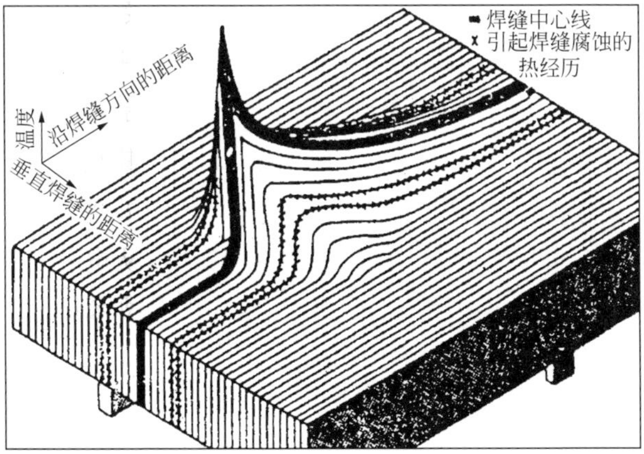

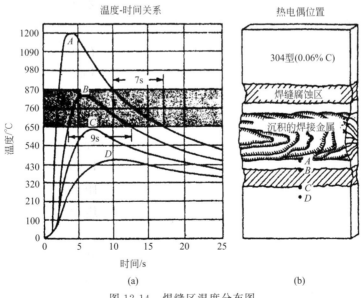

图 12-13　焊接中热流和温度分布模型

温度-时间关系　　　　　　　　热电偶位置

图 12-14　焊缝区温度分布图

从图 12-13 和图 12-14 可以看出，焊缝附近存在敏化区。经过低温（400～850℃）敏化处理，碳在晶粒间界的扩散速度较铬的快，因此，在晶粒间界及其邻近区域的铬，因 $(CrFe)_{23}C_6$ 在晶粒间界的沉淀而发生贫铬现象。这样奥氏体不锈钢中的碳化物就会沉淀下来，碳化物的析出通常是沿晶粒边界优先发生，由于这种变化，不锈钢具有了晶间腐蚀倾向。在焊接时，靠近焊缝处都有被加热到 400～850℃ 的区域，因此焊接结构都具有受晶间腐蚀而发生破坏的可能，见图 12-12（d）、（e）。

电化学测试也证明，焊件表面上电位分布是不均匀的，见图 12-15。靠近焊缝的热影响区电位较负，由于焊件表面电位分布的这种差异，当焊件处在腐蚀介质中时，敏化区往往暴露出如图 12-12（d）所示那样的优先的电偶腐蚀，或者如图 12-12（e）所示敏化区优先产生严重的晶间腐蚀。因此，电偶腐蚀常常是焊缝腐蚀的主要电化学特征。现将影响焊缝耐蚀性的因素汇于表 12-47。

表 12-47　影响焊缝耐蚀性的因素

① 母材和焊条的成分和组织
② 焊前母材的金相条件(受热和机械加工状态)
③ 焊接方法——手焊还是自动焊,电焊还是气焊,焊的道次,焊接速度,电流和电压等
④ 保护性气体——成分和流速
⑤ 母材的厚薄
⑥ 焊接工艺
⑦ 焊后处理

12.2.4.2　不同焊条焊件的耐蚀性比较

焊缝的耐蚀性在很大程度上取决于焊条的耐蚀性，用与母材相同质焊条焊接的焊缝的耐蚀性均较母材的低，因此，焊缝较母材发生优先腐蚀。

为了提高焊缝的耐蚀性，在 30℃10％$FeCl_3$ 溶液中做了五种焊条焊件的对比耐蚀性试验，结果列于表 12-48 中。

表 12-48　焊条材质对焊缝耐蚀性的影响

材料	焊条类型	奥 102	奥 112	奥 202	奥 022	P5[①]
0Cr17Ni12Mo2Ti	点蚀个数	3	2	2	无	无
	平均深度/mm	2.03	1.61	1.04	—	—

材料	焊条类型	奥102	奥112	奥202	奥022	P5①
1Cr18Ni9Ti	点蚀个数	1	—	无	无	无
	平均深度/mm	2.18	—	—	—	—

① P5 为瑞典进口 Cr26Ni20 焊条。

用奥 022、P5 焊条不论焊 0Cr17Ni12Mo2Ti 还是 1Cr18Ni9Ti 的焊缝均未出现点蚀，而用奥 102、奥 112 和含碳量较高的含钼焊条奥 202 的焊缝均出现了点蚀。但是含钼焊条焊缝上的点蚀个数和深度均较无钼的焊缝少且浅。

试验还表明，用奥 022 和 P5 焊条焊接的焊件，尽管母材产生了严重的点蚀，而焊缝却无点蚀发生。

为了说明采用不同焊条焊接件表面出现的不均匀腐蚀形态，我们采用双参比电极扫描法测定了室温 20%HCl 溶液中不同焊件上的电位分布，结果示于图 12-15 和图 12-16。

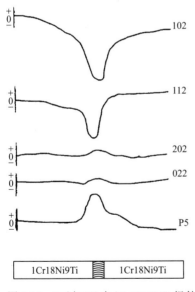

图 2-15　20%HCl 中 lCr18Ni9Ti 焊件
表面电位分布

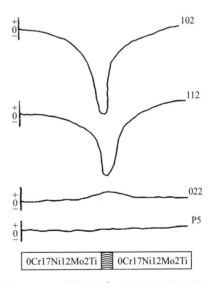

图 12-16　20%HCl 中 0Cr17Ni12Mo2Ti
焊件表面电位分布

从图中看出，1Cr18Ni9Ti 焊件，奥 102、奥 112 焊缝电位比母材负，奥 202、奥 022 焊缝电位和母材基本一致，而 P5 焊缝电位则显著比母材正。0Cr17Ni12Mo2Ti 不锈钢的奥 102、奥 112 焊缝电位比母材负很多，相差 5～10mV 以上。奥 022、P5 焊缝电位与母材基本一致，这说明只要选用合适的焊条就可以消除或缩小焊缝和母材间的电位差，而该电位差正是焊缝产生优先腐蚀的推动力。这种情况也已由 70℃10％H_2SO_4 溶液均匀腐蚀试验所验证。在此溶液中，1Cr18Ni9Ti 焊件采用奥 102 和奥 112 焊条焊接时，焊缝比母材腐蚀得快；采用奥 202 和奥 022 焊接时和母材腐蚀速度一样；采用 P5 焊接时，焊缝比母材耐蚀性好得多。这表明为了提高焊缝的耐蚀性，使用比母材耐蚀性好些的焊条来焊接就可以达到使焊缝的耐蚀性和母材基本相同的程度。

12.2.4.3　热处理制度对焊件应力腐蚀倾向的影响

焊接的残余应力是不锈钢设备制造中产生残余应力的主要来源之一。由残余应力引发的应力腐蚀破裂事例占全部应力腐蚀破裂事例的 70％，而焊接残余应力有时超过母材的屈服强度，多数设备的应力腐蚀破裂发生在焊接残余应力区。为此对不锈钢设备进行焊后热处理是完全必要的。

200℃，在 16％NH_4Cl＋8％NH_3 介质中，敏化处理对 1Cr18Ni9Ti 和 0Cr17Ni12TMo2Ti 焊件的应力腐蚀破裂影响示于表 12-49。

表 12-49　敏化处理温度对 1Cr18Ni9Ti 和 0Cr17Ni12Mo2Ti

应力腐蚀破裂的影响（试验时间：100h）

材料	未处理	650℃/2h	700℃/2h	800℃/2h	850℃/2h	900℃/2h	950℃/2h
1Cr18Ni9Ti	破裂 M	破裂 M,D	破裂 M,D	未破裂	未破裂	未破裂	未破裂
0Cr17Ni12Mo2Ti	破裂 M	破裂 M,D	破裂 M,D	破裂 M,D	未破裂 850℃/4h	未破裂 900℃/4h	未破裂 950℃/4h

注：M——母材破裂；D——焊缝破裂。

未热处理及低温热处理焊件均在距焊缝 8～10mm 处产生裂纹，该处正是不锈钢的敏化区。试验证明，1Cr18Ni9Ti 经 650℃/2h 处理的未焊件的应力腐蚀破裂比未热处理的强烈，这表明敏化区是不锈钢焊件产生应力腐蚀破裂的最敏感部位。

在此试验条件下 1Cr18Ni9Ti 焊件经 800℃ 以上热处理，0Cr17Ni12Mo2Ti 焊件经 850℃ 以上热处理才能消除其应力腐蚀倾向。

12.2.4.4　纳米钛冷焊涂料对焊缝耐蚀性的影响

纳米钛冷焊涂料是含纳米钛大于 90％ 的涂料，双组分，室温固化，其主要特性列于表 12-50。

表 12-50　纳米钛冷焊涂料性能

性能			指标
物理性能	体积收缩率/%		0.09～0.1
	断裂延伸率/%		0.2
	抗压强度/MPa		570～650
	拉伸强度/MPa		150～170
	抗弯曲强度/MPa		120～150
	粘接强度/MPa		
	对碳钢		12～15
	对混凝土		5(混凝土断裂)
	比冲击韧性/MPa		0.31～0.32
	抗拉弹性模量/MPa		5000～5500
	布氏硬度(HB)		3.3～3.5
耐化学性	①室温	碳钢焊缝	
		10%～30%NaOH	10000h 稳定
		30%HCl	10000h 稳定
		30%HNO$_3$	10000h 稳定
		10%～30%H$_2$SO$_4$	10000h 稳定
	②高温	碳钢焊缝	
		3%NaCl　100℃	4720h　无变化
		28%NaCl　120℃	192h　无变化
		汽油　　　200℃	351h　无变化
		汽油　　　250℃	168h　无变化
		H$_2$O　　　100℃	4870h　无变化
		不锈钢焊缝	
		H$_2$O　　　100℃	2899h　无变化
		28%NaCl　200℃	168h　无变化

　　将碳钢的焊件，经打砂后，涂敷纳米钛冷焊涂料一道，在 3%NaCl 沸腾溶液中，做了 4872h 试验，结果见图片 35，可见，母材已产生严重的腐蚀，减薄 0.2～1.8mm，但涂敷纳米钛冷焊涂料的焊缝无任何变化，并出现和钛氧化后一样的晕色。

　　不锈钢焊件进行冷焊钛涂料处理后，在沸水中 2899h 及 200℃ 的 28%NaCl 溶液中 168h 均无任何变化。

照片 35　经沸腾 3%NaCl 4872h
试验后的表面状态

12.2.4.5　控制焊缝腐蚀的措施

（1）焊前的准备

焊接之前对焊面进行清理，除掉氧化皮，外来杂质如油污，铅笔道颜色，油漆等。被焊表面潮湿或焊条受潮，均能造成焊缝松孔，必须在焊前进行干燥处理。在焊下一道前必须清除掉前一道残留的焊渣和氧化皮。焊完后焊道上的焊渣和焊道附近的氧化皮要进行清除，以免引起腐蚀。

特别值得指出的是，超低碳不锈钢切割严禁采用气割，而应采用等离子切割，防止母材增碳。

（2）焊条的选择

当同种材质进行焊接时，选择的焊条应和母材金属的成分相似，但耐蚀性要高一级才能使焊缝和母材金属具有相同的耐蚀性，另外，能和母材金属的机械性能匹配得当也是很重要的。

除了唯一的304/304L不能作为焊条外（它们用308/308L焊条），同种不锈钢焊接全部规定采用和母材金属一样的300系列金属焊条（如表12-51所示）。

表 12-51　奥氏体不锈钢焊接时焊条的选择

AISI 型不锈钢	合金成分	焊条种类
304/304L	18Cr-8Ni	308/308L
309/309L	25Cr-12Ni	309/309L
310/310S	25Cr-20Ni	310/310L
316/316L	18Cr-12Ni,Mo	316/316L
317/317L	19Cr-12Ni,Mo	317/317L
321	18Cr-10Ti	347
347	18Cr-10Cb	347

表12-51中用347焊条焊321不锈钢，这只适用于带敷料焊条，也可以用321焊条，但是321焊条，钛元素易被烧掉。

不同种不锈钢间焊接时焊条的选择如表12-52所示。

表 12-52　不同质不锈钢焊接时焊条的选择

基体金属	304	304L	309	310	316	316L	321	347
304	308	308	309	308	308	308	308	308
304L	308	308L	309	310	308L	308L	308L	308L

基体金属	304	304L	309	310	316	316L	321	347
309	309	309	309	309	309	309	309	309
310	310	310	310	310	310	310	310	310
316	308	308L	309	310	316	316	316	316
316L	308	308L	309	310	316	316L	316L	316L
321	308	308L	309	310	316	347	347	347
347	308	308L	309	310	316	347	347	347

从表中可明显看出，选择焊条的一个一般准则是选择较高级的合金作为焊条。

一般来说，材料存在焊接热影响主要因为在热影响区内，碳化物沉淀造成周围母材金属贫铬，易遭到腐蚀，这种腐蚀是众所周知的敏化现象造成的腐蚀，只要焊接时采用低碳焊条（最大碳含量小于 0.03%）就可以获得大大改善。不存在敏化影响的情况时，易腐蚀区往往就是焊缝区，尤其采用的焊条和母材成分相同时更显突出。这时采用的焊条耐蚀性要比母材好些。

此外，值得指出的是，当碳钢和不锈钢焊接时，采用碳钢或低合金焊条可能产生裂纹，采用表 12-52 中规定的焊条就能获得满意的无裂纹焊接。一般焊条应含有少量的铁素体组织，而母材则不能含有铁素体组织，这样焊接后焊缝处的铁素体和母材受热后析出的少量铁素体相平衡，可避免焊缝处产生热裂和微裂纹。

（3）焊口的设计

不同厚度的材料进行焊接时，一方面要考虑焊透，另一方面要考虑尽量减少焊条用量。因此焊口的设计不仅牵涉到焊接质量，又涉及经济效果，对各种厚度材料的焊口设计的一般推荐如表 12-53 所示。

表 12-53 焊口设计

板厚/mm	坡口形式
1～6	
>10	
6～26	
12～60	

（4）焊接时的注意事项

除了严格按照操作规范进行焊接外，当不同系列钢件（如不锈钢和碳钢焊接）焊接时，要严加注意它们物理特性间的差异，通常奥氏体不锈钢电阻率比碳钢高七倍，因此要避免电极过热或搞成过大的熔池，这时应采用较细的焊条，或者采用比相同尺寸碳钢焊条所用电流要小的电流进行焊接。另外，奥氏体不锈钢的热导率约为碳钢的1/3，所以奥氏体不锈钢焊件会产生较大的形变，对这种情况要进行必要的焊后处理。

（5）焊后处理

为了提高焊件的耐蚀性，焊完后，除必须把焊缝区清理干净外，还要对焊缝区进行打磨酸洗。试验证明，经打磨和酸洗后的焊件耐蚀性大大提高，通常采用酸洗膏对焊缝区进行处理，已成为普遍的方法。

低碳或稳定化型不锈钢焊接后，必须经过焊后应力消除，焊后热处理的目的就在于控制尺寸和防止应力腐蚀破裂，但是热处理后再冷却到室温时，必须严加注意避免产生新的应力或新的碳化物沉淀。

12.2.4.6　纳米钛冷焊涂料在焊缝防腐蚀中的应用

试验证明：在纳米钛冷焊涂层稳定的腐蚀环境中，纳米钛冷焊涂料对碳钢和不锈钢的焊缝均能提供有效的保护，它可以有效消除未加涂层保护的碳钢和不锈钢焊缝及其热影响区的优先腐蚀，当采用了涂层保护的碳钢焊缝及热影响区的外涂层遭破坏时，仍对其提供有效防护。

该涂层对受外应力作用和受高频振动影响的焊缝及热影响区的应力腐蚀破裂和腐蚀疲劳可提供有效保护，这对解决海洋钻井平台焊缝优先破坏将起到积极有效的防护作用。

该涂料是焊缝处因应力腐蚀裂纹而泄漏的不锈钢设备修复的一种很好材料。它的最大优点是对焊缝和母材具有相同的极好的附着力，使焊缝及热影响区耐蚀性和母材相同或优于母材，但又不会出现电偶腐蚀现象。

它既可以作为单一防腐蚀涂层使用，又可以在其上涂敷其他涂料。它又可以仅用于焊缝及热影响区200mm宽的防护，不会产生腐蚀介质沿涂层边缘渗进而导致其发生剥落或丝状腐蚀。

应用事例：

① 120℃过饱和氯化钠精制不锈钢反应釜，焊缝及热影响区产生了严重点蚀诱发的应力腐蚀破裂，致使介质泄漏，采用了纳米钛冷焊涂料进行了局部修复，至今已使用10个月，未见异常。

②含 H_2S 的脱硫装置，是用碳钢制造的，介质呈碱性，母材无明显腐蚀，但焊缝及热影响区腐蚀严重，因此对焊缝和热影响区采用纳米钛冷焊涂料防护，运行 5 年至今完好。

12.2.5 钛纳米聚合物涂料在其他行业中的应用

12.2.5.1 太阳能热水器内胆钛纳米防护涂料及其涂敷设备

这里主要介绍 XK-901 型太阳能热水器内胆钛纳米防护涂料及其涂敷设备。

（1）涂料特点

a. 优异的耐沸水性、耐酸碱性和耐老化性能。

b. 涂层无毒，符合《生活饮用水输配水设备及防护材料卫生安全评价规范》（GB/T 17219—1998），《生活饮用水卫生标准》（GB 5749—2006），《生活饮用水标准检验方法》（GB 5750—2006），无有害有机物析出。

c. 具有优异的阻垢性能，其污垢沉积速率是不锈钢的 1/70，热导率低，具有良好的阻热能力。

d. 耐干温 180℃，耐湿腐蚀，3.5％NaCl、150℃/144h 无变化。

e. 耐水蒸气。

f. 抗温度剧变。

g. 环保型，低 VOC 值。

h. 涂敷工艺简单，可以实施自动化生产，投资低。

（2）典型用途和应用实例

该涂料广泛用于热水储罐及其输送管道的防护，它无毒无味也适用于食品行业，尤其适用于太阳能热水器内胆、电热水器内胆的防护，适用于太阳能海水淡化集热器、空气能热水器、阳台挂壁式太阳能热水器、太阳能直饮沐浴一体机等。

沸水储罐使用该涂料 5 年，太阳能热水器内胆使用该涂料 3 年以上的应用实例。产品主要物理性能指标见表 12-54。产品的耐蚀性能见表 12-55。

表 12-54　产品主要物理性能指标

序号	项目	技术指标	执行标准说明
1	颜色	灰色、黑色	GB/T 9761
2	4#杯黏度[(25±1)℃]/s	100～120	GB/T 1723
3	相对密度	A组分1.12 B组分0.92	GB/T 1756

序号	项目		技术指标		执行标准说明
4	固体分含量/%		75		GB/T 1725
5	单道干膜厚度/μm		60~75		GB/T 1764
6	推荐涂层厚度/μm		120~150		GB/T 1764
7	涂布率(以干膜 50μm 计算)/(m²/kg)		7.2		GB/T 1726
8	干燥时间 [(25±1)℃]	表干时间/h	4		GB/T 1748
		实干时间/h	24		
9	附着力(划格法 1mm 间距)		1		GB/T 9286
10	柔韧性/mm		2		GB/T 1731
11	冲击强度/kg·cm		50		GB/T 1732
12	耐磨性/[mg/(1000g/1000r)]		0.014		GB/T 1768
13	硬度/s		133		GB/T 1730A 法
14	铅笔硬度/H		6		GB/T 6739
15	(沸水/1h)/(−30℃/1h)交替/次数		1000 次无变化		GB/T 1740
16	污垢沉积速率/[mg/(cm²·月)]	不锈钢	6.29		70℃，总硬度（以 CaCO₃ 计）272.8mg/L，Ca（以 CaCO₃ 计）193.4mg/L，Cl⁻ = 28mg/L，pH 7.01
		本涂料	0.0886		
17	热导率/[W/(m·℃)]		0.17		GB/T 3392
18	无毒性		符合饮用水标准		《生活饮用水卫生标准》(GB 5749—2006)
19	VOC 值		210		GB 18582
20	闪点/℃		32		GB/T 261
21	耐温性能	耐干温性能	180℃/144h 无变化		GB/T 1735
		耐湿腐蚀性能(3.5% NaCl)	150℃/144h 无变化		GB/T 5209

表 12-55　产品耐蚀性能

序号	介质名称	试验条件	试验结果
1	20% H_2SO_4	室温/1a	无变色、无起泡、无剥落
2	20% HCl	室温/1a	无变色、无起泡、无剥落
3	20% NaOH	室温/1a	无变色、无起泡、无剥落
4	10% NaCl	70℃/240h	无变色、无起泡、无剥落
5	饱和 NaCl	70℃/240h	无变色、无起泡、无剥落
6	饱和 CaCO₃	70℃/240h	无变色、无起泡、无结垢
7	3.5% NaCl	150℃/144h	无变色、无起泡、无剥落

序号	介质名称	试验条件	试验结果
8	生活水	75℃/72h	无变色、无软化、撬剥合格
9	工业水	沸腾/1000h	无变色、无起泡、无结垢
10	20％柠檬酸	70℃/240h	无变色、无起泡、无剥落
11	油田污水	70℃/240h	无变色、无起泡、无剥落
12	65％乙醇	室温/1a	无变色、无起泡、无剥落
13	20％NaOH	70℃/240h	无变色、无起泡、无剥落

（3）涂料的使用方法

a. 首先称取一定质量的 A 组分，再称取 A 组分 20％的 B 组分（A：B＝5：1），在搅拌条件下把 B 组分逐渐地加入 A 组分中，如果喷涂时需要调节黏度，可以适量加入少量的专用稀释剂。

b. 用 XK-1 型太阳能热水器内胆喷涂机进行喷涂。

（4）XK-1 型太阳能热水器内胆喷涂机喷涂工艺

XK-901 型太阳能热水器内胆喷涂钛纳米防护涂料的具体步骤如下：

① 前处理　喷涂前表面前处理有以下两种方法。

a. 打砂除锈　具体工艺如下：

（a）基层处理应达到《涂装前钢材表面锈蚀等级和除锈等级》GB 8923.1－2011 中第 3.2.3 条达到 sa3 级，即钢材表面应无可见的油脂、污垢、氧化皮、铁锈和油漆涂层等附着物，该表面应显示均匀的金属色泽。喷砂完后用干燥洁净的压缩空气或刷子清除粉尘，表面要有一定的粗糙度，其锚度应为 $40\mu m$ 左右。

（b）喷砂前首先用丙酮把表面污油擦洗干净，并且用丙酮擦洗钢丝绳至表面无油。

（c）采用 8～16 目石英砂作为磨料来进行喷砂施工，石英砂的堆放场地应平整、坚实，应有防潮、防雨措施，避免石英砂中混入其他杂质。石英砂必须过筛、干燥、含水率不应大于 1％。

（d）喷砂时采用喷嘴直径为 8mm，喷射角度 30°～75°，喷距 80～200mm 进行施工。

（e）喷砂时若空气湿度大于 80％下雨时应停止喷砂施工。

（f）喷砂所用压缩空气风压应控制在 4.5～5kgf/cm²，压缩风必须经过冷却、过滤、去水、除油等处理。

（g）喷砂时间不得小于30s，喷砂后表面为灰白色，并用压缩风把粉尘吹扫干净。

b. 酸洗处理　具体工艺配方如表12-56所示。

（a）如果内胆内表面油污较多，要先碱洗脱脂除油，采用表12-56中碱洗配方。

表 12-56　碱洗和酸洗配方

碱洗配方		酸洗配方	
原料名称	配方	原料名称	配方
氢氧化钠	2%	盐酸	5%
磷酸钠	8%	硫酸	10%
硅酸钠	4%	若丁	1%
水	余量	乌洛托品	1%
温度	80～90℃	温度	室温

脱脂时每隔10min检查有无油污，用手指轻触直至无油为止。

（b）碱洗脱脂除油后应采用80～90℃热水进行热水洗，然后采用室温水洗。

（c）酸洗采用表12-56中酸洗配方。

酸洗液配制方法：

（ⅰ）注入定量的水于酸槽内，然后倒入酸配成工艺规定浓度；

（ⅱ）根据以上配制酸液所用浓酸量计算若丁添加量，在一般条件下若丁加入量为浓酸质量的0.4%；

（ⅲ）取上述配好的酸少量放在小容器里，放入称出的若丁搅成浆状后，均匀倒入酸洗槽中；

（ⅳ）将酸洗液升温至规定温度，即可浸入酸洗件进行酸洗。酸洗过程中每10min检查一下，经清洗后，发现内壁部分发白，即应停止酸洗。

（d）用室温水洗后，浸入1%$NH_3 \cdot H_2O$中进行中和，然后再进行水洗，用压缩风吹扫后，放入加热炉中110℃烘干水分。

② XKT-1型太阳能热水器内胆喷涂机

a. 基本结构如图12-17所示。

b. 用途　用于$\phi 500$，$L 1000～2300$的太阳能热水器内胆的内喷涂。

c. 工作原理　置于工件内腔的可自动转换成底喷、瓶口喷和侧喷的喷枪通过工件的旋转与左右移动实现工件内喷。

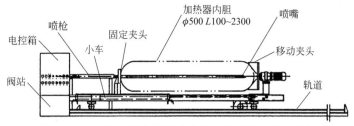

图 12-17　XKT-1 型太阳能热水器内胆喷涂机基本结构

d. 设备构成与主要技术参数

（a）基本构成

（ⅰ）工件夹紧装置　由气缸推拉三爪盘实现工件在三爪盘和内胆瓶口轴承座之间的夹持；

（ⅱ）工件旋转装置　由旋转机构实现被夹持的工件的转动；

（ⅲ）工件移动装置　由小车实现工件的前进和后退；

（ⅳ）喷枪　安装有用步进电机实现左右转向的无气喷嘴，以满足工件的底喷、瓶口喷和侧喷；

（ⅴ）电控箱等。

（b）主要技术参数

（ⅰ）有效行程　1500mm；

（ⅱ）旋转速度　变频无级调速 25～127r/min；

（ⅲ）移动速度　变频无级调速 1.35～6.7m/min；

（ⅳ）喷涂机（不含电控箱）轮廓尺寸　长×宽×高＝5685mm×750mm×661.5mm。

③ 喷涂工艺流程与操作

a. 手动夹紧安装　工作方式旋钮置于"手动"：首先用吊具或人工将工件插进瓶口轴承座，按动"夹紧"钮，气缸拉动"夹紧机构"将工件夹紧在瓶口轴承座和三爪盘之间的位置。

b. 由 PLC 完成的自动喷涂循环　工作方式旋钮置于"自动"：按动程序"启动"钮，小车拖动工件前进到前限位开关，喷嘴停止在底喷位置（上一循环结束前喷嘴已在底喷方向），首先工件旋转，并延时一定时间打开喷嘴进行底喷，到设定的底喷时间后，关闭喷嘴。当喷嘴转到侧喷的位置时，打开喷嘴进行侧喷，此时工件后退，当退到后限位开关，关闭喷嘴和小车。当喷嘴转到瓶口的喷涂位置时，打开喷嘴进行瓶口喷涂，到设定时间关闭喷嘴，接着喷嘴自行恢复底喷的方向。同时小车拖动仍被夹紧、旋转的工件后退，脱离喷枪到一定位置停下。工件继续自转一定时间，直到涂层均匀不再流淌为止，按动程序"停止"钮停机，即完成了一次自动喷涂循环。

c. 自动卸料　工作方式旋钮选择"手动"：按动"松开"钮，气缸推动"夹紧机构"，使工件脱离瓶口轴承座一定距离，人工将工件卸下，即完成一个工作循环。然后进行下个工作循环。最后采用手动操作进行必要的补喷涂和清洗喷嘴。

d. 固化处理　通常喷涂两遍，干膜厚度达到 $150\mu m$。可以在室温下固化 24h 或 80℃/2h 加热固化。

12.2.5.2 钛纳米聚合物涂料在食品行业中的应用

在日常生活中随着楼房的增多和楼层的增高，城市的自来水系统很难满足供水要求，这样集中式供水日渐增多，造成了水质二次污染问题。集中式供水系统防护不当，第一，会发生腐蚀，影响设备使用寿命；第二，腐蚀产物会引起水中有害溶解物超标，使水质卫生指标不合格；第三，腐蚀产物及其黏附物将成为病毒、细菌、真菌、藻类和原生动物等微生物的营养源，引起微生物裂殖繁衍，对用户安全饮水造成威胁。这些已经引起了有关部门的高度重视，随着人们生活水准的不断提高，对集中式供水系统所形成的二次污染治理也将越来越规范化。

从 2003 年开始，我国着力改造城市供水管网，涉及 400 多个城市，总投资 300 亿元。同时，各个城市均成立了供水管网改造工作小组，确保该项工作的顺利实施。

钛纳米聚合物涂料固化后生成稳定的化学键合与化学吸附可有效保证不与水及其中的微量物质发生化学变化，不引起水质色、味变化，不污染水质。该涂料已通过无毒性检验，产品符合《生活饮用水卫生监督管理办法》的有关规定，得到了卫生部和黑龙江省两级卫生许可证，可安全用于饮用水和食品容器。该涂层优秀的抗渗透能力，可有效地将水和金属面隔离开，防止金属离子和其氧化物进入水中，防止水质有害物浓度超标，长期保持水质卫生指标合格。涂层优良的耐蚀性，可有效防止被保护物发生腐蚀，大大延长其使用寿命。涂层良好的防垢、防黏附性以及杀菌作用，可有效防止垢和微生物的黏附，不提供微生物裂殖繁衍场所，对减少微生物含量具有特殊效果，还具有一定的杀菌能力，此外涂层自洁易清洗，可长期免清洗。涂层优秀的耐水性，可有效保证安全、长久地达到防护要求。

因此，该涂料在食品行业获得广泛应用。主要应用实例如下：

(1) 在饮用水系统中的应用

哈尔滨、大庆、昆明等城市的二次供水系统中的水管线、储水池均使用了钛纳米聚合物涂料，至今均正常使用，各使用单位一致认为该产品具有防腐、防垢、无毒、易清洗等特性，最长的使用期已达 20 年以上。2005 年，该产品企业与哈尔滨市供排水集团合作，共同完成改善城市二次供水污染的项目。

(2) 北京燕京啤酒厂

该厂于 1988 年 7 月将钛纳米聚合物涂料用于啤酒发酵罐，施工面积为 2500m²，使用 10 年以上，无任何腐蚀、污染问题。

(3) 北京航星调味品有限公司

该公司于 1995 年分别对食用菌发酵罐、勾兑罐、储盐池等设备进行了内壁防腐施工，总涂敷面积为 8700m²，使用 5 年，涂层未见异常，效果很好、无毒，对酱油质量无任何影响。

(4) 通化葡萄酒厂

1988 年该厂采用钛纳米聚合物涂料对两台碳钢热水罐内壁进行了防腐保护，介质温度为 100 ℃，连续使用 5 年，无任何破损，涂层表面也无积垢。

(5) 上海国际新发码头的植物油储罐

上海国际新发码头的七座植物油储罐（四座 5000m³ 和三座 1000m³）由于长时间使用，年久失修，内外罐壁已严重腐蚀，对储存的各种植物油质量产生了严重影响。因此，在 2003 年对这七座植物油储罐进行了内外壁的钛纳米聚合物涂料防腐施工，于 2004 年年初完成，经多方验收合格，现已投入使用，为该码头解决了物流的重大问题，同时代替不锈钢储罐，为码头节省了大量维修费用。

(6) 九三集团的色拉油储罐

从 2002 年开始，已经为九三集团的两家色拉油生产分厂的色拉油储罐进行了内壁防腐处理，面积超过 10000m²，使用至今，效果良好，得到了集团领导的一致好评。

(7) 上海的饮用水箱

上海从 2010 年起，有 12000 多个饮用水箱使用了该涂料进行防护。

13

微纳米金属聚合物耐磨材料

13.1　微纳米金属聚合物材料的耐磨性能

聚合物的耐磨性是一个复杂性能，且随所处工况条件、温度及时间而改变，随着运动速度、形变大小、接触面清洁度、摩擦副材料成分、实际接触面表层的物化性能和附着力而变化。在实际摩擦副的工作条件下，摩擦副之间存在一个中间层（润滑剂）或某种吸附膜，它的润滑性能和摩擦速度、温度、比压强、间隙大小有关。实际情况下，诸多机械零件和装置相对移动速度不大，其摩擦副接触面为大气边界型或半干性摩擦条件，机器运转和刹车都属于大气边界摩擦，这时摩擦副表面是直接强力接触，造成一定程度的磨耗，在这种情况下，采用一般材料的摩擦副，因为摩擦严重，磨耗大，而不能保证机械设备正常可靠运行。因此，寻找新的耐磨材料能保证摩擦副在工作温度、工作载荷和较宽运行速度下，在无润滑或润滑不足条件下，确保摩擦系数都不能太高，这点非常重要。

在机械制造业采用聚合物材料取代金属材料，不仅可以大大降低制造成本，而且也很容易制造出形状复杂的零件。我们应对强度高、弹性好、耐磨性好、耐碱和耐石油制品腐蚀的聚合物给予高度关注。

摩擦面材料的破坏称为磨耗。不同聚合物材料的磨耗和力学性能列于表 13-1。

工业上广泛采用聚酰胺树脂、聚乙烯和氟塑料制造薄涂层，其方法有火焰喷涂法和流化床涂覆法，流化床涂覆后在油中冷却获得的聚酰胺涂层抗弯曲性能非常好。它可作为低载荷（＜20kg/cm²）、低滑动速度（＜0.2m/s）干摩擦条件下的耐磨材料。为了提高聚己内酰胺与金属表面的结合力，要向聚己内酰胺内加入高达15％铝粉和氧化铬粉，这样，聚己内酰胺和铝、铝合金及铜的结合力都很好。

表 13-1　不同聚合物材料的磨耗和力学性能

材料	磨耗性能				力学性能		
	砂纸/[mm³/(m·cm²)]	花面/[mm³/(m·cm²)]	花面摩擦系数	加载荷花面摩擦系数	布氏硬度/(kgf/cm²)	抗张强度/(kgf/cm²)	延伸率/％
聚酰胺							
聚酰胺 68	0.9	0.0001	1.8	0.2	12	440	160
聚己内酰胺	0.6	0.00015	2.0	0.13	10	580	180
聚酰胺 AK-7	0.7	0.0003	1.6	0.15	15	470	75
尼龙	0.8	0.0009	1.20	0.20	20	900	10
聚烯烃							
低压聚乙烯	0.5	0.0007	15.0	0.10	4.5	200	600
高压聚乙烯	0.6	0.0530	1.7	0.45	2	100	150
聚丙烯	2.0	0.0060	2.5	0.30	7	290	150
含氯化物聚合物							
F4	5.0	0.0650	1.1	0.10	4	220	340
F40	2.0	0.0010	1.4	0.10	7	350	200
硬聚氯乙烯	4.2	0.0050	1.3	0.20	20	480	20
酚醛塑料							
纤维塑料	2.9	0.0260	—	—	—	—	—
耐用塑料							
有机玻璃	3.5	0.0050	1.1	—	—	—	—
抗冲聚苯乙烯	5.0	0.0060	1.3	—	12	400	4

聚己内酰胺塑料摩擦系数比胶木塑料、夹布酚醛胶木、青铜和铸铁的都低很多。尼龙轴承的摩擦系数和载荷及滑动速度有关，低载荷时摩擦系数不大，随载荷加大摩擦系数初始时减小，随后增大。提高滑动速度可使摩擦系数减小 2～2.5 倍。向卡普龙里添加少量填料，就可以使其耐磨性显著提高。加入填料有助于聚酰胺形成微晶组织，还使材料韧性、抗压强度、弯曲强度、抗拉强度提高，而且弹性模量大大提高。在均载荷条件下，加填料的聚酰胺和不加填料的聚酰胺的最大区别是前者残余形变和弹

性形变都很小，前者比后者的物理力学性能和介电性能都高。

作为耐磨材料的尼龙，最突出特点是既可以在 0℃ 以上使用，又可以在 0℃ 以下使用。尼龙-钢摩擦副在低温（-50℃）下不管加和不加润滑油，其磨耗和摩擦系数差别不大，和 0℃ 以上的磨耗及摩擦系数相接近。

目前，工业上已有生产很多高性能的聚合物材料（聚丙烯、聚甲醛等）。聚丙烯摩擦系数最小（$\mu=0.1$），且随温度升高而急剧减小。聚甲醛摩擦系数也很小（$\mu=0.11\sim0.12$），具有结晶组织，它的物理力学性能很好。使用证明，聚甲醛做的轴承耐磨性比尼龙轴承高 3～4 倍，比金属陶瓷的高 1.5～2 倍。聚甲醛轴承尺寸稳定性好，确保安全可靠运行。

环氧树脂及环氧树脂-聚硫橡胶混合物都可以作为耐磨材料，它的最大优点是摩擦系数小，比最好的聚酰胺耐磨材料的摩擦系数还小几十倍。环氧树脂-聚硫橡胶混合物适合制作在空气、水、油、稀酸及碱溶液里运行的耐磨件，即使温升很大，也不需要冷却和润滑，这点对于耐磨材料具有非常大的意义，因为热塑性塑料的破坏都是由摩擦面摩擦升温高于了本身的玻璃化温度和软化温度所致。

采用不同机器，不同实验条件，不同几何形状的接触面，滑动速度为 0.01～0.04cm/s 条件下所做的载荷大小对耐磨性影响的研究表明，无论对钢，还是对氟塑料而言，耐磨性最好的都是聚四氟乙烯（F4），无润滑油时摩擦系数为 0.04～0.05；有润滑油时摩擦系数为 0.02～0.03。在干燥大气中，抗钢摩擦最好的耐磨材料是 F4，F4 热稳定性很高，高达 300℃ 耐磨性也没下降。聚酰胺-钢、热固性塑料-钢摩擦副在无润滑条件下，低于某临界温度，其匀速滑动摩擦系数减小；高于临界温度，其摩擦特征和摩擦系数与无润滑是一样的。唯有高压聚乙烯和 F4 不受温度影响，一直保持摩擦系数小又不发生变化。聚乙烯保持摩擦系数小（0.02）又不变化的临界温度为 100℃，而 F4 则高达 300℃。采用钢和聚酰胺、高压聚乙烯、F4 组成的摩擦副无润滑摩擦对比实验证明，在 25～90℃ 范围内，氟塑料摩擦系数最小，而且是不变的，其他塑料随温度升高摩擦系数均急剧增大，聚酰胺摩擦系数高达 0.3。

大家知道，所有塑料中聚四氟乙烯是化学上最稳定的材料，它的耐蚀性甚至高于贵金属（Au、Pt）、玻璃、石墨、搪瓷、特种钢、合金以及在强腐蚀介质中采用的所有防腐蚀材料。腐蚀性最强的化学物质——浓的和稀的酸、浓碱、强氧化剂，甚至在高温条件下，对 F4 都没有任何作用。

至今还不知道有哪种溶剂（即使是含氟有机溶剂）能把 F4 泡胀，所以 F4 是制造耐磨轴承最广泛采用的基础材料。

F4 作为耐磨材料主要缺点是抗蠕变性能差、导热性低、线膨胀系数大（导热性比钢小 250～300 倍，线膨胀系数比金属大 7～15 倍）。当滑动速度太快，比荷载大时，F4 就不耐磨了；氟塑料力学性能低，滑动速度提高，摩擦系数急剧增大，致使摩擦面损坏，产生磨耗。应该指出，尽管氟塑料力学性能低，但是在较高滑动速度条件下，其耐磨性还是比其他塑料好得多。若是向 F4 塑料里加入 10％～45％ 不同填料，如 MoS_2、BN、$BaSO_4$、超细焦炭、胶体石墨和刚玉，F4 性能会大大改善。F4 添加 15％～25％ 填料后，其硬度提高 1.5～2 倍，耐磨性、耐水性、耐酸性都相应提高。例如，纯氟塑料室温下，荷重 2.1～2.8kg/cm² 压力就产生流变，加入填料后产生明显补强作用，荷重 280kg/cm² 压力也不产生流变。

F4 加入 15％～40％ 石墨后，其物理力学性能有了极大改善，热导率提高了 23～29 倍。在各种温度条件下，线膨胀系数都非常稳定；压缩强度和弹性模量增大，而相对延伸率减小。加入石墨提高了材料的韧性，降低了屈服性，随之实用工作载荷上限也提高了。

金属填料能改善摩擦面的散热性能，降低摩擦部位的温度。使用固体润滑剂（石墨、MoS_2）不仅能提高材料的力学性能，又有很好的散热性能。在氟塑料中可以同时添加金属和 MoS_2。

把氟塑料填充到摩擦副金属基体的空隙中，对提高摩擦副耐磨性是非常有效的。这样就把氟塑料的高耐磨、低磨耗性能和金属框架的易散热、高机械强度有机结合在一起，大大提高了摩擦面的抗划伤性能。摩擦面上的氟塑料层一旦被破坏，金属框架就会产生磨耗，这样不仅导致金属框架温度升高也使塑料温度升高（塑料温度比金属的高 10～20 倍），塑料温度提高有利于氟塑料嵌入金属空隙中，使摩擦面又涂上一层塑料，重新使摩擦系数减小，所以氟塑料赋予被磨损面自愈能力。

通常，把树枝形或球形金属粉和金属网压制成型后，经烧结制备金属框架。例如，有一种金属框架是采用粉末冶金法先制作成多孔青铜（而没有采用钢），然后孔里充填混有超细铅粉的氟塑料制作而成的。用这种材料做轴承可以长期使用不用更换；最大允许比压强为 180kg/cm²。把 MoS_2、石墨、BN、WS_2 等加入聚四氟乙烯乳液里，再进行脱水，所得产物作为制作轴承所用的填料。

氟塑料、金属、MoS_2 的混合物经压制和烧结后，可用来制作轴承和电接触滑块。添加 Cu、B、石墨、MoS_2、黏土、石棉、CaF_2 的氟塑料作为耐磨材料，不仅具有氟塑料的性能，还使其抗形变能力提高约 25%，耐磨性提高 500 倍，韧性提高 2～3 倍，抗蠕变性能提高 2 倍，硬度提高 10%。

制作具有自润滑功能的轴承材料必须具有连续的海绵态金属组织，存在大量的空隙。用于填充金属孔隙用的 F4，不仅要加入石墨，还要加入金属 Cu、Sn、Ag 粉等及热固性树脂。

F4 耐磨材料具体制作方法如下：第一步是多孔金属材料在 F4 水乳液里浸渍；第二步干燥；第三步 360℃烧结；第四步把含 80% 填料的氟塑料膏涂敷在多孔材料表面上；第五步把添加了交联树脂（酚醛树脂或脲醛树脂）的粉料混合物直接进行压制，不加交联树脂的要在氟塑料烧结温度下压制。

13.2 氟塑料-胶体铅基耐磨膏

制作耐磨膏的原料是氟塑料乳液和甲酸铅。所用乳液含 60%（质量分数）氟塑料，相对密度 1.5，黏度约 15cP。聚四氟乙烯水分散乳液是由带负电荷的疏水胶体粒子悬浮在水中构成的，粒子形态近于球形，粒径约为 0.05～0.5μm，主要粒子为 0.2μm。含有表面活性剂 OP-7、OP-10，还加入氨。

制作耐磨膏时采用稳定剂少的乳液。耐磨膏制作方法如下：

① 100 质量份聚四氟乙烯乳液中，在不断搅拌下加入过 300 目筛的干燥甲酸铅，其加入量为保证乳液中含有 20%Pb；

② 为了保证混合乳液稳定和改善耐磨膏浸渍到金属表面空隙里的能力，乳液里再加入 0.5% 油酸或硬脂酸铵，这样还能防止烧结时金属被氧化。

③ 振荡 0.5～1h 以便形成稳定的乳液；

④ 在搅拌下滴加丙酮、乙醇或甲苯，使乳液产生絮凝。为了使耐磨膏处于弹性状态，要选用 60%（体积分数）乙醇＋40%（体积分数）甲苯的混合液作为絮凝剂。

该乳液中甲酸铅还原后的铅粒子细度为 20～100nm。

涂层表面处理方法：

① 钢板镀铜。

② 涂一层细度为 0.07～0.15μm 青铜粉（含有 7.5%～9.5%Sn）。

③ 890℃烧结。涂层厚度为 3～4 个青铜粉粒子厚，由于青铜粉粒子是

球形的,烧结后彼此间会存在孔隙,这有利于耐磨膏的填充。孔隙与氟塑料粒子粒径之比为 10:1,这样才能不妨碍氟塑料粒子和甲酸铅粒子充填到青铜孔隙里。

④ 为了清除污染,钢板必须在 370℃ 处理 10~30min,空冷,水洗,100℃ 干燥 10~15min,然后再浸渍。

⑤ 浸渍甲酸铅耐磨膏的烧结工艺 以 10℃/min 升温速度进行加热,温度范围 20~300℃。为了搞清楚烧结过程做了氟塑料-甲酸铅混合物的差热分析(见图 13-1),差热分析曲线上出现几个吸收峰,245℃ 和 260℃ 两个吸收峰是甲酸铅分解为铅。325~330℃ 发生的吸热效应代表氟塑料熔融,即产生相变。

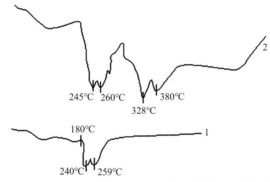

图 13-1 氟塑料(1)和甲酸铅+氟塑料混合物(2)的升温曲线

在真空或氢气中烧结时,不同温度下甲酸铅还原所需时间示于表 13-2。

表 13-2 耐磨膏烧结时间与温度的关系

温度/℃	还原时间/min			
	钢板上耐磨膏	10%Pb 混合物	20%Pb 混合物	25%Pb 混合物
250	20	240	300	360
300	18	240	260	320
350	15	120	180	260
380	10	50	60	90

在氟塑料大分子存在下,原位生成的胶体铅粒子有助于改善氟塑料混合物对金属的附着。超细 Pb 粒子生成瞬间具有非常发达的活性表面,有利于 Pb 粒子和氟塑料大分子相互作用,甲酸铅分解还原温度高对于这个过程也非常有利。在滑动表面上,这种金属聚合物膜具有很高的耐磨性。

实际使用过程中,作为耐磨材料的耐磨涂层必须具有足够的强度,又

不能产生脱落，这就必须使钢板表面和氟塑料之间具有很高的结合力。为

此，首先必须对待涂耐磨膏的金属表面进行充分
干燥，除掉孔隙中的水分、有机物等；其次烧结
温度必须高于氟塑料熔点，保证氟塑料在钢板表
面上充分润湿，流平性好，实验证明，两块钢板
间夹上 0.1～0.2mm 厚氟塑料膜，在 380～400℃
炉子内加热，可把两块钢板牢固地粘接在一起。
其粘接强度和成型温度关系示于图 13-2。

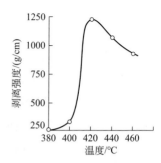

图 13-2　氟塑料对不锈钢
粘接强度与成型温度
的关系

　　从图上看出，从 380℃ 到 420℃ 粘接强度逐
渐提高；高于熔融温度 F4 超分子开始分解，大
于 400℃ 附着力提高很多，在 420～430℃ 剥离强

度达到最大（1000～1500g/cm），个别的达到 3500g/cm；高于 415℃ 氟塑
料产生降解，剥离强度下降。因此，有关氟塑料粘接性能不好指的是固体
氟塑料，而采用熔融法粘接，可以使氟塑料和钢及其他金属形成牢固粘接。

　　在氟塑料粘接过程中，氟塑料大分子和金属表面之间化学相互作用起
着主导作用。常温下不可能产生化学作用，只有把金属和氟塑料紧紧挤压
在一起，加热到 400℃ 以上，才会发生化学键合。这时，F4 塑料表层大分
子中的氟原子脱开并与金属反应生成金属氟化物，金属-氟塑料间产生了
共价键，金属-氟塑料界面处生成表面有机金属化合物。如果采用多价的铅
粉作为填料，那么就生成混合金属有机化合物，这时金属表层原子一方面
和金属晶格相连，另一方面和氟塑料氟原子相连。金属表面上接枝的聚合
物是除不掉的，尤其是金属表面上存在氧化膜就更除不掉。因为金属表面
接枝聚合物不是靠金属-C 键相连的，而很可能是通过氧化膜中氧搭桥接枝
上去的。

　　实验表明，聚合物里加入低表面能填料（如 F4、聚乙烯）可提高粘接强
度，尤其是填料表面预先做过热氧化处理即活化处理更有利于提高粘接强度。

　　实验测定表明，甲酸铅还原产物含有 97.23%Pb 和少量铅氧化物。而
耐磨膏在露点为 -45℃ 的氢气里烧结制得的耐磨涂层性能最好，其显微组
织是超细铅，没有氧化物，涂层呈黑色。由于铅蒸气有毒，工业上已不再
采用熔融铅浴的方式加热。

　　氟塑料-胶体铅基耐磨膏在汽车轴承上已获得了应用。加工过程中，采
用滚涂法把耐磨膏涂敷到粉末冶金制作的青铜轴承表面孔隙中，滚涂法的

优点是涂层均匀，孔隙充填得好，浸入得深，基本所有孔隙都能充满。在氢气中烧结最理想，涂层里氧化物少，磨耗低，工业上氢气烧结比熔融铅烧结更容易工业化。

在荷重 250kgf/cm² 无润滑条件下，金属聚合物材料磨耗比青铜轴承低三倍；摩擦面温度基本不变，与其他材料相比也是最低。

温度提高，塑料强度和硬度降低，弹性增大，断裂延伸率增大。在室温以上对磨耗没有产生明显影响，只有受热温度接近软化温度，磨耗才急剧增大。而金属聚合物材料因其热稳定性好，导热性高，直到很高温度磨耗也没有明显变化。塑料和金属聚合物材料磨耗与温度、时间的关系示于图 13-3、图 13-4。

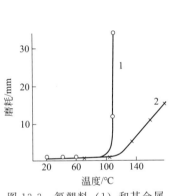

图 13-3　氟塑料（1）和其金属
聚合物材料（2）磨耗
和温度的关系

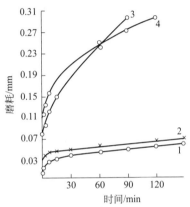

图 13-4　不同材料磨耗与时间的关系
1—金属聚合物材料；2—钢材；
3—黄铜；4—涂敷金属陶瓷钢

此外，由于聚合物和金属表面的相互作用，分子链逸度降低，不论在张应力还是在压应力作用下总形变量都降低，弹性模量提高。这证明，加入胶体铅可使材料的韧性提高，蠕变性能降低，这样材料实际使用的工作载荷和温度上限同时提高。所以金属聚合物材料的磨耗比纯氟塑料低得多。实验表明，含 40%～60%（体积分数）超细铅粉的材料的磨耗最小，再增加金属含量，反而使材料强度和延伸率减小，对磨耗的损害超过材料硬度增大提供的有利因素。另外，在无润滑、荷载为 250kgf/cm² 条件下，金属聚合物材料摩擦系数为 0.013，在 500kgf/cm² 荷载下为 0.39，可见，金属聚合物材料比标准轴承黄铜的摩擦系数低得多，摩擦系数低是聚合物材料的最大优点。

14

微纳米金属聚合物粉体材料

14.1　超细金属粉在机械制造业中的应用

现在，金属粉在机械制造业获得广泛应用，主要用于制造齿轮，轨距尺、活塞环、多孔轴承、摩擦副、电接触材料、推力发动机用的热强和耐热部件，不同类型和大量专用部件的硬质合金。

粉末冶金法制备的零件没有用铸造法常见到的缺陷，这些缺陷是由于金属从液态转化为固态结晶造成的。

已知，粉末冶金方法无论从零件加工工艺简化还是从节省原材料来看，都有非常大的优越性。

粉末冶金（金属陶瓷）部件耐磨性很高，其最大特点是，金属陶瓷部件可以预先浸油处理。

多孔零件（例如，预先浸油的铸铁多孔轴承）最突出的优点是它们具有自润滑功能。在这种情况下，多孔轴承非常发达的内表面都浸了润滑油。因此，轴承工作时就不需要专门从外面注入润滑油，这对于难以达到润滑的摩擦件非常重要。

制造轴承时除通常在铁粉中加入 $2\%\sim3\%$ 石墨外，还要把石墨悬浮在充填轴承间隙用的润滑油中，这样可大大降低摩擦系数和提高轴承的耐磨性。这种轴承的孔隙率为 $15\%\sim30\%$。

除了石墨，制造多孔轴承时向铁粉中还可以加入 $0.5\%\sim5\%$Pb 或 $10\%\sim20\%$Cu，但是加入铜和铅粉经济上不合算，而且加入 Pb 和 Cu 对轴承质量提高作用不大。

现在多孔轴承采用熔融硫浸渍处理，其加入量为轴承质量的 3％～7％，这种轴承比普通轴承质量好，它们在 25kgf/cm² 载荷下，转速 78～80r/s，允许在强热条件下运行，不用加润滑油。

多孔轴承采用人造树脂浸渍也获得很好结果。

多孔轴承已成功地在不同机械制造部门获得应用，取代铸造青铜、黄铜和塑料轴承。

采用下述方法生产的铁粉已成为大工业生产中许多金属陶瓷制品生产的基础原料。现在制备铁粉的方法：把矿粉或轧制氧化铁皮用发电厂气体还原或用冷冻保存的天然气（液化气）还原。

还原过程在转炉中进行。如果气体通过还原物料时产生涡流的话，反应过程特别快又完全。在形成涡流反应条件下，矿粉或氧化皮处于悬浮状态的火焰中，还原反应瞬间完成。采用快速转动炉体或自动振动来收集反应产物。

在竖式炉中细矿粉或氧化皮进行还原也是非常有前途的。

对采用天然气还原铁矿粉和氧化皮制备铁粉的方法进行了系统研究。

还原法制得的海绵铁，还要经过锤式粉碎机粉碎，再过筛，其基本成分：＞98.5％Fe、＜0.1％C、＜0.4％S、＜0.01％S、＜0.4％。

生产 1t 铁粉要消耗 1.43t 氧化皮和 2000m³ 天然气。

绝大多数铁粉粒度为 0.15～0.25mm。

该法特点是设备简单，效率高，劳动强度低。制得的铁粉不黏结，轧制前也不需要退火。这一点与回转炉法、电解法及其他方法不同。

根据工业要求研制出以下类型的铁粉：①用于生产铁-石墨制品；②用于染料生产的还原剂；③用于氧气熔剂切割料；④用于探伤仪。这些铁粉的成型性很好，大工业生产中采用自动压制法可生产出具有不同孔隙率的高强压块。铁粉也完全适用于作氧气熔剂切割和探伤仪的磁粉。

其他方法中，五羰基铁［Fe(CO)₅］热分解法也很有意义。本法可制得超细又非常纯的铁粉，主要用于生产磁性、真空的或其他多孔制品。但是由于价格贵，其应用受限。制备铁粉还采用电解法，槽液为硫酸盐或其他盐，通电阴极析出铁，粒度较粗或脆性大易碎，需进一步机械粉碎和筛分才能获得所需粒度的铁粉。

铁粉的细度，主要取决于制备工艺条件。大多情况下，降低粒度尺寸和提高铁粉比表面积均会大大提高粉末制品的力学性能。

超细的铁粉可以作为氧气熔剂切割中粉状熔剂的主成分、在还原染料中作为还原剂、作为探伤仪磁粉，及其他方面应用的效果都会增多。

不同方法不同细度铁粉的混合物应用非常有前景，混合物中含上述方法生产的铁粉 80%～85%，再加入 20%～15% 羰基或电解法生产的超细铁粉。

稀有金属超细粉主要用于制作接触和制动材料，以及用作硬质、难熔、耐热和抗氧化材料。这些材料是喷气式飞机和金属加工设备零件生产所必需的。

电接触材料应具有很小的接触电阻，高导电性，高导热性，较高的抗电弧性和耐磨性。它们应该是耐蚀的，又要具有较好的加工性能而可焊性较差。

经常遇到的接触材料有金属碳化物、假合金（钨钢或钨-银硬质合金）、碳化物和金属氧化物。配电盘滑动接触部件生产主要采用石墨（达 75%）和铜（达 25%）的混合物。

在德国文献中已报道生产配电盘采用超细银粉和石墨混合物，有少量的铜。

配电盘生产工艺不复杂，把加有 9% 石墨的混合物，不用加黏结剂，进行压制。当石墨含量较高时，要向塑料中加入沥青或树脂。压塑完的毛坯要进行烧结，形成稳定的主体网状结构，金属粉颗粒控制制品的孔隙。

中等功率的接触件是用细银粉和 CdO 粉的混合物制作的，这些接触件很少产生黏结。此外，CdO 在较低温度下会产生分解，可保护银不受湿气的影响，确保不打弧（消弧），它的电导率可达到纯银的 95%。

大功率（大于 1000V 和 1000A）接触件是用假合金（W-Cu，Ag-Ni，W-Ag，Mo-Ag）以及难熔金属（Mo、W）和硬质合金超细粉制作的。这种接触件的特点是不产生高温熔化和蒸发，强度非常高。

制造 W-Ag 接触件用的超细粉是沉淀钨酸银（Ag_2WO_4）直接还原获得的。

电子机械制造业已广泛采用假合金制造接触件。

W 和 Mo 基接触件电导率高、强度高、耐磨性好、无焊性、抗打火能力强。

超细金属陶瓷硬质合金粉在制造金属切削工具方面获得广泛应用。其主要合金类型有 WC-Co、WC-TiC-Co、WC-TiC-TaC(NbC)-Co。

WC-Co 超细粉主要用于制造机械仪器零件用的硬质合金。

这些硬质合金中 Co 含量变化很大，不受冲击载荷的零件含 6%～9% Co，受轻冲击载荷的零件含 9%～12%Co，受强冲击载荷的含有 15%～ 25%Co。

材料要遭受非常强的摩擦作用，用这些材料制造的部件可使转速达 2000r/min 的设备在低于 0.1s 内能有效快速地停止转动，这时摩擦片温度达 500～600℃。这就需要考虑选用能忍受此条件的相应金属粉混合物。

最后必须指出，为制造上述的和其他金属陶瓷部件所用的原始高细度金属粉，在制品中最好是要能比较均匀地分布，这样，不仅可大大改善制品的物化性能，而且使高温生产更容易。

14.2　胶体金属在生物医学中的应用

已经知道，许多金属具有杀菌功能，当金属处于胶体状态即以超细形态存在时，金属的杀菌作用更强。与有机组织接触时，超细金属离子的周围不断生成浓度很低的金属离子，提供持久的杀菌能力。因此，胶体金属的药性作用与普通重金属盐有非常大的区别，如果重金属盐浓度低，药性作用很短时间就被消耗掉，浓度高则对有机体呈毒性或导致有机体降解。

硝酸银和碱式硝酸铋就是因为上述原因而不能使用，比如胃、肠黏膜发炎、肾病等就不能使用。此外，这些重金属离子和蛋白质及机体液相互作用，会生成不溶性变性肮，其药性作用只停留在表皮表面而不能渗透到组织内部。而胶体银、铋和其他胶体金属则无此不良反应。

已确定，某些金属对机体中的许多生化反应都有催化加速作用。小剂量的胶体金属在机体不同部位的存储，对正常代谢有利，又可消除细菌的危害。

因此，一些金属胶体作为一种医疗手段获得广泛应用。这方面众所周知的是胶体银制剂：蛋白银（肮银）和胶体银。还有胶体 Hg、Au、Pb、Bi、Mo 等金属制剂。胶体银呈现绿色或黑色，具有金属光泽的小片，易溶于水，作制剂用的胶体约含银 70%。胶体银要避光储存在暗色玻璃容器内。

制备胶体银的方法是，在高浓度柠檬酸钠中把银盐还原出银。保护剂采用蛋白质（肮），制备的胶体银很容易溶于水，可以用来制滴剂、漱洗液或软膏。生理盐水加 2% 胶体银（5～20mL）配成注射液，采用静脉注射方式治疗血管栓塞很有效。胶体银也是杀灭布鲁士杆菌的高效制剂，其杀菌作用比 $HgCl_2$ 高五倍，

在含肒的碱性水介质中，银盐还原可制取肒银，广泛用于流行性传染病、猩红热、丹毒、炭疽、肺炎、脑膜炎及其他疾病病发期的消毒。用含 15% 胶体银的软膏进行涂抹，杀菌作用可保持 12h。重金属胶体制剂还可作为结缔组织的兴奋剂。

纳米银在抗菌方面早已有成功的应用，而复合纳米杀菌材料如 Ag/ZnO、Ag/TiO_2、Ag/Si 等成功地制备出了一些具有广谱杀菌功能的医用敷料。现列出市场销售的纳米抗菌剂，见表 14-1。

表 14-1　市场销售的无机抗菌剂一览表

序号	材料体系	载体	抗菌成分
1	沸石	沸石	银、锌 银 银、锌 银、铜、锌 银
2	氧化硅凝胶	硅胶	银络合离子 银络合离子 银、锌、铜
3	玻璃	硅酸盐玻璃 玻璃	银、锌、铜 银
4	磷酸钙	羟基磷灰石 羟基磷灰石 磷酸钙 难溶磷酸盐	银 银 银 银
5	磷酸锆	磷酸锆	银 银、锌
6	硅酸盐	硅酸钙 铝硅酸盐	银 银、锌
7	氧化钛	氧化钛（胶体） 氧化钛	银 银
8	晶须	氧化锌晶须 钛酸钾晶须	银 银
9	其他	陶瓷（釉料） 氧化硅、氧化铝 矿物 无机物	铜 银、铜 镍 银、铜

据 1999 年统计，日本有 25 家企业生产和销售 29 种纳米抗菌材料，其中钟纺、东亚合成、品川燃料等公司年产抗菌粉体都在 1000t 以上。现在我国从事抗菌纳米材料研究的单位已达 20 多家，使用单位超过 300 多家。

上海沪正纳米科技有限公司已开发出 3 种形态的纳米银溶液和粉体：①粒径 12～15nm 单体纳米银，有含量为 10％、25％、50％和 75％的粉体和 50000×10⁻⁶ 以下各种浓度胶体；②粒径≤10nm 离子态纳米银；③无色透明络合态纳米银，粒径仅为 0.2～0.4nm。

根据纳米银的杀菌功能，开发出了纳米银抗菌陶瓷釉料添加剂，用于制造抗菌卫生洁具、抗菌茶具、餐具、瓷砖。纳米银抗菌塑料母粒及粉体广泛用于制造各种抗菌塑料制品。纳米银涂料添加剂广泛用于各类水性、油性涂料的抗菌、除味。

把金属插在不同浓度的生理盐水中，用石英灯照射加热而获得的 Fe 和 Cu 胶体试剂，进行试验得出，对不同病症均呈现很好的内科效应。例如，插 Fe 的溶液使皮肤结核、肾病、疥病和湿疹转好。点滴含铜的铁溶液，同时服用铁液，使沙眼炎症完全康复。这些溶液是无害的，可以长期服用。

用氢还原的超细铁粉在医学上已获得广泛应用。临床表明，铁有助于提高人体红细胞和血红蛋白的水平，大大提高血液向机体组织供氧的能力。铁不仅对人体造血机能而且对酶的作用都是必需的。由于供氧过程的加强使因贫血而引起的头晕、食欲不振和体弱等现象逐渐消失。胶体铁主要用于治疗不同原因引起的贫血和饥饿症，在国际市场上有以下制剂的胶体铁：Ferrumcolloidele——含 11％～12％ Fe，它是用铁盐或铁氧化物超细粉的还原法或电解法制成的，再作成片剂或丸剂出售，Fe 含量为 0.01g/片；Elektroferrol 是用电解法制的胶体铁溶液，Fe 含量为 0.05％，装在 1～5mL 的安瓿瓶中，用于贫血病人的静脉注射。

胶体汞在医学上主要是制成含 10％胶体汞的软膏，用于治疗梅毒，它使白螺旋体细菌丧失生存能力，并阻碍其繁殖。

胶体铅对恶性肿瘤生长有阻止作用。若是肿瘤不能手术，可同时采用 X 射线照射和注射铅溶胶制剂，这样，当 X 射线照射后，铅的粒子非常容易捕获肿瘤细胞，使肿瘤周围血管阻塞，导致癌细胞坏死和消失。硒具有抗癌作用，现已受到人们的极大关注。

胶体金对许多微生物有很强的杀菌作用，尤其对结核杆菌，甚至在 1∶1000000 浓度下也能抑制细菌生长。胶体金主要用于治疗结核病和红斑狼疮。金胶体是采用还原法制备的，介质为弱碱性的氯金酸盐稀溶液 [$H(AuCl_4)$]，在加高分子化合物保护剂条件下，用甲醛还原。金胶体含金约为75%。金溶胶也用于中枢系统疾病的诊断。

采用超微金粉制成金溶胶，接上抗原或抗体可以用于快速诊断。如将金溶胶妊娠试剂加入孕妇尿中，未妊娠无色，妊娠则显红色。仅用1g金即可制备2万毫升的金溶胶，可测2万人次，其判断结果清晰可靠。采用纳米金作标记，在免疫学的试验中是较成熟的技术。

外用低浓度的铋制剂可以使伤口收敛和消毒。铋剧毒，要防止人为中毒。为了治疗梅毒，把铋胶体悬浮在扁桃或核桃油中来使用。把铋溶胶悬浮在脂肪或矿物油中，对妇科采用胶体铋做的大量病理研究均表明，铋溶胶具有非常高的消毒杀菌作用。对300例以上妇女阴道滴虫和子宫颈糜烂治疗有特效。

但在此指出，除Ag、Au、Bi、Pb和Fe等金属溶胶外，许多金属胶体对生命机体影响的研究均未开展。开展重金属胶体与原生蛋白质间临床作用研究具有巨大的理论意义和实际意义。但如考虑现在已有50种以上的金属胶体，其中大部分金属，即使很小浓度都是生理上具有非常大活性的物质，因此详细的药理研究的重要性现在是非常明显的。

参 考 文 献

[1] 薛峻峰. 材料的耐蚀性和适用性手册——钛纳米聚合物的制备和应用. 北京：知识产权出版社，2001.

[2] 薛峻峰，薛富津. 第三届国际防腐及防腐蚀涂料技术研讨会论文集. 珠海：2005：244.

[3] 王巍，薛富津. 钛纳米聚合物涂料在酸性水罐上的应用∥中外防腐蚀和分离工程新技术、新产品应用推广大会专集. 北京：2004：75-78.

[4] 秦国治，田志明. 防腐蚀技术及应用实例. 北京：化学工业出版社，2002.

[5] 张武太. 中国专利发明人大全. 第四卷(上). 2001：927.

[6] 薛峻峰，薛富津. ZL00209258. 2001-1.

[7] 薛峻峰，薛富津. ZL00105672. 2003-7.

[8] 薛峻峰，薛富津. ZL00132108. 2003-0.

[9] 薛峻峰，薛富津. ZL03153420. 2005-1.

[10] 薛富津. Korea Pat 6-2006-005820-1. 2006.

[11] 刘晶姝，李强，龙媛媛. 腐蚀与防护，2006，27(5)：266-267.

[12] 剧金兰，张鑫，赵石林. 纳米涂料的开发与应用国内外发展情况综述：纳米材料和技术应用进展∥全国第二届纳米材料和技术应用会议论文集(上卷). 2001：C43-45.

[13] Du Yuanlong, Xue Fujin, Xue Junfeng. 首届国际(西安)涂料、涂装、表面工程高层论坛论文集(第二册). 2005.

[14] 薛富津，薛峻峰. 涂料工业. 2004，34(12)：54-56.

[15] 哈尔滨鑫科纳米科技发展有限公司. 钛纳米聚合物涂料产品说明书.

[16] Report of transmitting electron microscope of pulverized Ti power. Institute of Materials Science Engineering. Beijing University of Technology，2000.

[17] Report of transmitting electron microscope of pulverized Ti power. Institute of Materials Science and Engineering. Qinghua University of Technology，2000.

[18] Inspection Report of Preparation Application of Nano Sized Ti Powder. Harbin Xinke Nano Science and Technology Development Corp，Ltd，2001.

[19] Measurement of precipitation rate and coefficient of dirt on nano-sized Ti powder polymer coating. Technical Center，Anshan Iron and Steel Corp，Mar，2001.

[20] Inspection and Evaluation of Toxicity of Nano-sized Ti Powder Polymer Paint. Chinese Academy of Preventive Medicine，Institute of Environmental Health Monitoring，2001.

[21] Inspection Report on the Physical and Chemical Properties of Nano-sized Ti Powder Polymer Paint. CNACL，2001.

[22] Du Yuanlong and Lei Liangcai. Test and valuation of corrosion prevention of Renano-sized Ti powder epoxy resin coating on plain steel plate in 3.5% NaCl at 100℃ and 150℃. Technical Report of State Key Lab for Corrosion and Protection，2001.

[23] Du Yuanlong. On the prospect of engineering application of nano-sized Ti powder polymer. Technical Report of State Key Lab for Corrosion and Protection，2001.

［24］ 温诗铸. 纳米摩擦学. 北京：清华大学出版社，1998.

［25］ 王世敏，许祖勋，傅晶. 纳米材料制备技术. 北京：化学工业出版社，2002.

［26］ 高濂，孙静，刘阳桥. 纳米粉体的分散及表面改性. 北京：化学工业出版社，2003.

［27］ 侯万国，孙德军，张春光. 应用胶体化学. 北京：科学出版社，1998.

［28］ 王果庭. 胶体稳定性. 北京：科学出版社，1990.

［29］ 郑忠. 胶体科学导论. 北京：高等教育出版社，1989.

［30］ 沈钟，王果庭. 胶体与表面化学. 北京：化学工业出版社，1991.

［31］ 陈宇淇，戴闽光. 胶体化学. 北京：高等教育出版社，1984.

［32］ 陈万金，陈燕俐，蔡捷. 辐射及其安全防护技术. 北京：化学工业出版社，2006.

［33］ 徐国财，张立德. 纳米复合材料. 北京：化学工业出版社，2003.

［34］ 张立德，牟季美. 纳米材料和纳米结构. 北京：科学出版社，2001.

［35］ 张志焜，崔作林. 纳米技术与纳米材料. 北京：国防工业出版社，2000.

［36］ 涂料工艺编委会. 涂料工艺（上、下册）. 北京：化学工业出版社，2000.

［37］ 贝利斯 D A，迪肯 D H 著. 钢结构的腐蚀控制. 丁桦等译. 北京：化学工业出版社，2005.

［38］ Pierre R R 著. 腐蚀工程手册. 吴荫顺，李久青，曹备等译. 北京：中国石化出版社，2004.

［39］ 方坦纳 M C，格林 N D 著. 腐蚀工程. 左景尹译. 北京：化学工业出版社，1982.

［40］ Stephen C D, Kenneth J K. Chem Rev, 1982, 82：153-208.

［41］ 傅崇说. 有色冶金原理. 北京：冶金工业出版社，2005.

［42］ 何峰. 金属学报，2000, 36(6)：659.

［43］ 何峰. 润滑与密封，1997, 5：65.

［44］ 何峰. 北京科技大学学报，2000, 22(3)：253.

［45］ 王丽萍，洪广言. 功能材料，1998, 29(4)：343.

［46］ Gabrielson L, Edirisinghe M J. J Mater Let, 1996, 15：1105.

［47］ 吉林应用化学研究所. 石油化工，1976, 5(3)：280-287.

［48］ 蒋子铎，吴壁辉，刘安华. 现代化工，1991, 5：14-18.

［49］ Peri J B. Chem, 1965, 69(1)：220-230.

［50］ 徐禧，宫晓颐，刘学恕. 高等学校化学学报，1989, 10(1)：97-100.

［51］ 徐禧. 高分子材料科学与工程，1988, 5：64.

［52］ Sugimoto T. Adv Colloid Interface Sci, 1987, 28：65.

［53］ Matijevic E. Pure Appl Chem, 1978, 50：1193.

［54］ Davis S C. Chem Rev, 1982, 82：153.

［55］ Inoue H, Komeya K A. J Am Ceram Soc, 1982, 65：C-205.

［56］ Zisman W A. J Colloch Sci, 1950, 5：514.

［57］ 洪广言，李洪军. 无机材料学报，1987, 2(2)：97.

［58］ 周春隆. 化工进展，1985, 4：12.

［59］ 孙世泽. 无机盐工业，1991, 3：28.

［60］ 熊建华. 现代化工，1991, 4：53.

［61］ 沈学文. 涂料工业，1984(3)：37.

［62］唐振宁.涂料工业，1978(3)：4，24.

［63］杨其岳.涂料工业，1992(1)：49.

［64］龚先广.涂料工业，1991(1)：51.

［65］石伟海，方华，等.涂料工业，2007，5：37.

［66］王文娟.管道技术与设备，2009，4.

［67］周广军，等.中国材料科技与设备，2008，4：129-132.

［68］虞兆年.防腐蚀涂料和涂装.北京：化学工业出版社，1996.

［69］王巍.电镀与涂饰，2009，7：28.

［70］王巍，薛富津.管道技术与设备，2005，1：36-38.

［71］谷其发，李文戈.北京：中国石化出版社，2000.

［72］王巍.石油化工设备技术，2005，1：35.

［73］王巍，薛富津.全面腐蚀控制，2005，4：12.

［74］王巍，牟义慧.管道技术与设备，2007，3：25.

［75］王巍.腐蚀与防护，2006，27(2)：55-59.

［76］杜元龙，雷良才.金属腐蚀与防护国家重点实验室，国家金属腐蚀控制工程技术研究中心.钛纳米聚合物涂层腐蚀防护性能评价报告——(1)在高温卤水中的防护性能.2002.

［77］王巍，王智勇.石油化工设备技术，2007，2：35-37.

［78］薛峻峰，等.钛的腐蚀、防护及工程应用.合肥：安徽科学技术出版社，1988.

［79］薛富津，王巍.钛纳米聚合物防腐涂料在炼油厂的应用∥第三届中国国际腐蚀控制大会论文集，2005：411-415.

［80］王巍.石油化工设备技术，2005，5：63-64.

［81］王巍.涂料指南，2006，2：55-59.

［82］王巍.管道技术与设备，2006，4：39-40.

［83］王巍，谷亚男.材料保护，2006，10：71-73.

［84］王巍.石油化工腐蚀与防护，2006，6：41-43.

［85］王巍.涂料与应用，2007，1：39-44.

［86］王巍，王智勇.石油化工设计，2008，1：58-60.

［87］王巍.石脑油储罐的腐蚀与防护∥石油化工设备维护检修技术编委会.石油化工设备维修技术.北京：中国石化出版社，2007.

［88］薛富津，王巍，高洪贵.节能防腐钛纳米涂层换热管束的研制与应用∥第四届中国腐蚀控制大会论文集.2009：283-290.

［89］王巍.涂料指南，2009，2：20-27.

［90］李国莱，张慰盛，管从胜.重防腐涂料.北京：化学工业出版社，2000.

［91］杜元龙.金属设备的卫士.济南：山东教育出版社，2001.

［92］陈平，刘胜平.环氧树脂.北京：化学工业出版社，1999.

［93］王德中.环氧树脂生产与应用.北京：化学工业出版社，2001.

［94］孙曼灵.环氧树脂应用原理与技术.北京：机械工业出版社，2002.

［95］油气田腐蚀与防护技术手册编委会.油气田腐蚀与防护技术手册(上、下册).北京：石油化工出版

社，1999.

[96] 中国腐蚀与防护学会，卢绮敏，等. 石油工业中的腐蚀与防护. 北京：化学工业出版社，2001.

[97] 中国腐蚀与防护学会非金属材料专业委员会. 功能性防腐蚀涂料及应用. 北京：化学工业出版社，2004.

[98] 秦国志，田志明. 防腐蚀技术及应用实例. 北京：化学工业出版社，2003.

[99] 王巍. 全面腐蚀控制，2010，24(8)：10-14.

[100] 陈茂军，罗兴. 表面技术，2006，35(1)：81-83.

[101] 薛俊峰. 镁合金防腐蚀技术. 北京：化学工业出版社，2010.

[102] 薛富津，薛俊峰. 纳米钛冷焊涂料在焊缝防腐蚀中的应用∥第八届全国表面工程学术会议暨第三届青年表面工程学术论坛论文集. 北京：2010：958-963.

[103] 王巍，薛富津，潘小洁. 石油化工设备防腐蚀技术. 北京：化学工业出版社，2010.

[104] 于良民，等. 中国涂料，2006，21(1)：43-45.

[105] 石伟海. 油管钛纳米涂料防护性能及机理研究[D]. 大庆：大庆石油学院，2007.

[106] 薛富津，王巍. 全面腐蚀控制，2016，30(04)：7-11.

[107] 薛富津，王巍. 全面腐蚀控制，2016，30(05)：75-77.